L'ACADÉMIE

DES

SCIENCES

HISTOIRE DE L'ACADÉMIE — FONDATION DE L'INSTITUT NATIONAL
BONAPARTE MEMBRE DE L'INSTITUT NATIONAL

PAR

ERNEST MAINDRON

AVEC 8 PLANCHES HORS TEXTE, 53 GRAVURES, PORTRAITS, PLANS ET AUTOGRAPHES
REPRODUITS D'APRÈS DES DOCUMENTS ORIGINAUX

PARIS

ANCIENNE LIBRAIRIE GERMER BAILLIÈRE ET CIE

FÉLIX ALCAN, ÉDITEUR

108, Boulevard Saint-Germain, 108

1888

L'ACADÉMIE

DES

SCIENCES

AUTRES OUVRAGES DE M. ERNEST MAINDRON

Les Fondations de prix à l'Académie des sciences. Les lauréats de l'Académie, 1714-1880. Paris, Gauthier-Villars, 1881; in-4º.

L'Œuvre de Jean-Baptiste Dumas, avec une introduction par M. SCHÜTZENBERGER. Paris, G. Masson, 1886; in-8º, avec portrait.

Les Affiches illustrées, avec 20 chromolithographies de Jules Chéret et de nombreuses reproductions d'après les documents originaux. Paris, H. Launette et Cᵢᵉ, 1886. 1 vol. gr. in-8º.

Les Murailles politiques françaises, depuis le 18 juillet 1870 jusqu'au 25 mai 1871. Affiches allemandes et françaises. La Guerre. — La Commune. — Paris-Province. Paris, Le Chevalier, 1874. 2 vol. in-4º.

9969. — BOURLOTON. — Imprimeries réunies, A, rue Mignon, 2, Paris.

PORTRAIT DE LOUIS XIV PAR ANTOINE COYPEL
(Salle des Séances de l'Académie des Sciences au Louvre).

Paris — Imp. Binger, Arents, des Fusses & Cⁱᵉ

L'ACADÉMIE

DES

SCIENCES

HISTOIRE DE L'ACADÉMIE — FONDATION DE L'INSTITUT NATIONAL
BONAPARTE MEMBRE DE L'INSTITUT NATIONAL

PAR

ERNEST MAINDRON

AVEC 8 PLANCHES HORS TEXTE, 53 GRAVURES, PORTRAITS, PLANS ET AUTOGRAPHES
REPRODUITS D'APRÈS LES DOCUMENTS ORIGINAUX

PARIS

ANCIENNE LIBRAIRIE GERMER BAILLIÈRE ET CIE

FÉLIX ALCAN, ÉDITEUR

108, Boulevard Saint-Germain, 108

1888

AVERTISSEMENT

Attaché pendant plus de vingt années au Secrétariat de l'Institut de France, les Archives de l'Académie des sciences nous ont été libéralement et généreusement ouvertes.

C'est à cette situation que nous avons dû de pouvoir imprimer dans la *Revue scientifique*, avec l'autorisation de MM. J.-B. Dumas et J. Bertrand, Secrétaires perpétuels, une partie des documents qui composent cet ouvrage.

La bienveillance avec laquelle nos premières recherches ont été accueillies, nous a donné la pensée de les poursuivre et de les compléter en leur laissant cependant la physionomie générale qu'elles avaient primitivement.

La fondation de l'Académie des sciences, ses installations successives à la Bibliothèque du Roi, au Louvre et au palais des Quatre-Nations, l'exposé de ses Règlements et l'étude de ses Collections, sa Bibliographie, restent donc l'objet de ce travail; mais les nombreux documents inédits que nous y avons introduits sur les finances de la Compagnie, sur les pensions royales attribuées à ses membres, sur ses relations avec l'Académie des inscriptions et médailles, les derniers jours de son existence, la création de ses Archives et de son médaillier, ses Secrétaires perpétuels ou annuels, son personnel, etc., etc., lui assurent un caractère définitif qui lui manquait et que M. Dumas désirait lui voir.

Cet ouvrage nous eût paru incomplet pourtant si, le bornant à la disparition des Académies en 1793, nous ne l'avions étendu à l'Académie actuelle, en le faisant suivre d'études sur la *fondation de l'Institut national*, sur l'entrée de *Bonaparte* au sein de la première de ses classes, et sur le rétablissement des Académies en 1816.

Ainsi achevé, ce livre offrira au lecteur une suite non interrompue de faits intéressants, qui lui permettront de reconstituer l'histoire de la plus grande de nos institutions scientifiques.

M. J.-B. Dumas voulait bien prendre intérêt à la publication de ce livre. C'est selon son désir que nous y avons fait figurer les documents relatifs aux pensions royales, les pièces officielles qui regardent la captivité de Dolomieu et bon nombre de documents concernant l'Académie actuelle; si nous ne craignions qu'on ne nous taxât de prétention, nous dirions que cet ouvrage a eu l'inappréciable honneur de recevoir l'approbation de l'illustre et vénéré Secrétaire perpétuel dont la mémoire nous reste infiniment chère.

Ernest Maindron.

I

L'ACADÉMIE DES SCIENCES

CHAPITRE PREMIER

Il existe encore aujourd'hui bien des obscurités relativement à la création de l'Académie des sciences et aux premières années de son existence.

Avant 1666, époque à laquelle les procès-verbaux des séances de la Compagnie ont été dressés d'une manière régulière et suivie, elle n'était à proprement parler qu'une Société de savants qui se réunissaient, depuis longtemps déjà, à des jours fixés d'avance, chez le père Mersenne, puis chez le maître des requêtes Montmort, et plus tard chez Melchisédec Thévenot.

C'est à cette Société, sur les travaux de laquelle on ne possède d'autres documents que les ouvrages dus à ses membres, qu'ont appartenu successivement Roberval, le père Mersenne, Descartes, Blondel, Blaise Pascal et Étienne Pascal son père, Gassendi, Melchisédec Thévenot et Montmort.

E. MAINDRON.

1

« Ces premières assemblées, dit Lavoisier dans la notice qu'il a publiée *sur la nouvelle constitution de l'Académie en 1785* (1), furent le berceau de l'Académie des sciences; elles acquirent assez de célébrité pour fixer l'attention du souverain. Louis XIV venait de conclure la paix des Pyrénées, sa puissance venait d'être affermie par ses conquêtes, et son royaume n'avait plus besoin que d'être fortifié par les sciences et par l'industrie, embelli par les arts, et il chargeait Colbert de travailler à leur avancement.

« Ce ministre avait d'abord formé le projet d'un corps littéraire, qui devait réunir toutes les parties des sciences et des lettres. La Bibliothèque du roi était destinée à en être le rendez-vous commun. Ceux qui s'appliquaient à l'histoire devaient s'assembler les lundis et les jeudis; ceux qui cultivaient les lettres, les mardis et les vendredis; les mathématiciens et les physiciens, les mercredis et les samedis. Chaque partie devait avoir son secrétaire particulier, et, afin de lier ces Compagnies entre elles, il devait se tenir, les premiers jeudis de chaque mois, une assemblée commune qui aurait, en quelque façon, présenté les États généraux de la littérature et des sciences.

« Ce vaste plan, digne du génie de Colbert, n'eut qu'une exécution partielle; on laissa subsister l'Académie française et celle des inscriptions et médailles, qui avaient été précédemment établies. On créa une Académie particulière composée de mathématiciens et de physiciens, qui commença ses assemblées à la Bibliothèque du roi au mois de décembre 1666. Le roi y attacha quelques pensions et quelques fonds pour les expériences. »

Il reste donc acquis que l'Académie des sciences n'eut pas d'existence qui lui fût propre jusqu'au moment où Colbert, pressentant l'avenir qui lui était réservé, donnait à la Compagnie les moyens de se réunir dans sa bibliothèque particulière et consacrait ainsi sa fondation. C'était beaucoup déjà, mais ce n'était pas encore assez, et Colbert le comprit si bien que, transférant la Bibliothèque du roi de la rue de la Harpe à la rue Vivienne, dans une maison qui lui appartenait et qui avoisinait l'hôtel dont il avait fait sa résidence, il y réservait, avec l'approbation de Louis XIV, un local spécial dans lequel, pour la pre-

____

(1) *Œuvres de Lavoisier*, t. IV.

mière fois, l'Académie pouvait se considérer comme chez elle.

Dans son ouvrage sur le *Palais Mazarin*, M. le comte de Laborde donne un plan précieux qui permet de constater que

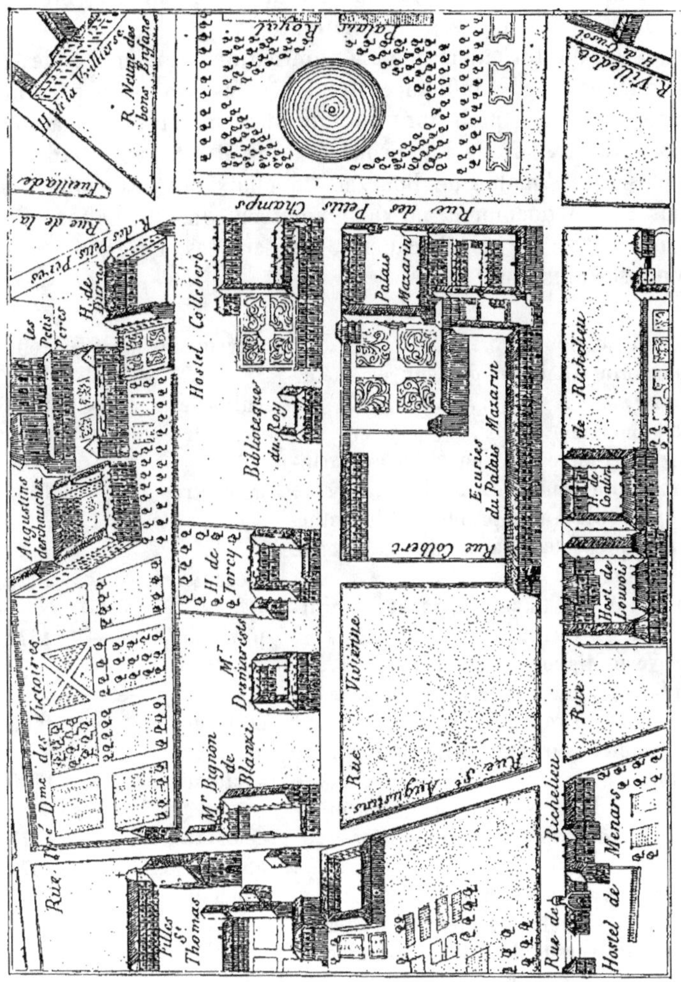

Le Palais Mazarin, l'Hôtel Colbert et la Bibliothèque du Roy, à la fin du XVIIe siècle.

la Bibliothèque du roi était située à l'extrémité du jardin de l'hôtel Colbert, en bordure sur la rue Vivienne, bien près de l'emplacement qu'occupe aujourd'hui l'immeuble portant le n° 8.

C'est là, le 22 décembre 1666, sans qu'aucun acte public fût dressé de cette prise de possession, sans qu'aucune forme légale fût attribuée à la fondation de la nouvelle Académie ni qu'aucun règlement lui fût donné, que Carcavi, bibliothécaire, procédait à son installation.

Quelle voie fut suivie pour la nomination des membres de la Compagnie, quelles influences firent élire les savants qui allaient y prendre place, quels sont ceux qui déterminèrent la marche de ses travaux ? Nous l'ignorons. Sauval, il est vrai, attribue à Duclos et à Amable de Bourzeis le choix des académiciens, mais aucun document ne vient appuyer son affirmation. Ce qu'on sait, c'est que l'Académie des sciences, en 1666, était composée ainsi qu'il suit :

Auzout (Adrien)	astronome,	mort en	1691
Bourdelin (Claude), docteur en médecine	chimiste,	—	1699
Buot (Jacques)	géomètre,	—	1675
Carcavi (Pierre de), conseiller au parlement de Toulouse	géomètre,	—	1684
Couplet (Cl.-Ant.), professeur de mathématiques des pages de la grande écurie	mécanicien,	—	1722
Cureau de La Chambre, médecin ordinaire du roi	physicien,	—	1671
Delavoye-Mignot	géomètre,	—	
Du Clos (Samuel Cottereau), médecin ordinaire du roi	chimiste,	—	1685
Duhamel (Jean-Baptiste), aumônier du roi	anatomiste,	—	1706
Frénicle de Bessy (Nicolas), conseiller du roi en sa cour des monnaies	géomètre,	—	1675
Gayant (Louis)	anatomiste,	—	1673
Huyghens (Christian)	géomètre,	—	1695
Marchant (Nicolas), docteur en médecine de l'Université de Padoue, premier botaniste de M. Gaston de France, et directeur de la culture des plantes du jardin royal	botaniste,	—	1678
Mariotte (Edme)	physicien,	—	1684
Niquet	géomètre,	—	
Pecquet (Jean)	anatomiste,	—	1674

Perrault (Claude), docteur en médecine de la Faculté de Paris..............	physicien,	mort en	1688
Picard (Jean), prêtre...............	astronome,	—	1682
Pivert.....................			
Richer (Jean)...................	astronome,	—	1696
Roberval (G. Personne de)...........	géomètre,	—	1675

Jean-Baptiste Duhamel fut choisi par le roi pour exercer les fonctions de secrétaire perpétuel.

Le premier volume des procès-verbaux rédigés par lui s'ouvre de la manière suivante :

Ce 22 décembre 1666, il a esté arresté dans la Compagnie qu'elle s'assemblera deux fois la semaine, le mercredy et le samedy.

2. Que l'un de ces deux jours, sçavoir le mercredy, on traitera des mathématiques ; le samedy, on travaillera à la physique.

3. Comme il y a une grande liaison entre ces deux sciences, on a jugé à propos que la Compagnie ne se partage point, et que tous se trouvent à l'assemblée les mesmes jours.

Il eût été intéressant de fixer d'une manière précise l'emplacement qu'occupait l'Académie des sciences à la Bibliothèque, mais nous le constatons à regret : après avoir parcouru tous les ouvrages qui pouvaient apporter quelque éclaircissement à la solution de ce problème, nous avouons n'avoir trouvé aucune trace ni de la salle d'assemblée ni du laboratoire de l'Académie ; l'édifice qui leur donnait asile a disparu, et son plan intérieur ne paraît pas avoir été conservé.

Les *Comptes des bâtiments du roi sous le règne de Louis XIV*, publiés par M. Guiffrey (1), mentionnent quelques dépenses effectuées au nom de la savante Compagnie, du 24 août 1666 au 28 janvier 1667. Ce sont là, croyons-nous, les seuls renseignements qu'on possède sur les frais occasionnés par le séjour de l'Académie dans la maison de Colbert et sur ceux qui résultent de son établissement définitif dans la Bibliothèque du roi ; malheureusement la nature de ces frais est restée inconnue :

24 août 1666. — A Nicolas Clérambaut, pour le payement de menues dépenses de l'Académie royale des sciences, 2500 livres.

(1) Paris, Imprimerie nationale, 1881, in-4, t. Ier, p. 151.

3 novembre 1666, 28 janvier 1667. — A luy pour l'établissement de la Bibliothèque du roy et de la nouvelle Académie (trois payements), 7000 livres (1).

Nous avons dit plus haut qu'aucune ordonnance royale n'avait été rendue au moment de la fondation de l'Académie. C'est uniquement à la sollicitation de Colbert, en effet, que Louis XIV ne tarda pas à se constituer son protecteur et à lui donner des marques de sa haute sollicitude. Outre les pensions qu'il voulut accorder à quelques-uns de ses membres, outre la somme de

Médaille de Louis XIV,
frappée en 1666 à l'occasion de l'institution de l'Académie des sciences.

douze mille livres qu'il consacra à la Compagnie pour faire face à ses frais d'expériences, à ses achats de livres et à l'entretien de son laboratoire, le roi résolut aussi de perpétuer le souvenir de son institution, en faisant frapper une médaille qui porte la date de 1666; cette médaille, dont les coins existent encore, est décrite, dans le catalogue du Musée des monnaies, de la manière qui suit :

AVERS. — Tête de Louis XIV, cheveux longs et bouclés.
Légende. — LUDOVICUS XIIII REX CHRISTIANISSIMUS (Louis XIV roi très chrétien). Mauger f.
REVERS. — Minerve assise au milieu des attributs de l'astronomie, de l'anatomie et de la chimie.

(1) M. Guiffrey a bien voulu nous signaler une transposition typographique, qui fait attribuer le payement de cette dernière dépense à Pierre Patel. Nous rétablissons ce texte conformément à ses indications.

Légende. — NATURÆ INVESTIGANDÆ ET PERFIC. ARTIB. (Pour découvrir les secrets de la nature et perfectionner les arts.)

Exergue. — REGIA SCIENTIARUM ACADEMIA INST. MDCLXVI. (Institution de l'Académie royale des sciences. 1666.)

Dès cette époque cependant, ainsi que le rappelle Jacques-Dominique Cassini (1) dans ses *Mémoires pour servir à l'histoire des sciences*, l'établissement de l'Académie à la Bibliothèque du roi n'était considéré que comme ayant un caractère absolument provisoire. Au moment de la construction de l'Observatoire de Paris, Claude Perrault, qui en fut l'architecte, avait conçu, d'accord avec Colbert, le projet de « réunir dans ce lieu tout ce qui avait rapport aux sciences ; l'Académie devait y tenir ses séances. L'immense édifice, distribué en longues galeries et en vastes salles d'une élévation considérable était destiné aux observations astronomiques et devait servir de dépôt à toutes les machines et aux modèles de mécanique présentés à l'Académie ; au-dessous de la terrasse qui règne devant la façade méridionale du bâtiment, on avait commencé à construire des fourneaux et des laboratoires de chimie ; enfin, tout autour du terrain où l'Observatoire est situé, on se proposait de bâtir des logemens particuliers pour les astronomes de l'Académie et les autres savans attachés à l'établissement projeté. »

(1) On désigne habituellement les membres de la famille Cassini, de la manière suivante :

Cassini I (Jean-Dominique), 1625-1712.

Cassini II (Jacques), fils de Jean-Dominique, 1677-1756.

Cassini III (César-François) dit Cassini de Thury, fils de Jacques, 1714-1784.

Cassini IV (Jacques-Dominique), fils de Cassini de Thury, 1748-1845.

Cassini V (Alexandre-Henri-Gabriel), fils de Jacques-Dominique, 1781-1832.

Le dernier des Cassini est le seul qui ne se soit pas occupé d'astronomie. Lalande rapporte cependant dans sa *Bibliographie astronomique* (p. 803) que « le 11 novembre 1798, Madame Le Français fit faire la première obsertion, dans l'observatoire du Collège de France, au citoyen Cassini V, âgé de seize ans, qui était venu habiter l'observatoire pour suivre les traces de ses ancêtres..... mais il n'a pas continué ».

En effet, Henri-Gabriel Cassini entra dans la magistrature et devint vice-président du tribunal de première instance de la Seine. Il s'occupa de botanique et prit place au sein de l'Académie des sciences, au titre d'académicien libre, le 7 mai 1827.

« Mais une partie de ce qui devait être ne fut point, continue Cassini. En effet, la tenue des assemblées de l'Académie des sciences dans un lieu aussi éloigné du centre de la capitale, ne pouvait guère avoir lieu ; le mélange des objets d'astronomie, de mécanique, de chimie, n'eût causé que gêne et confusion, enfin le rassemblement de tous les astronomes observant dans le même lieu, avec les mêmes instrumens, eût, peut-être, été plus nuisible qu'utile aux progrès de l'astronomie. »

Sauval, dans les quelques lignes qu'il consacre à l'Académie des sciences, considère le projet de Colbert et de Perrault comme ayant reçu son exécution; il n'y a pas lieu d'en être surpris :

« M. Colbert, dit-il, avec le même zèle pour les sciences utiles au public, donna un établissement à cette Académie, et pour cela, le sieur Duclos, médecin, et Amable de Bourzeis eurent le soin de choisir les personnes les plus capables de la former, en mathématiques, en médecine et en physique; ils s'assembloient à l'Observatoire qui fut bâti au fauxbourg Saint-Jacques pour les observations astronomiques. »

L'auteur des *Antiquités de la ville de Paris* mourut en 1670, et la première édition de son ouvrage ne parut qu'en 1724; il ignora donc les raisons d'ordre supérieur qui obligèrent Colbert à abandonner le projet qui nous occupe.

Quelques réunions eurent lieu cependant à l'Observatoire, et l'une d'elles est restée historique : c'est celle du 20 août 1690, à laquelle assista le roi d'Angleterre Jacques II.

Jean-Dominique Cassini en fit le récit détaillé à la compagnie, dans la séance qu'elle tint au Louvre le 27 du même mois. Ce récit fort curieux, important même, pour l'histoire de la science astronomique, a été inséré par Duhamel au procès-verbal ; nous le reproduisons ici :

Le 20ᵉ d'aoust 1690, le roy d'Angleterre ayant dit à Monseigneur l'évêque d'Autun qu'il désiroit voir l'Observatoire, M. de Villacerf le fit sçavoir en même temps à M. de La Chapelle, de la part de Monseigneur de Louvois, qui donna l'ordre que messieurs de l'Académie royale s'y trouvassent.

Sa Majesté s'y rendit à dix heures du matin, accompagné des ducs de Pouvis, des milords Dambarthon et Melfort, et étant conduit dans la tour orientale de l'apartement inférieur, elle considéra les observations que l'on avoit faites la nuit précédente.

On fit remarquer à Sa Majesté Britannique que des cinq satellites de Saturne, il y en a quatre qui ont été découverts dans cet observatoire, après celuy qui avoit été découvert longtemps auparavant par M. Huygens, aussy de cette académie, outre l'anneau qui l'environne, de sorte qu'on le voit présentement avec cinq satellites auxquels on a donné le nom d'astres Ludovices qui, avec les quatre satellites de Jupiter et les sept planètes connues des anciens, font en tout, le nombre de seize planètes.

Sa Majesté Britannique considéra leur système et la grande variété de leurs mouvemens, le premier que nous avons découvert après tous les autres faisant une révolution en un jour et vingt et une heures, et le cinquième, que nous avons découvert le premier, faisant sa révolution en quatre-vingts jours.

On parla de la propriété extraordinaire de ce cinquième satellite de Saturne qui, en chacune de ses révolutions, demeure plus d'un mois invisible, et particulièrement lorsqu'il parcourt la partie orientale de son cercle, ce que l'on ne sauroit attribuer qu'à la conformation de la surface de cette planète, dont une partie doit être plus propre pour réfléchir de toute part la lumière du soleil, l'autre obscure et incapable de réfléchir la lumière avec assez de force pour pouvoir être apperceüe d'icy par nos lunettes. On remarqua que cette propriété n'a point d'exemple en aucune autre planette, mais qu'elle luy est commune avec une étoile fixe placée dans le col de la Baleine, qui tous les ans demeure invisible pendant sept mois et se peut voir pendant quatre mois, de sorte qu'au bout d'onze mois, elle reparaît avec la même clarté.

Nous avions aussy observé la nuit précédente une ecclipse du second satellite de Jupiter, qui étoit sorti de son disque à neuf heures et quarante-cinq minutes, ce qui donna occasion de parler de l'utilité de ces observations et particulièrement dans la géographie et dans la navigation. L'on dit que l'on avoit envisagé cet usage dans la première découverte que Galilée fit des satellites de Jupiter, mais qu'on ne l'avoit jamais pu réduire en pratique avant l'établissement de l'Académie royale des sciences, et avant que nous eussions donné les éphémérides et les tables de ces satellites ; que depuis ce temps-là on y a travaillé assidüement, et que le roy informé de cet usage a envoyé divers académiciens en diverses parties du monde pour faire des observations correspondantes à celles que l'on fait en même temps dans cet observatoire. Que ces observations comparées ensemble servent à trouver les différences des longitudes.

Sa Majesté Britannique dit que ces observations de longitude sont très difficiles à déterminer et très nécessaires à la navigation. Elle témoigna qu'elle étoit informée des observations que l'on avoit fait sur ce sujet de concert avec M. Flamsted, directeur de l'Observatoire d'Angleterre, et avec d'autres personnes de la Société royale, et elle ajouta que M. Halley avait été observer pendant un an entier à l'isle Sainte-Hélène et qu'il avoit remarqué de très grandes fautes dans les cartes marines.

On parla de la différence qui s'est trouvée entre la longitude de Siam marquée dans les cartes et celle qui a été trouvée par la comparaison des observations et des éclipses des satellites de Jupiter, faites en même temps dans cet observatoire et à Louvo par les pères jésuites, envoyez par le roy en qualité de ses mathématiciens à la Chine.

Sa Majesté Britannique dit que les astronomes anglois avoient travaillé de leur costé à connoître cette différence des méridiens par les éclipses des satellites de Jupiter et qu'ils avoient reconnu la grande utilité de ces observations et la nécessité de réformer les cartes géographiques.

On fit remarquer à Sa Majesté que dans cet observatoire on avoit entrepris ce grand ouvrage et que, sur ce projet, on avoit fait une carte aussy correcte qu'on avoit pu, dans le plancher de la tour occidentale que Sa Majesté voulut voir en passant d'une tour à l'autre.

On fit voir à Sa Majesté un essai de la méthode de se servir de verres sans lunettes tant sur terre qu'au ciel, que nous avons pratiquée dans les découvertes des satellites de Saturne.

On avoit mis à la fenêtre septentrionale un objectif de 100 pieds, de la façon de M. Hartsœker, et par un oculaire placé sur un pied à la porte méridionale, on regarda un objet éloigné dans la ville. On lui fit voir qu'il n'est point nécessaire que le rayon visuel tiré d'un verre à l'autre soit perpendiculaire à l'objectif, mais qu'il y peut être incliné de plusieurs degrez sans qu'on y trouve une différence sensible dans la clarté et dans la distinction ; de sorte que dans cette longueur on peut promener l'oculaire par toute la largeur de la galerie de l'Observatoire pour voir divers objets fort éloignés à droite et à gauche sans changer la situation de l'objectif.

On fit encore remarquer à Sa Majesté l'usage que l'on fait de cette méthode dans les observations du ciel par le moyen d'une tour de bois de cent trente pieds de hauteur, que le roy a fait transporter de Marly, où elle avoit servi à élever les eaux qui vont à Versailles, et la fit dresser sur la terrasse de l'Observatoire. Elle soutient à ses angles des soliveaux sur lesquels coule une machine qui porte l'objectif dressé à l'astre, pendant que l'on tient l'oculaire à la main, sur un pied où il coule à la distance du foyer de l'objectif.

La carte géographique de l'Observatoire qui avoit été faite pre-

mièrement par Messieurs Sédileau et Chazelles, sur les corrections
et les mémoires que l'Académie leur avoit donnés, avoit été nouvellement rétablie par Monsieur de La Faye. On montra à Sa Majesté
les endroits qu'on avoit établis par les observations immédiates de
Messieurs de l'Académie par l'ordre du Roy, par Messieurs Picard,
de La Hire, Richer, Varin, Duclos et des Hayes, en Dannemarck, sur
les costes de France, en Cayenne, au cap Verd, aux Antilles, et par
les pères jésuites mathématiciens du Roy au cap de Bonne-Espérance
et à Siam, d'où l'on avoit appris que les vrayes différences de longitude sont ordinairement plus petites que celles qui sont marquées
dans les cartes.

Sa Majesté dit que l'on avoit aussi observé en Angleterre où l'on
avoit mesuré un degré de la circonférence de la terre qu'on avoit
trouvé être de 72 milles d'Angleterre au lieu qu'auparavant on le
supposait de 60 milles; que les milles d'Angleterre sont de différentes grandeurs, mais que ceux dont il s'agit icy sont de 5000 p. de
Londres.

On dit à Sa Majesté qu'avant cela, dez l'année 1668, une des
premières opérations de l'Académie royale des sciences avoit été de
mesurer avec un grand soin, aux environs de Paris, par les grands
triangles, un degré de la circonférence de la terre que l'on avoit
trouvé de 57 060 toises de Paris, et Sa Majesté Britannique ayant
souhaitté que l'on en fit la comparaison avec la mesure trouvée en
Angleterre, on promit à Sa Majesté de l'en informer.

On représenta à Sa Majesté que pour avoir la mesure de la circonférence de la terre avec plus d'évidence et d'exactitude, l'Académie
des sciences s'étoit proposé de mesurer les degrez et minuttes et le
nombre de toises qui sont dans le travers de ce royaume, du septentrion au midy; qu'à cet effet l'on avoit prolongé la méridienne de
l'observatoire, d'un côté jusques dans la Flandre et de l'autre côté
jusqu'au Bourbonnois, et que l'on l'avoit mesurée par de grands
triangles liés ensemble dont le premier est fondé sur une base
mesurée actuellement, et que par cette manière l'on auroit huit
degrés de la circonférence de la terre dans lesquels il n'y auroit pas
plus d'erreur que dans un degré.

Sa Majesté Britannique dit qu'il étoit d'une grande importance
d'avoir une mesure la plus exacte qu'il fût possible, pour servir à la
géographie et à la navigation dans la réduction des degrez en lieues
et en milles et des milles en degrez. Sa Majesté dit qu'elle avoit fait
mesurer la distance qui est entre la montagne des Roches, en
Irlande, près de Dublin, et la montagne du Cap en Angleterre, par
un triangle dont la base et ses angles fussent mesurés aux trois
Roches qui donnèrent la distance de 46 milles et demi d'Angleterre.

On dit à Sa Majesté que Monsieur de La Hire avoit mesuré, par un triangle dont la base est assez grande, la distance qui est entre le port de Calais et le château de Douvres. Cette distance fut trouvée de 21 360 toises, un peu plus de sept lieues, à 300 toises par lieue, qui est l'estime ordinaire de cette distance, quoyque les cartes la fassent ordinairement plus grande.

Sa Majesté marqua sur la carte les endroits où des pilotes anglois ont tenté le passage aux Indes orientales par le nord-ouest et dit que les plus grands obstacles qu'ils avoient eus avoient été les brouillards qui, en ces endroits, empêchoient de jour de voir le ciel et la terre, de sorte que l'on ne pouvoit naviguer que la nuit pour l'observation des étoiles fixes, et que Monsieur Vossius avoit jugé que la saison la plus propre pour tenter ce passage seroit l'hyver quand ces brouillards seroient tombez. Elle parla aussy des passages faits par les Anglois, par le détroit de Magellan, dont on avoit fait des cartes exactes, et de quelque autre route qu'ils avoient trouvée plus vers le midy pour passer à la mer Pacifique ; que l'on avoit trouvé que dans ces parties méridionales à pareille distance de l'équinoxial et du soleil, le froid est plus grand à proportion que dans nos climats, et on remarqua aussi que dans notre climat, le froid est plus grand dans le Canada qu'en France, quoyque le Canada soit sous le même parallèle.

On parla de l'isle Taprobane, connue aux anciens, que quelques géographes modernes supposent être l'isle de Ceilam (1), quelques autres l'isle de Sumatve (2). On dit que la situation que Ptolémée luy donne s'accorde mieux à celle de l'amas des Isles Maldives, qu'on dit être au nombre de onze mille, dont les anciens n'ont point parlé ; que Ptolémée place Taprobane vis à vis du promontoire Cori, qui est le plus avancé dans la mer, entre l'Inde et le Gange, que ce promontoire ne sçauroit être que celuy qu'on appelle présentement Commori ou Commorin qui est dans la mesme situation entre l'Inde et le Gange, que ce géographe place Taprobane sous l'équinoxial qui la divise en deux parties inégales, à peu près en la même proportion, de sorte que la plus petite partie est du côté du midy et la plus grande du côté du septentrion. Ces isles étant étendues à peu près du midy au septentrion, comme la Taprobane de Ptolémée.

Que les Maldives, suivant la relation de Picard, sont exposées à un courant furieux qui heurte contre les rochers qui les environnent et en emporte de temps en temps quelques-unes qui ne sont, la plus part, séparées des autres que par des canaux qui, dans la basse mer,

(1) Ceylan.
(2) Sumatra.

n'ont que deux ou trois pieds d'eau, quoyqu'il y ait douze canaux larges et profonds qui distinguent ces Isles en douze amas qu'on appelle Attolons.

Que les Malabares, suivant Linscot, rapportent que ces isles ont été autrefois unies au continent, d'où elles ont été séparées par les courants, qu'elles ont donc pu former l'isle Taprobane, et particulièrement si elles ont été unies à l'isle de Ceilam, qui, étant éloignée de plus de six degrés de l'équinoxial, ne peut pas toute seule former cette isle divisée par l'équinoxial.

Ensuite Sa Majesté considéra le planisphère d'argent que Monsieur Cassini avoit fait faire au sieur Buterfield pour le Roy, et la facilité des opérations astronomiques que l'on fait par son moyen. Elle considéra aussi la machine des trois systèmes faits à la manière de Copernic, de Tycho et de Ptolémée, qui est au dos de ce planisphère pour faire voir le rapport d'un système à l'autre, ces systèmes y étant disposez de manière qu'ils s'accordent à montrer précisément les mesmes apparences. Les cercles des planettes y étant dans la juste proportion et dans la véritable situation, on y trouve en tout temps leurs véritables longitudes vües du soleil et de la terre, et leurs véritables distances en diamètres de la terre et en millions de lieües par le moyen d'une alidade divisée à cet effet, dont Sa Majesté vit l'usage et remarqua avec plaisir la justesse du rapport de ces trois systèmes dont les hypothèses semblent être si différentes.

Ayant vu un anneau astronomique, d'un pied de diamètre, qui marque distinctement et avec justesse toutes les minutes des heures, et montre en même temps la déclinaison de l'aiman, Sa Majesté dit qu'elle en avoit un à peu près de cette grandeur, et qu'elle trouvoit que c'étoit l'instrument le plus propre pour trouver exactement et promptement l'heure dans les voyages, et à l'occasion de la déclinaison de l'aiman, que l'on trouve par ces anneaux, comme on parla des observations que l'on en avoit faites à Paris et ailleurs, et de celles de la variation, Sa Majesté dit que l'on avoit observé en Angleterre la variation des variations de l'aiman, et que l'on avoit trouvé des règles qui répondoient aux observations et que l'on avoit fait une éphéméride de cette variation pour dix ans qui s'étoit trouvée conforme aux observations; que ces observations avoient été faites par le moyen d'un grand hémisphère concave de pierre placé à Witehal, dans lequel on avoit tracé la ligne méridienne avec un soin extraordinaire, ce qui avoit été fait sous le règne de Jacques premier, ayeul de Sa Majesté. Que par cet hémisphère, on s'étoit aperçu, en le comparant à la pendule, qu'il y avoit quelque petite différence entre les heures du matin et les heures du soir, ce que l'on dit pouvoir être attribué aux réfractions qui peuvent être un peu plus grandes le matin que le soir.

On représenta à Sa Majesté qu'il est difficile d'établir ces règles de la variation de l'aiman, vû les irrégularités de différences que l'on a observées à Paris, et la longueur du temps qu'il seroit requis pour la vérifier, quoyque l'entreprise de le tenter soit fort louable.

Sa Majesté ayant rapporté la pensée de Monsieur Newton et de quelques autres qui jugeoient que la figure de la terre n'est pas parfaitement ronde, on répondit que cette pensée étoit venue à quelques uns, à l'occasion des observations de Jupiter, qui a paru quelquefois n'être point parfaitement sphérique, mais que la partie de l'ombre de la terre qui tombe sur la lune dans les éclipses de lune, paroissoit assez circulaire pour persuader que la figure de la terre ne s'éloigne pas fort sensiblement de la sphérique. Que cette conjecture avoit été aussy fortifiée par les observations de la longueur du pendule faites par des personnes envoyées par l'Académie royale des sciences à la Cayenne, au Cap Verd et aux Antilles, où le pendule à secondes s'est trouvé constamment et sensiblement plus court que dans notre climat, mais que cette différence pouvoit être attribuée au tempérament de l'air, puisque dans le même lieu, nous trouvons un peu de différence entre l'été et l'hyver. Qu'il faudroit pouvoir régler cette différence pour corriger les pendules.

Sa Majesté Britannique dit que les pendules pouvoient être d'un grand usage dans la navigation pour l'observation des longitudes, qu'un pilote anglois, nommé Holms, en avoit fait l'expérience, se servant de deux pendules qu'il comparoit ensemble, que par ce moyen il avoit réussi, ayant trouvé son point avec assez de justesse. On répondit qu'on en avoit aussi fait l'expérience en France, suivant la proposition de Monsieur Huygens et que, nonobstant les difficultés qui s'y trouvent, il faut avouer qu'employant plusieurs pendules et les comparant ensemble, les unes par les autres, on en peut faire un bon usage.

Sa Majesté monta ensuite à la Salle des machines où elle admira principalement celle des Éclipses inventée par Monsieur Rœmer et exécutée par le sieur Thuret d'une manière toute particulière. Elle vit aussy celle des planètes suivant le système de Copernic, qu'un seul mouvement fait tourner toutes différemment autour du soleil.

Sa Majesté, ayant vu divers modèles de cabestans, parla des conditions qu'ils doivent avoir afin que la force des hommes y soit bien appliquée, et de quelle manière elle les avoit fait faire dans les flottes qu'elle avoit commandées, où il y avait eu souvent des hommes tués par la mauvaise construction de ses instrumens.

Elle considéra les machines hydrauliques pour élever les eaux, parla de celle que le chevalier Morland avoit inventées et d'autres d'une meilleure construction qui avoient été inventées par un autre ingénieur anglois nommé Gourdon.

Elle vit aussi diverses machines pour élever les fardeaux et particulièrement une de Monsieur Perrault qui les élève en se balançant et celle qui sert présentement à l'Église des Invalides, où la force est appliquée fort loin du fardeau que l'on veut élever, et elle considéra le modèle d'un pont portatif que Monsieur Couplet a inventé, dont chaque soldat transporte une pièce et l'accroche en un instant, pourvu que l'appuy au bord de la rivière soit inébranlable.

A l'occasion des machines du chevalier Morland, Sa Majesté fit voir deux plaques d'argent en forme de médaille, dont une servoit pour trouver pendant plusieurs siècles, à chaque jour de l'année proposée, le jour de la semaine, dont l'une étoit selon le calendrier Julien, l'autre suivant le Grégorien, mais elle dit que cette dernière étoit fautive et ne pouvoit servir que jusques à la fin de ce siècle, parce qu'on n'avoit pas pris garde au jour qu'il faut ôter à l'année 1700, ce qui donna occasion à Monsieur Cassini de parler d'une table exacte et perpétuelle qu'il a faite pour le calendrier Grégorien.

L'heure du midy s'approchant, on passa à la tour occidentale du second appartement, où il y avoit le miroir ardent fait par le sieur Villète, et l'on fit l'expérience de faire fondre une pièce d'argent.

Sa Majesté Britannique vit les instrumens que Monsieur Sédileau avoit apresté pour observer, par lesquels on prit la hauteur méridienne. Elle régla en même temps ses montres dans lesquelles il y avoit une invention nouvelle qui sert à faire répéter les heures et les quarts sans bruit, toutes les fois qu'on la presse en un certain endroit.

Sa Majesté Britannique vit par occasion le niveau de Monsieur Picard, qui a servi à faire tous les grands nivellemens de Versailles.

Sa Majesté Britannique, étant montée sur la terrasse, vit les bassins quarrés où depuis longtemps Monsieur Sédileau fait, par ordre de Monsieur de Louvois, les observations de la quantité de l'eau qui tombe du ciel et de celle qui s'évapore. On fit voir que la plus grande hauteur que la pluye a faite en 24 heures, depuis deux ans, a été de 14 lignes, et en une année de 17 à 18 pouces ; que la plus grande évaporation en 24 heures a été de 2 à 3 lignes.

Nous fûmes tous pleins d'admiration des vastes connoissances que Sa Majesté Britannique fit paroître en ces entretiens beaucoup d'intelligence dans toutes ces matières, et elle eut la bonté de témoigner qu'elle étoit fort contente de tout ce qu'elle avoit vu et entendu.

L'Académie poursuivait donc ses travaux à la Bibliothèque du roi, sans que pour cela on renonçât à lui procurer un local plus spacieux et mieux aménagé. Le 5 décembre 1681, Louis XIV voulut assister à l'une de ses réunions ; le procès-verbal rend le compte suivant de cette démarche, inspirée sans doute par Colbert :

Le vendredi 5e de décembre 1681, le roy honora l'Académie de sa présence, accompagné de Monseigneur le Dauphin, de Monsieur, et de Monsieur le duc. Après avoir veu la Bibliothèque et le Cabinet des médailles, il entra d'abord dans le laboratoire où M. Du Clos luy fit voir la coagulation de l'eau de la mer, qui se fit en un instant par l'huile de tartre ; 2° la réduction de quelques sels fort âcres, comme du sel de tartre, en une terre insipide, ce qui se fit par des lotions ; 3° la distillation de la flamme de l'esprit-de-vin ; 4° de la manganèse qui, estant verte, oste la couleur verte au verre.

Estant entré dans l'Académie, Monseigneur Colbert fit voir à Sa Majesté les ouvrages imprimez de l'Académie et une partie de ceux qu'on doit imprimer. Le roy considéra particulièrement les figures des animaux terrestres dans le manuscrit de M. Perrault et celles des poissons dessinés par M. de La Hire, et quelques dessins des plantes comme du *Melocarduus* que M. Dodart expliqua, après quoy le Roy dit à la compagnie qu'il n'estoit point nécessaire qu'il l'exhortast à travailler et qu'elle s'y appliquoit assez d'elle-même.

Ensuite il alla voir l'atelier des tailles-douces. Monseigneur Colbert lui avoit leu une partie du catalogue des livres imprimez. Enfin le roy vit les deux machines de M. Rœmer que M. Cassini lui expliqua, où il s'arresta assez longtemps. Une de ces machines est pour le calcul des éclipses et l'autre pour la théorie des planètes.

Cette visite fut considérée, à l'époque, comme un véritable événement ; le souvenir en a été conservé, non seulement dans le procès-verbal qu'on vient de lire, mais encore dans l'*Essai historique sur la Bibliothèque du roi*, de Leprince.

L'auteur y signale, en effet, l'année 1681 « qui sera, dit-il, à jamais remarquable par la visite dont Louis XIV daigna honorer sa Bibliothèque. Sa Majesté, continue Leprince, y vint accompagné de Monseigneur, de Monsieur, de M. le Prince et des plus grands seigneurs de la cour. Après que Colbert eut montré tout ce qui étoit le plus capable d'attirer l'attention, le Roy fit aussi l'honneur à l'Académie des sciences d'assister

L'ACADÉMIE DES SCIENCES A LA BIBLIOTHÈQUE DU ROI

Par Sébastien Le Clerc.

à une de ses assemblées qu'elle tenoit encore à la Bibliothèque. »

Les publications sur l'existence desquelles Colbert insistait
avaient une grande importance ; en France comme à l'étranger,
partout où la science était en honneur, leur valeur était fort
appréciée, et elles n'avaient pas peu contribué à répandre le
goût des recherches que poursuivait l'Académie et à en accen-
tuer le développement.

Martin Lister, dans son *Voyage à Paris*, rend à cet égard un
témoignage précieux à recueillir :

On a ici, dit-il, une telle passion pour se faire des bibliothèques
que les livres sont aujourd'hui aux prix les plus déraisonnables. J'ai
payé un *Nizolius* trente-six livres à Anisson ; vingt-cinq livres les
deux petits in-4° des *Mémoires de l'Académie des sciences*, c'est-
à-dire quelque chose comme deux années des *Transactions philosophiques*, car c'est à leur imitation que l'Académie avoit publié
ces extraits de ses registres, mais elle s'interrompit au bout de
deux ans (1).

(1) Ces deux volumes, devenus introuvables, ont été réimprimés seulement en 1733 et forment la tête de la collection des *Mémoires*.

E. MAINDRON.

CHAPITRE II

C'est en 1698 que Lister écrivait le *Voyage à Paris*, et c'est
avec raison qu'il y signale l'interruption que subissait alors
la publication des *Mémoires* de l'Académie. A ce moment la
Compagnie attendait une organisation définitive qui lui fut
seulement octroyée par le règlement du 26 janvier 1699 ; ce règlement, le premier de ceux qu'elle ait reçus, la renouvelait
d'une manière complète et fixait les conditions de son existence,
la nature de ses recherches, son mode de recrutement, etc., etc.,
il était ainsi conçu :

Le Roi voulant continuer à donner des marques de son affection à
l'Académie royale des sciences, Sa Majesté a résolu le présent règlement, lequel Elle veut et entend être exactement observé.

1. — L'Académie royale des sciences demeurera toujours sous la
protection du Roi et recevra ses ordres par celui des secrétaires
d'État, à qui il plaira à Sa Majesté d'en donner le soin.

II. — Ladite Académie sera toujours composée de quatre sortes
d'académiciens, les honoraires, les pensionnaires, les associés et les
élèves ; la première classe composée de dix personnes, et les trois
autres chacune de vingt ; et nul ne sera admis dans aucune de ces
quatre classes, que par le choix ou l'agrément de Sa Majesté.

III. — Les honoraires seront tous régnicoles, et recommandables
par leur intelligence dans les mathématiques ou dans la physique,

desquels l'un sera président, et aucun d'eux ne pourra devenir pensionnaire.

IV. — Les pensionnaires seront tous établis à Paris : trois géomètres, trois astronomes, trois mécaniciens, trois anatomistes, trois chimistes, trois botanistes, un secrétaire et un trésorier. Et lorsqu'il arrivera que quelqu'un d'entre eux sera appelé à quelque charge ou commission demandant résidence hors de Paris, il sera pourvu à sa place de même que si elle avoit vaqué par décès.

V. — Les associés seront en pareil nombre, douze desquels ne pourront être que règnicoles, deux appliqués à la géométrie, deux à l'astronomie, deux aux mécaniques, deux à l'anatomie, deux à la chimie, deux à la botanique ; les huit autres pourront être étrangers et s'appliquer à celles d'entre ces diverses sciences pour lesquelles ils auront plus d'inclination et de talent.

VI. — Les élèves seront tous établis à Paris ; chacun d'eux appliqué au genre de science dont fera profession l'académicien pensionnaire auquel il sera attaché ; et s'ils passent à des emplois demandant résidence hors de Paris, leurs places seront remplies, comme si elles étoient vacantes par mort.

VII. — Pour remplir les places d'honoraires, l'assemblée élira à la pluralité des voix un sujet digne qu'elle proposera à Sa Majesté pour avoir son agrément.

VIII. — Pour remplir les places de pensionnaires, l'Académie élira trois sujets, desquels deux au moins seront associés ou élèves, et ils seront proposés à Sa Majesté, afin qu'il lui plaise en choisir un.

IX. — Pour remplir les places d'associés, l'Académie élira deux sujets, desquels un au moins pourra être pris du nombre des élèves, et ils seront proposés à Sa Majesté, afin qu'il lui plaise en choisir un.

X. — Pour remplir les places d'élèves, chacun des pensionnaires s'en pourra choisir un qu'il présentera à la Compagnie, qui en délibérera, et s'il est agréé à la pluralité des voix, il sera proposé à Sa Majesté.

XI. — Nul ne pourra être proposé à Sa Majesté pour remplir aucune desdites places d'académicien, s'il n'est de bonnes mœurs et de probité reconnue.

XII. — Nul ne pourra être proposé de même, s'il est régulier, attaché à quelque ordre de religion, si ce n'est pour remplir quelque place d'académicien honoraire.

XIII. — Nul ne pourra être proposé à Sa Majesté pour les places de pensionnaire ou d'associé, s'il n'est connu par quelque ouvrage considérable imprimé, par quelque cours fait avec éclat, par quelque machine de son invention, ou par quelque découverte particulière.

XIV. — Nul ne pourra être proposé pour les places de pensionnaire ou d'associé, qu'il n'ait au moins vingt-cinq ans.

XV. — Nul ne pourra être proposé pour les places d'élèves, qu'il n'ait vingt ans au moins.

XVI. — Les assemblées ordinaires de l'Académie se tiendront à la Bibliothèque du roi, les mercredi et samedi de chaque semaine; et lorsqu'esdits jours se rencontrera quelque fête, l'assemblée se tiendra le jour précédent.

XVII. — Les séances desdites assemblées seront au moins de deux heures, savoir : depuis trois jusqu'à cinq.

XVIII. — Les vacances de l'Académie commenceront au huitième de septembre et finiront l'onzième de novembre; et elle vaquera en outre pendant la quinzaine de Pâques, la semaine de la Pentecôte, et depuis Noël jusqu'aux Rois.

XIX. — Les académiciens seront assidus à tous les jours d'assemblées, et nul des pensionnaires ne pourra s'absenter plus de deux mois pour ses affaires particulières, hors le temps des vacances, sans un congé exprès de Sa Majesté.

XX. — L'expérience ayant fait connoître trop d'inconvéniens dans les ouvrages auxquels toute l'Académie pourroit travailler en commun, chacun des académiciens choisira plutôt quelque objet particulier de ses études, et par le compte qu'il en rendra dans les assemblées, il tâchera d'enrichir de ses lumières tous ceux qui composent l'Académie, et de profiter de leurs remarques.

XXI. — Au commencement de chaque année, chaque académicien pensionnaire sera obligé de déclarer par écrit à la Compagnie le principal ouvrage auquel il se proposera de travailler; et les autres académiciens seront invités à donner une semblable déclaration de leurs desseins.

XXII. — Quoique chaque académicien soit obligé de s'appliquer principalement à ce qui concerne la science particulière à laquelle il s'est adonné, tous néanmoins seront exhortés à étendre leurs recherches sur tout ce qui peut être d'utile ou de curieux dans les diverses parties des mathématiques, dans la différente conduite des arts et dans tout ce qui peut regarder quelque point de l'histoire naturelle, ou appartenir en quelque manière à la physique.

XXIII. — Dans chaque assemblée il y aura du moins deux académiciens pensionnaires obligés, à tour de rôle, d'apporter quelques observations sur leur science. Pour les associés, ils auront toujours la liberté de proposer de même leurs observations, et chacun de ceux qui seront présens, tant honoraires que pensionnaires ou associés, pourront, selon l'ordre de leur science, faire leurs remar-

ques sur ce qui aura été proposé ; mais les élèves ne parleront que
lorsqu'ils y seront invités par le président.

XXIV. — Toutes les observations que les académiciens apporteront aux assemblées seront par eux laissées le jour même par écrit
entre les mains du secrétaire, pour y avoir recours dans l'occasion.

XXV. — Toutes les expériences qui seront rapportées par quelque
académicien seront vérifiées par lui dans les assemblées, s'il est
possible, ou du moins elles le seront en particulier, en présence de
quelques académiciens.

XXVI. — L'Académie veillera exactement à ce que, dans les occasions où quelques académiciens seront d'opinions différentes, ils
n'emploient aucun terme de mépris ni d'aigreur l'un contre l'autre,
soit dans leurs discours, soit dans leurs écrits ; et lors même qu'ils
combattront les sentiments de quelques savans que ce puisse être,
l'Académie les exhortera à n'en parler qu'avec ménagement.

XXVII. — L'Académie aura soin d'entretenir commerce avec les
divers savans, soit de Paris et des provinces du royaume, soit même
des pays étrangers, afin d'être promptement informée de ce qui s'y
passera de curieux pour les mathématiques ou pour la physique ; et
dans les élections pour remplir des places d'académiciens, elle donnera beaucoup de préférence aux savans qui auront été les plus exacts
à cette espèce de commerce.

XXVIII. — L'Académie chargera quelqu'un des académiciens de
lire les ouvrages importans de physique ou de mathématiques qui
paroîtront, soit en France, soit ailleurs ; et celui qu'elle aura chargé
de cette lecture en fera son rapport à la Compagnie, sans en faire la
critique, en marquant seulement s'il y a des vues dont on puisse
profiter.

XXIX. — L'Académie fera de nouveau les expériences considérables
qui se seront faites partout ailleurs, et marquera dans ses registres
la conformité ou la différence des siennes à celles dont il étoit
question.

XXX. — L'Académie examinera les ouvrages que les académiciens
se proposeront de faire imprimer ; elle n'y donnera son approbation
qu'après une lecture entière faite dans les Assemblées, ou du moins
qu'après un examen et rapport fait par ceux que la Compagnie aura
commis à cet examen ; et nul des académiciens ne pourra mettre
aux ouvrages qu'il fera imprimer le titre d'académicien, s'ils n'ont
été ainsi approuvés par l'Académie.

XXXI. — L'Académie examinera, si le Roi l'ordonne, toutes les
machines pour lesquelles on sollicitera des privilèges auprès de Sa
Majesté. Elle certifiera si elles sont nouvelles et utiles, et les inven-

teurs de celles qui seront approuvées seront tenus de lui en laisser un modèle.

XXXII. — Les académiciens honoraires, pensionnaires et associés auront voix délibérative, lorsqu'il ne s'agira que de sciences.

XXXIII. — Les seuls académiciens honoraires et pensionnaires auront voix délibérative, lorsqu'il s'agira d'élection ou d'affaires concernant l'Académie; et lesdites délibérations se feront par scrutin.

XXXIV. — Ceux qui ne seront point de l'Académie ne pourront assister ni être admis aux assemblées ordinaires, si ce n'est quand ils y seront conduits par le secrétaire pour y proposer quelques découvertes ou quelques machines nouvelles.

XXXV. — Toutes personnes auront entrée aux assemblées publiques, qui se tiendront deux fois chaque année, l'une le premier jour d'après la Saint-Martin, et l'autre le premier jour d'après Pâques.

XXXVI. — Le président sera au haut bout de la table avec les honoraires; les académiciens pensionnaires seront aux deux côtés de la table; les associés au bas bout et les élèves chacun derrière l'académicien duquel ils sont élèves.

XXXVII. — Le président sera très attentif à ce que le bon ordre soit fidèlement observé dans chaque assemblée et dans ce qui concerne l'Académie; il en rendra un compte exact à Sa Majesté ou au secrétaire d'État auquel le roi aura donné le soin de ladite Académie.

XXXVIII. — Dans toutes les assemblées, le président fera délibérer sur les différentes matières, prendra les avis de ceux qui ont voix dans la Compagnie, selon l'ordre de leur séance, et prononcera les résolutions à la pluralité des voix.

XXXIX. — Le président sera nommé par Sa Majesté au 1er janvier de chaque année; mais, quoique chaque année, il ait ainsi besoin d'une nouvelle nomination, il pourra être continué tant qu'il plaira à Sa Majesté; et comme, par l'indisposition ou par la nécessité de ses affaires, il pourroit arriver qu'il manqueroit à quelques séances, Sa Majesté nommera en même temps un autre académicien pour président en l'absence dudit président.

XL. — Le secrétaire sera exact à recueillir en substance tout ce qui aura été proposé, agité, examiné et résolu dans la Compagnie, à l'écrire sur son registre, par rapport à chaque jour d'assemblée, et à y insérer les traités dont il aura été fait lecture. Il signera tous les actes qui en seront délivrés, soit à ceux de la Compagnie, soit à autres qui auront intérêt d'en avoir; et, à la fin de décembre de chaque année, il donnera au public un extrait de ses registres, ou une histoire raisonnée de ce qui se sera fait de plus remarquable dans l'Académie.

XLI. — Les registres, titres et papiers concernant l'Académie demeureront toujours entre les mains du secrétaire, à qui ils seront incessamment remis par un nouvel inventaire que le président en dressera; et, au mois de décembre de chaque année, ledit inventaire sera, par le président, récolé et augmenté de ce qui s'y trouvera avoir été ajouté durant toute l'année.

XLII. — Le secrétaire sera perpétuel, et lorsque, par maladie ou par autre raison considérable, il ne pourra venir à l'assemblée, il y commettra tel d'entre les académiciens qu'il jugera à propos pour tenir en sa place le registre.

XLIII. — Le trésorier aura en sa garde tous les livres, meubles, instrumens, machines ou autres curiosités appartenant à l'Académie; lorsqu'il entrera en charge, le président les lui remettra par inventaire; et, au mois de décembre de chaque année, ledit président récolera ledit inventaire pour l'augmenter de ce qui aura été ajouté durant toute l'année.

XLIV. — Lorsque des savans demanderont à voir quelqu'une des choses commises à la garde du trésorier, il aura soin de les leur montrer; mais il ne pourra les laisser transporter hors des salles où elles seront gardées, sans un ordre par écrit de l'Académie.

XLV. — Le trésorier sera perpétuel; et quand, par quelque empêchement légitime, il ne pourra satisfaire à tous les devoirs de sa fonction, il nommera quelque académicien pour y satisfaire.

XLVI. — Pour faciliter l'impression des divers ouvrages que pourront composer les académiciens, Sa Majesté permet à l'Académie de se choisir un libraire, auquel, en conséquence de ce choix, le roi fera expédier les privilèges nécessaires pour imprimer et distribuer les ouvrages des académiciens que l'Académie aura approuvés.

XLVII. — Pour encourager les académiciens à la continuation de leurs travaux, Sa Majesté continuera à leur faire payer les pensions ordinaires et même des gratifications extraordinaires, suivant le mérite de leurs ouvrages.

XLVIII. — Pour aider les académiciens dans leurs études et leur faciliter les moyens de perfectionner leur science, le roi continuera de fournir aux frais nécessaires pour les diverses expériences et recherches que chaque académicien pourra faire.

XLIX. — Pour récompenser l'assiduité aux assemblées de l'Académie, Sa Majesté fera distribuer à chaque assemblée quarante jetons à tous ceux d'entre les académiciens pensionnaires qui seront présens.

L. — Veut Sa Majesté que le présent règlement soit lu dans la prochaine assemblée et inséré dans les registres, pour être exactement observé, suivant sa forme et teneur; et s'il arrivoit qu'aucun acadé-

micien y contrevînt en quelque partie, Sa Majesté en ordonnera la
punition suivant l'exigence du cas. Fait à Versailles, le vingt-sixième
jour de janvier mil six cent quatre-vingt-dix-neuf.

Signé LOUIS. *Et plus bas*, PHELYPEAUX.

Communication officielle du règlement qui précède fut
donnée à l'Académie des sciences dans la séance qu'elle tint le
4 février 1699. Ce jour même, Fontenelle lisait une première
lettre de Ponchartrain, datée de Versailles, le 27 janvier, par
laquelle l'abbé Bignon était informé que le roi, « persuadé de sa
capacité et de son zèle », le choisissait pour faire fonctions de
président de la Compagnie, « ce qui était reçue de toute l'assemblée avec une extrême joye ».

Après la lecture de cette lettre, le secrétaire perpétuel en
lisait une seconde adressée également à l'abbé Bignon.

Cette dernière était conçue de la manière suivante :

Versailles, le 28 janvier 1699.

Monsieur,

En conséquence du règlement pour l'Académie royale des sciences
ordonné par le Roy, le vingt-sixième jour de ce mois, j'ay fait lecture
à Sa Majesté, des académiciens qui la composent présentement,
savoir : vous, Monsieur, M. le marquis de l'Hôpital ; le père Truchet,
M. Renau, capitaine de vaisseau ; M. de Mallezieu, le père Malebranche, le père Gouye, académiciens honoraires ; le S^r abbé Gallois,
géomètre ; le Sr Rolle, géomètre ; le Sr Varignon, géomètre ; le
Sr Cassini, astronome ; le S^r de La Hire, astronome ; le S^r Le Fèvre,
astronome ; le Sr Filleau des Billettes, méchanicien ; le Sr Jaugeon,
méchanicien ; le Sr Dalesme, méchanicien ; le Sr Duhamel, anatomiste ; le S^r Du Verney, anatomiste ; le Sr Méry, anatomiste ; le Sr Bourdelin, chimiste ; le Sr Homberg, chimiste ; le Sr Boulduc, chimiste ;
le Sr Dodart, botaniste ; le Sr Marchand, botaniste ; le Sr Tournefort,
botaniste ; le Sr de Fontenelle, secrétaire ; le Sr Couplet, trésorier,
académiciens pensionnaires. Le Sr de Leibnits, étranger ; le S^r de
Tschirnausen, étranger ; le Sr Guillelmini, étranger ; le Sr de Lagny,
géomètre ; le Sr Regis, géomètre ; le Sr Cassini fils, astronome ; le
S^r de La Hire fils, astronome ; le Sr Chazelles, mécanicien ; le Sr Sauveur, mécanicien ; le Sr Tauvry, anatomiste ; le Sr Bourdelin fils,
anatomiste ; le Sr de Langlade, chimiste ; le Sr Lémery, chimiste ; le
Sr Morin de Saint-Victor, botaniste ; le Sr Morin de Toulon, botaniste, académiciens associez ; sous le Sr Varignon, le Sr Carré, élève ;

sous le S* Cassini, astronome, le S* Maraldi, élève; sous le S* Homberg, le S* Geoffroy, élève; sous le S* Couplet, le S* Couplet fils, élève.

Sa Majesté a marqué une satisfaction particulière du mérite et de l'application de chacun d'eux, et les a de nouveau, en tant que besoin seroit, agréez et choisis pour les places qu'ils occupent; il est cependant à observer que le sieur Dodart n'est agréé que par une considération toute singulière, car son employ de médecin de Madame la princesse de Conti, Douairière, l'obligeant à résider hors Paris, auprès de cette princesse, il ne pourroit estre au rang des académiciens pensionnaires suivant l'article 4 dudit règlement, et le Roy ne le conserve en ce rang qu'à raison de son extrême ancienneté dans l'Académie, et sans qu'un pareil exemple puisse dans la suitte estre jamais tiré à conséquence.

Sa Majesté, au surplus, m'a commandé de vous faire savoir que son intention est que vous fassiez incessamment procéder à l'élection des sujets dignes des autres places qui restent à remplir pour parfaire le nombre porté par ledit règlement.

Je suis, Monsieur, votre très humble et très affectionné serviteur.

PONTCHARTRAIN.

Trois jours plus tard, le 7 février, l'Académie, régulièrement instituée, prenait une délibération consignée aux procès-verbaux dans les termes qui suivent :

Il a été résolu que la séance de M* les pensionnaires se feroit dans cet ordre :

Au costé droit de la table, par rapport à M. le président, et au haut, 1** géomètre, M. l'abbé Gallois; en suitte, 1** anatomiste, M. du Hamel; 1** astronome, M. Cassini ; 1** chimiste, M. Bourdelin ; 1** méchanicien, M. des Billettes; 1** botaniste, M. Dodart; 2* géomètre, M. Rolle; 2* anatomiste, M. du Verney; 2* astronome, M. de La Hire; 2* chimiste, M. Homberg.

Au costé gauche, et au haut, le secrétaire, M. de Fontenelle; le trésorier, M. Couplet; 3* botaniste, M. Tournefort; 3* méchanicien, M. Dalesme; 3* chimiste, M. Boulduc; 3* astronome, M. Le Fèvre; 3* anatomiste, M. Méry; 3* géomètre, M. Varignon; 2* botaniste, M. Marchand; 2* méchanicien, M. Jaugeon.

Ces dispositions prises, la Compagnie, après en avoir délibéré pendant plusieurs séances, décidait, le 18 février, que ses armes seraient « un soleil entre trois fleurs de lis, comme elles sont dans l'écu de France ».

A partir de cette époque, les travaux de l'Académie reçurent une vive impulsion; mais, par suite de sa constitution nouvelle, par suite surtout des obligations qui lui étaient imposées, le local dont elle avait la jouissance à la Bibliothèque du roi avait été reconnu insuffisant. Phelypeaux, prenant en considération les réclamations réitérées qui lui étaient faites à ce sujet, se préoccupait de lui procurer un lieu plus vaste que celui qu'elle voulait abandonner. Nous avons trouvé aux *Archives natio-*

Cachet de l'Académie des sciences, en 1699.

nales, dans la correspondance de ce ministre, les deux lettres qui suivent et qui peuvent être considérées comme le point de départ d'une décision royale qui n'est d'ailleurs appuyée d'aucun acte officiel.

A Monsieur Séguin.

31 mars 1699.

L'Académie des sciences, qui se tient ordinairement à la Bibliothèque du Roy, doit faire le premier jour d'après Pasques une assemblée publique où toutes personnes pourront entrer. Et comme il n'y a point de lieu dans la Bibliothèque assez spacieux pour cette assemblée, je vous prie de voir quelle salle du Louvre pourroit y estre propre afin que, suivant ce que vous m'en manderez, je le fasse trouver bon au Roy.

Je suis, monsieur, entièrement à vous.

PHELYPEAUX.

A Monsieur Séguin.

15 avril 1699.

Le Roy a accordé à l'Académie royale des sciences de s'assembler après Pasques dans son petit apartement et Sa Majesté m'ordonne de vous en avertir affin que vous fassiez mettre cet apartement en état. M. l'abbé Bignon vous expliquera plus particulièrement ce que Sa Majesté a entendu donner.

Je suis, monsieur, entièrement à vous.

PHELYPEAUX.

Peu de jours après, grâce à l'intervention de l'abbé Bignon, tous ces points étaient réglés, et l'Académie, obtenant enfin l'installation qui lui était nécessaire, prenait possession du logement qu'elle devait à la munificence royale et y tenait sa première séance le mercredi 29 avril 1699, conformément à l'article XXXV de son règlement.

Fontenelle, secrétaire perpétuel de la Compagnie, a consigné sur les registres cette date mémorable dans les termes suivants :

Le mercredi 29 avril 1699, le Roy ayant eu la bonté de donner un logement à l'Académie dans le Louvre, elle s'y transporta pour la première fois et y tint aussi sa première assemblée publique qu'elle étoit obligée de tenir par le nouveau règlement.

M. LE PRÉSIDENT fit un petit discours sans préparation pour apprendre aux auditeurs qui étoient en grand nombre, ce que c'étoit que les assemblées de l'Académie et pour les avertir que celle-là, quoyque publique, se passeroit à l'ordinaire.

M. CASSINI a lu d'abord l'écrit suivant : *Du retour des comètes.*

Ensuite M. HOMBERG parla et lut l'écrit suivant : *Observation sur la quantité exacte des sels volatils acides contenus dans les différens esprits acides.*

M. VARIGNON donna aussi cette règle générale pour les clepsidres : « Manière géométrique et générale de faire des clepsidres, ou horloges d'eau, avec toutes sortes de vases donnés, percés où l'on voudra d'une petite ouverture par où l'eau s'écoule suivant quelque hypothèse de vitesses que ce soit ; et réciproquement de trouver ces vases pour toutes sortes d'hypothèses de telles vitesses et des temps suivant lesquels se doivent régler les abaissemens de la surface de l'eau qui s'écoule. »

L'assemblée était composée de l'abbé Bignon, président ; le marquis de l'Hôpital, le maréchal de Vauban, le chevalier Renau, l'abbé de Louvois, le père Gouye, le Père Malebranche, le Père Sébastien Truchet, membres honoraires ;

P. de la Hire, Jaugeon, Duhamel, C. Bourdelin, Des Billettes, Rolle, Méry, Varignon, Marchant, Pitton de Tournefort, Homberg, Fontenelle, secrétaire perpétuel, Boulduc, l'abbé Gallois, J.-D. Cassini, pensionnaires;

N. Lémery, Bourdelin, G. P. de la Hire, Tauvry, J. Cassini, Maraldi, associés;

Thuillier, Carré, Chevalier, du Torar, P. Du Verney, Amontons, Geoffroy, Poupart, Burlet, Berger, Littre, Boulduc, de Beauvillières, élèves..

Cette solennité eut, à l'époque, un grand retentissement, et les papiers publics s'empressèrent d'en entretenir leurs lecteurs. Le *Mercure galant*, celui surtout qu'il importe de citer, s'exprimait ainsi qu'il suit :

La grandeur du Roy paroist en toutes choses, mais son attention pour le bien de ses sujets éclate particulièrement dans la protection qu'il donne aux beaux-arts et aux sciences, et dans l'établissement des diverses Académies qui les font fleurir. Celle des Sciences tint sa première assemblée publique le mercredy 29 du mois passé. Le nouveau règlement qu'elle a reçu du Roy au mois de février de cette année et qui donne à cette Compagnie un nouveau lustre et une nouvelle vigueur l'oblige à ouvrir ses portes deux fois par an à la première séance d'après Pâques et à la première d'après la Saint-Martin. Sa Majesté a voulu que le public pût juger par ses propres yeux de la forme et de l'utilité de ces assemblées, persuadée que les mistères qui s'y traitent s'attireroient d'autant plus d'estime qu'ils seroient exposés au grand jour. Une circonstance singulière, une faveur encore toute nouvelle que le Roy avoit fait aux Sciences, rendoit cette première assemblée plus digne de curiosité. Ce prince avoit eu la bonté de donner à cette Académie, qui auparavant se tenoit à la Bibliothèque, un logement dans le Louvre, sans comparaison plus commode et plus magnifique, et c'estoit à ce premier jour d'après Pâques qu'elle en prenoit possession. Ce lieu, tout vaste qu'il estoit, se trouva entièrement rempli de spectateurs, et même il y avoit en haut des tribunes fermées de jalousies, où se mirent un petit nombre de dames à qui il appartenoit d'être curieuses d'un spectacle qui auroit si peu touché toutes les autres.

M. l'abbé Bignon nommé par le Roy pour estre président de cette Académie, ouvrit la séance. Il dit que ceux qui estoient venus dans ce lieu se seroient trompez, s'ils s'estoient attendus à quelque ouverture étudiée et à des discours éloquens; que l'Académie françoise avoit pour son partage l'art de la parole avec tous ses agrémens, mais que l'Académie des sciences n'aspiroit qu'à la vérité et souvent à la vérité la plus sèche et la plus abstraite; qu'il luy suffisoit que le vrai pût estre utile, et qu'elle le dispensoit d'estre agréable ; que cette séance, quoiqu'elle fût publique, ne différeroit en rien d'une séance particulière, sinon en ce qu'elle seroit peut-estre moins utile et moins curieuse, parce qu'ordinairement quand un académicien parloit on l'interrompoit ou pour luy demander des éclaircissemens, ou pour lui faire des objections, et que souvent ces pensées nées sur-le-champ se trouvoient excellentes, mais qu'il estoit à craindre que le respect qu'impose le public n'étouffât toutes ces productions soudaines ; qu'en ce cas-là ayant l'honneur de présider à la Compagnie, il tâcheroit de suppléer à ce défaut et qu'il hazarderoit les pensées qui lui viendroient à l'esprit.

« Il y a présentement, ajoute le *Mercure*, cinq académies qui tiennent leurs séances au Louvre, l'Académie françoise, celle des inscriptions et des médailles, l'Académie royale des sciences, celle de peinture et de sculpture et celle des architectes, ce qui fait voir la bonté du Roy, et son application pour le progrès des Sciences. »

Le 2 mai, l'abbé Bignon ayant fait connaître à l'Académie les obligations qu'elle avait à Mansart, surintendant des bâtiments, à propos de son installation au Louvre, la Compagnie décidait qu'il en serait officiellement remercié par deux de ses membres, Malézieu et Dodart.

Il est bien certain que l'Académie pouvait se montrer satisfaite ; rien n'avait été négligé pour faciliter ses travaux. Logée dans un palais, mise en possession d'un appartement précédemment occupé par le roi lui-même, placée dans des conditions excellentes qui allaient permettre à chacun de ses membres de se livrer en toute sécurité aux recherches qui faisaient l'objet de ses études privilégiées ; jouissant en toute propriété d'une bibliothèque spéciale renfermant déjà de beaux et nombreux ouvrages, d'un cabinet de physique où se trouvaient réunis les instruments et les machines les plus perfectionnés qui existassent alors, d'une salle où se rencontraient méthodiquement classés de nombreux squelettes d'animaux, elle allait pouvoir donner à la science et au pays des gages inestimables de sa gratitude.

La lecture des procès-verbaux montre, en effet, jusqu'à quel point l'Académie, réorganisée sur des bases plus larges et plus en rapport avec les connaissances scientifiques de l'époque, sut se montrer digne de la sympathie qu'elle avait inspirée et de l'influence qu'elle avait depuis longtemps acquise.

Elle s'assemblait, avec la plus grande ponctualité, comme en 1666, les mercredis et samedis, de trois à cinq heures en hiver et de trois heures et demie à cinq heures et demie en été.

Une médaille fut aussi frappée à l'occasion de l'entrée de l'Académie dans le palais du Louvre; elle est décrite ainsi qu'il suit dans le catalogue du Musée monétaire.

Médaille frappée à l'occasion de l'entrée de l'Académie des sciences
dans le palais du Louvre.

AVERS. — Buste de Louis XIV.

Légende. — LUDOVICUS MAGNUS, FRAN. ET NAV. REX. P. P.

(Louis le Grand, roi de France et de Navarre, père de la patrie.)

REVERS. — Apollon jouant de la lyre; près de lui les attributs de l'astronomie, de la chimie et de l'anatomie.

Légende. — APOLLO PALATINUS (Apollon dans le palais d'Auguste).

Exergue. — REGIA SCIENT. ACAD. INST. M. DCLXVII (institution de l'Académie des sciences, 1667).

H. ROUSSEL *f.* (1)

Trente-trois années s'étaient écoulées depuis la fondation de l'Académie; pendant cette période si importante pour son his-

(1) Cette date de 1667 est inexacte. C'est à l'année 1666, ainsi qu'on l'a vu, qu'il convient de fixer la fondation de l'Académie des sciences.

toire, la Compagnie, constituée comme nous l'avons montré précédemment, s'était adjoint les savants dont les noms suivent :

En 1668	l'abbé Jean Galloys	géomètre, mort en	1707
1669	François Blondel	—	1686
1669	Jean Dominique Cassini	astronome, —	1712
1672	Olaus Roemer	—	1710
1673	Denis Dodart	botaniste, —	1707
1674	Pierre Borel	chimiste, —	1689
1674	Guichard Joseph Du Verney	anatomiste, —	1730
1675	Godefroy-Guillaume Leibnitz	associé étranger. —	1716
1678	Philippe de La Hire	astronome, —	1718
1678	Jean Marchant	botaniste, —	1738
1679	Delanion	géomètre, exclu en 1685.	
1681	Sedileau	astronome, —	1693
1682	Walter de Tschirnausen	géomètre, —	1708
1682	Laurent Pothenot	géomètre, exclu avant 1699.	
1682	Lefèvre	astronome, exclu en 1702.	
1683	Henri de Bessé de La Chapelle Milon	—	1692
1684	Jean Méry	anatomiste, —	1722
1685	Melchisédec Thévenot	physicien, —	1692
1685	Michel Rolle	astronome, —	1719
1685	Cusset	—	
1688	Pierre Varignon	géomètre, —	1722
1691	Jean-Paul Bignon	honoraire, —	1743
1691	Pitton de Tournefort	botaniste, —	1708
1691	Guillaume Homberg	chimiste, —	1715
1692	Moyse Charas	chimiste, —	1698
1693	De La Coudraye	géomètre,	
1693	Guillaume-François de L'hopital	géomètre, —	1704
1693	Morin de Toulon	botaniste, —	1707
1694	Jacques Cassini	astronome, —	1756
1694	Gabriel-Philippe de La Hire	astronome, —	1719
1694	Simon Boulduc	chimiste, —	1729
1694	Jacques-Philippe Maraldi	astronome, —	1729

1695	Jean-Mathieu de Chazelles	astronome,	mort en 1710
1696	Thomas Fantet de Lagny	géomètre,	— 1734
1696	Joseph Sauveur	—	— 1716
1696	Pierre Couplet de Tartcreaux.	mécanicien,	— 1743
1696	Dominique Guglielmini	physicien,	— 1710
1697	Bernard Le Bovier de Fontenelle	géomètre,	— 1757
1697	Louis Carré...............	géomètre,	— 1711
1698	Daniel Tauvry............ .	anatomiste,	— 1701
1698	De Langlade...............	chimiste,	— 1717

L'ACADEMIE DES SCIENCES ET DES BEAUX ARTS
DEDIÉE AU ROY.
Par son tres humble tres obeissant et tres fidele Serviteur et sujet Seb. le Clerc.

a Paris chez F. Chereau rüe St Jacques aux pilliers d'Or.

CHAPITRE III

Il nous a paru important de rechercher le plan des salles
qu'occupait l'Académie au Louvre et de fixer le lieu où tant de
recherches et de travaux s'étaient accomplis, où les plus grands
savants dont la France s'enorgueillit, avaient poursuivi, avec
un éclat chaque jour plus vif, les découvertes impérissables qui
ont immortalisé leur nom.

Ces salles, d'ailleurs, sont restées celles de l'Académie des
sciences jusqu'à la suppression des Académies en 1793 ; ce
sont elles encore qui ont servi, lors de la fondation de l'Institut
national, aux réunions de ses trois classes, jusqu'au moment
où Percier et Fontaine se sont emparés du Louvre pour y opérer les habiles transformations que nous admirons maintenant.

Le logement de l'Académie était situé dans la grande cour du
palais au premier étage, au-dessus de la seconde partie de la
salle des Cariatides. On y pénétrait par l'escalier Henri II donnant accès à l'ancienne salle des États, celle-là même qui porte
aujourd'hui le nom de l'un des bienfaiteurs de l'Académie
actuelle, le docteur L. Lacaze. Cette salle, alors traversée dans
toute sa longueur par un couloir de douze pieds de large (A)

(voy. le plan, p. 36), était divisée en plusieurs pièces réservées à la juridiction de la Varenne du Louvre (B) et au dépôt des modèles de la marine (C), collection d'une très grande valeur qui avait été formée et classée à la Bibliothèque du roi par Duhamel-Dumonceau, et qui était destinée à devenir plus tard le noyau du Musée actuellement dirigé avec tant de compétence et de dévouement par M. le vice-amiral Pâris.

Après avoir parcouru le couloir dont nous venons de parler, on pénétrait dans la première pièce de l'Académie, qui porte aujourd'hui le nom de *salle Henri II* (C). C'est celle où s'assemblaient les académiciens, celle dans laquelle eut lieu la séance publique du 29 avril 1699; elle était terminée par un plafond de menuiserie à compartiments, chargé de sculptures d'un goût ancien. Un lambris d'appui régnait dans son pourtour, et, dans sa partie supérieure étaient pratiquées des tribunes pour les spectateurs. L'unique œuvre d'art qui ornait la salle d'assemblée était une toile d'Antoine Coypel représentant une Minerve tenant le portrait de Louis XIV.

Les parois de cette salle, dont la physionomie générale devait être sévère, étaient recouvertes de tapisseries données par le Mobilier du trône. Leur caractère artistique ne nous est pas connu, mais il est probable que les fleurs de lis et les L couronnées y étaient largement représentées; car, en 1792, l'Académie dut se préoccuper de les faire enlever.

Les tapisseries en question furent trouvées dans un parfait état, l'Académie avait, en effet, le plus grand soin de tout ce qui lui était confié; nous en trouvons une preuve singulière dans un compte fourni par l'huissier Lucas, en 1783.

Du 8 mars. — Payé comme de coutume chaque année, au suisse, la somme de vingt-quatre francs pour lui tenir lieu du profit des tisons et braises qu'on laisse consumer dans les poêles pour ne pas enfumer les plafonds et les meubles, ci................ 24 fr.

Quand on quitte la salle Henri II, on pénètre dans le splendide *salon des Sept Cheminées*, dont le plafond a été enlevé afin d'éclairer les chefs-d'œuvre qui le décorent. Cette salle était alors divisée en deux pièces : la première, qu'on appelait la Bibliothèque ou salle des Globes (E), renfermait les squelettes des gros quadrupèdes, l'éléphant, le chameau, le cheval, le mulet et le cerf; on y trouvait aussi les globes céleste et terres-

tre de Coronelli et une partie de la bibliothèque ; le plafond de
cette pièce était orné de sculptures et de dorures d'un dessin
généralement estimé ; la seconde, qu'on appelait la chambre du
roi (F), était un cabinet servant de supplément à la Bibliothèque, dans lequel on classa plus tard la belle collection d'histoire
naturelle, de pièces d'horlogerie, de modèles de machines et
d'outils, léguée à l'Académie en 1753 par le comte d'Ons en Bray.

Ce cabinet, si nous en croyons Blondel, qui nous fournit une
partie de ces renseignements (1), servait précédemment de
chambre à coucher à Henri IV, et c'est là que, selon lui, ce prince
aurait rendu le dernier soupir.

Enfin la dernière pièce de l'Académie (G) était un autre cabinet où se trouvaient rangées des armoires contenant des pièces
anatomiques et quelques ouvrages de mécanique. Le plafond de
cette pièce et ses lambris étaient décorés de sculptures, de
dorures et de peintures ainsi que la précédente.

Ce dernier cabinet a été absorbé par le musée Campana ; il
avoisinait le passage conduisant au musée grec et égyptien, sur
la gauche duquel se trouve la porte ouvrant sur l'escalier des
bureaux actuels de l'administration.

C'est donc dans ces quatre dernières pièces (D, E, F, G) que
se sont écoulées, pour l'ancienne Académie, les années les plus
glorieuses qu'il lui ait été donné de parcourir ; c'est là qu'ont
vécu pendant tout un siècle les plus grands savants du pays, là
aussi qu'ont passé successivement les étrangers illustres que la
Compagnie s'était associés et qui se sentaient attirés en France
par le renom qu'elle avait su y acquérir.

Dans la salle d'assemblée, l'article XXXVI du règlement de
1699, relatif aux places des académiciens, n'était plus observé.
A partir du jour où l'Académie eut quitté la Bibliothèque du
roi pour entrer au Louvre, le président et le vice-président se
placèrent au milieu de la table destinée aux honoraires. Le
directeur était à la droite et le sous-directeur à la gauche (2), et

____

(1) Blondel, *Architecture française*, 4 volumes in-folio.

(2) Le directeur et le sous-directeur n'existaient pas dans l'organisation
de 1699 ; l'Académie ne créa ces deux places que le 10 juillet 1700 et les
rendit électives pendant deux années ; le 16 novembre 1702, le roi y pour-
vut comme il le faisait pour le président et le vice-président. Le règlement du 3 janvier 1716, que nous reproduisons plus loin, ratifia cette
dernière manière de procéder.

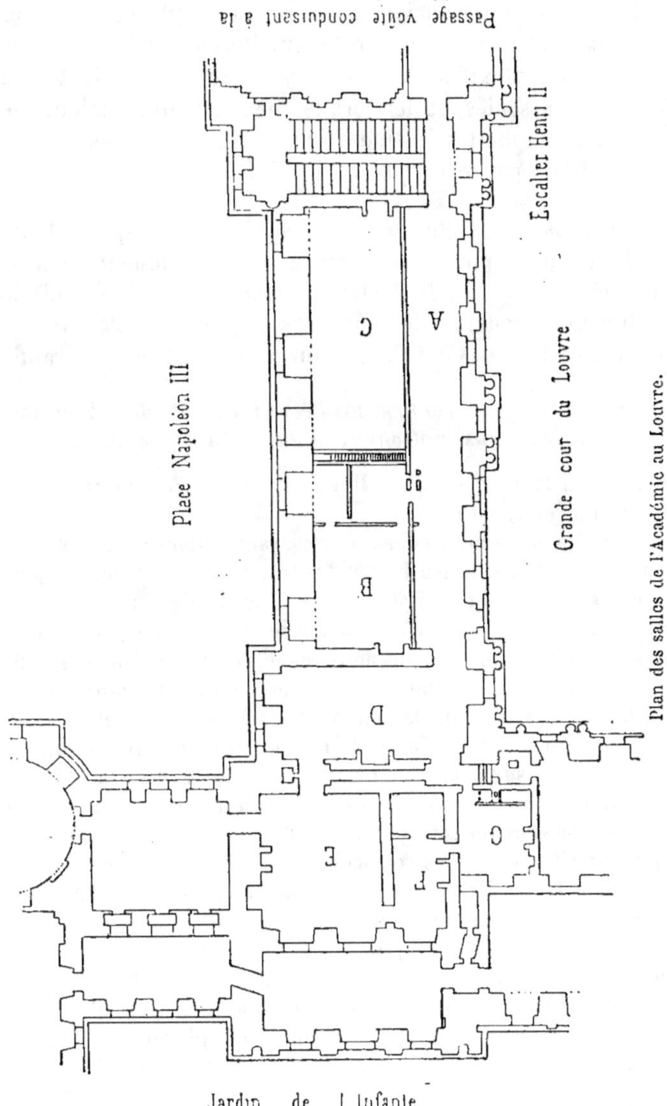

Plan des salles de l'Académie au Louvre.

comme les autres tables formaient un carré vide au milieu, les anciens pensionnaires se plaçaient à celle qui était à droite, les pensionnaires moins anciens prenaient leurs places, ainsi que le secrétaire et le trésorier, à celle qui était à gauche. Les tables qui se trouvaient en face de celles des honoraires étaient occupées par les associés, et derrière les pensionnaires étaient disposées des banquettes destinées aux adjoints qui furent substitués aux élèves par le règlement de 1716.

Il ne nous a pas été possible jusqu'ici, ainsi qu'on l'aura sans doute remarqué, de reproduire aucun document émané de l'autorité royale, qui fût relatif soit à l'institution, soit au maintien de l'Académie des sciences ; le premier acte qui revêt ce caractère date de 1713 ; il est conçu de la manière suivante :

Lettres patentes qui confirment l'établissement des Académies royales des inscriptions et médailles et des sciences.

Louis, par la grâce de Dieu, Roy de France et de Navarre, à tous présens et à venir, salut.

Le soin des lettres et des beaux-arts ayant toujours contribué à la splendeur des États, le feu Roy, notre très honoré seigneur et père, ordonna en 1635, l'établissement de l'Académie françoise, pour porter la langue, l'éloquence et la poésie au point de perfection où elles sont enfin parvenües sous notre règne. Nous choisismes en 1663, parmi ceux qui composoient cette académie, un petit nombre de sçavans, les plus versez dans la connoissance de l'histoire et de l'antiquité, pour travailler aux inscriptions, aux devises, aux médailles et pour répandre, sur tous les monumens de ce genre, le goût et la noble simplicité qui en font le prix. Tournant ensuite plus particulièrement nos vûes du côté des sciences et des arts, nous formâmes en 1666 une Académie des sciences composée de personnes les plus habiles dans toutes les parties des mathématiques et de la physique et en 1667, nous fîmes construire le fameux édifice de l'Observatoire, où ceux d'entre eux qui s'appliquent à l'astronomie ont déjà fait de si célèbres et de si utiles découvertes. Ces deux académies assemblées par notre protection et soutenues par des bienfaits que la difficulté des tems n'a jamais interrompus, remplirent si dignement nos espérances que quand la paix de Riswick eut rendu le calme à l'Europe, nous songeâmes à leur donner un témoignage authentique de notre satisfaction ; nous leur accordâmes des règlemens signez de notre main, pour déterminer l'objet, l'ordre et la forme de leurs exercices et, par une distinction encore plus singulière, nous voulûmes que leurs conférences se tinssent au Louvre. L'estime et la réputation que ces Compagnies ont acquises depuis ce tems-là nous engagent de plus en plus à donner une forme stable et solide à des établissemens si avantageux.

A CES CAUSES, de notre grâce spéciale, pleine puissance et autorité royale, nous avons par ces présentes signées de notre main, permis, approuvé et autorisé, permettons, approuvons et autorisons les assemblées et conférences des membres qui composent les d. deux Académies, que nous avons d'abondant, en tant que de besoin est ou seroit, instituées et établies comme par ces présentes nous les instituons et établissons, l'une sous le titre d'*Académie royale des inscriptions et médailles*, et l'autre sous celui d'*Académie royale des sciences*; lesquelles continueront d'être dirigées par le Secrétaire d'État ayant le département de notre maison. Voullons pareillement qu'elles continuent de tenir leurs assemblées dans les appartemens que nous leur avons assignez au Louvre, aux jours et heures indiqués par nos d. règlemens des 26 janvier 1699 et 16 juillet 1701 (1), dont copies sont cy attachées sous le contrescel de notre chancellerie, et que nous entendons être exécutés selon leur forme et teneur. Si donnons en mandement à nos amés et féaux con^{ers} les gens tenant notre chambre des comptes à Paris, que ces présentes ils ayent à faire lire, publier et enregistrer et le contenu en icelles garder et observer selon sa forme et teneur, car tel est notre plaisir et afin que ce soit chose ferme et stable à toujours, nous avons fait mettre notre scel à ces d. présentes.

Donné à Marly, au mois de février, l'an de grâce mil sept cent treize et de notre règne le soixante dixième.

LOUIS.

Par les LETTRES PATENTES qui précèdent, on voit que le roi attachait quelque importance aux relations qui existaient déjà entre l'Académie des sciences et celle des inscriptions et médailles (2). Ces relations avaient été réglées par l'article XLVIII du règlement donné à cette dernière Académie, le 16 juillet 1701; elles sont peu connues ; Dionis du Séjour, dans une note lue à l'Académie des sciences le 16 avril 1777, en a conservé l'histoire.

(1) Ce règlement de 1701 est celui qui a été donné spécialement à l'Académie des inscriptions et médailles.

(2) C'est seulement à la suite d'un arrêt du Conseil d'État en date du 4 janvier 1716 que l'Académie des inscriptions et médailles a pris le titre d'Académie des inscriptions et belles-lettres.

Les Académies des sciences et des inscriptions, dit-il, n'ont pas toujours eu entre elles cette relation intime qui les unit aujourd'hui. M. Colbert avoit projeté en 1666 de ne composer qu'un seul corps littéraire, des Académies françoise, des sciences et des belles-lettres. Ce projet n'ayant point eu d'exécution par l'opposition persévérante de l'Académie françoise, on forma deux corps séparés des Académies des sciences et des inscriptions. Ces deux corps n'eurent dans l'origine aucune association marquée, ce ne fut qu'en 1701 que Louis XIV, par l'article XLVIII du règlement qu'il donna à l'Académie des inscriptions (1), voulut qu'elle fut associée à celle des sciences, que ces deux académies n'eussent qu'une même fête et qu'elles se rendissent mutuellement compte, par leurs secrétaires, de leurs travaux respectifs.

Depuis ce temps-là, ces deux Académies ont la même fête, celle de Saint Louis, qu'elles célèbrent conjointement dans la même église, celle des Pères de l'Oratoire. Elles s'invitent mutuellement aux services qu'elles font célébrer pour leurs membres décédés. Dans les séances publiques, elles ont des places marquées l'une chez l'autre, dans un banc derrière celui des officiers ; cette distinction a été étendue depuis à l'Académie françoise, qui a accordé les mêmes honneurs aux deux Académies. Tous les six mois, les Académies des sciences et des belles-lettres se rendent compte de leurs travaux respectifs.

Lorsqu'elles font chanter des *Te Deum* en réjouissance d'événemens publics, elles assistent conjointement à ces cérémonies. Aucune de ces Académies n'a la préséance l'une sur l'autre et chacun prend indistinctement la place que le hazard lui présente. Il est cependant d'usage dans les services pour les morts que les officiers de celle des Académies qui fait célébrer le service, en fassent les honneurs à l'autre Académie.

Dans les cérémonies extraordinaires, telles que les *Te Deum*, les services de Rois, etc., les deux Académies contribuent par égale portion aux frais. Or, ces frais se prélèvent ensuite sur les pensionnaires de chacune des deux Académies ; quant à la fête de la Saint-Louis, le Président de l'Académie des inscriptions nomme le prédicateur, et l'Académie des sciences fournit la musique. Cette musique est payée par une ordonnance particulière sur le Trésor royal.

Ce n'est qu'en 1701, ainsi que nous l'avons déjà dit, que les Aca-

(1) L'article XLVIII du règlement de 1701 est ainsi conçu : « Il y aura toujours une union particulière entre l'Académie royale des sciences et celle des inscriptions et médailles, et chacune des premières séances d'après les assemblées publiques, ces deux Académies se tiendront ensemble, pour apprendre des secrétaires, l'une de l'autre, ce qui sera fait dans chacune. »

démies des sciences et des inscriptions ont été associées l'une à l'autre ; cette association s'est faite avec tous les témoignages d'estime et de considération que se devoient deux corps aussi distingués. Le samedi 16 juillet 1701, M. le Président de l'Académie des sciences, ayant fait part à la Compagnie de l'article du règlement donné par le Roy qui associoit les Académies. il fut décidé que l'Académie des sciences iroit par députés aire son compliment à celle des inscriptions sur l'heureux événement qui les réunissoit, et que cette députation auroit lieu le mardi 19 juillet, jour de la première assemblée de l'Académie des inscriptions. Il fut aussi décidé que l'Académie des sciences paroîtroit ne faire les premiers pas vis-à-vis de celle des inscriptions que par la circonstance particulière.

Les députés furent MM. l'abbé Bignon, le Père Sébastien, l'abbé Gallois, Fontenelle, Cassini et Bourdelin.

Le mercredi 20 juillet 1701, le Père Mabillon et M. l'abbé Tallemant, députés de l'Académie des inscriptions, vinrent complimenter à leur tour l'Académie des sciences et la remercier de l'intérêt qu'elle avoit pris à l'heureux événement qui les unissoit. M. l'abbé Gallois, sous-directeur de l'Académie, qui présidoit ce jour-là, leur fit un discours dans lequel il s'étendit beaucoup sur l'utilité que les lettres et les sciences ne pouvoient manquer de retirer d'une confraternité si désirable.

Le mardi 23 août 1701, la fête de Saint Louis approchant, et l'Académie des sciences devant, suivant son usage, la célébrer aux Pères de l'Oratoire, il fut résolu qu'elle nommeroit deux députés (MM. de Fontenelle et Bourdelin), pour aller de sa part inviter MM. de l'Académie des inscriptions, de s'y trouver. Il fut aussi résolu que, comme l'Académie des sciences installoit pour ainsi dire celle des inscriptions, elle lui feroit les honneurs de la fête pour cette fois seulement et sans tirer à conséquence.

Le jeudi 25 août, les deux Académies s'assemblèrent aux Pères de l'Oratoire et assistèrent à la messe qui fut célébrée par le Prince de Rohan, coadjuteur de Strasbourg, honoraire de l'Académie des inscriptions, et au panégyrique de Saint Louis, prononcé par M. l'abbé Bignon, honoraire de celle des sciences.

Quoiqu'au terme du règlement de 1701, les deux Académies dussent se rendre compte de leurs travaux respectifs, ce ne fut cependant qu'en 1707 que cette partie du règlement a eu son exécution.

Le samedi 7 mai 1707, M. de Boze, secrétaire de l'Académie des inscriptions, étant venu rendre compte à celle des sciences des travaux de sa Compagnie depuis la Saint-Martin 1706 jusques à Pâques 1707, il fut réglé que M. de Fontenelle, secrétaire de l'Académie des sciences, iroit, le vendredi 13 mai 1707, rendre un compte analogue à celle des inscriptions.

Cet exemple fait voir que, quoiqu'en général l'académicien des sciences chargé du compte des travaux de cette Académie auprès de celle des inscriptions, soit dans l'usage de prévenir dans son rapport l'académicien des inscriptions, ce n'est qu'une simple politesse à laquelle il n'est point obligé.

Aux termes du règlement de 1701, les secrétaires respectifs des deux Académies étoient chargés de la correspondance de ces deux corps, l'union devait même être encore plus intime puisque les deux Académies devaient se tenir ensemble pour le rapport de leurs travaux. Cette partie du règlement n'a jamais été exécutée et, dès le mois de novembre 1707, M. de Fontenelle se déchargea de ce soin sur M. l'abbé Terrasson, son élève. Il assista cependant à la séance de l'Académie des inscriptions avec M. Saurin et M. Cassini fils, et M. l'abbé Terrasson était censé lire pour lui. Le mercredi 23 novembre 1707, le compte de l'abbé Terrasson ayant été lu à l'Académie des sciences, l'Académie en fut très contente et agréa que désormais il fut chargé de ce soin.

L'Académie des inscriptions a imité cet exemple : il est d'usage que les deux Compagnies choisissent chacune un académicien qu'elles chargent de faire les extraits des mémoires qui ont été lus dans leurs assemblées publiques et particulières. L'Académicien, accompagné de deux de ses confrères, se rend dans l'autre Académie pour y faire la lecture de ses extraits deux fois l'année, après Pâques et après la Saint-Martin.

Cet emploi de confiance a été successivement occupé par M. l'abbé Terrasson, depuis 1707 jusqu'en 1741 ; par M. de Montigny, ou, pour mieux dire, par M. de Fouchy, depuis 1741 jusqu'en 1744 ; par M. de Montigny, depuis 1744 jusqu'en 1762, et il est maintenant occupé par M. Bezout.

Il étoit d'abord sans honoraires ; depuis 1747 on y a attaché une pension de 800 livres, à prendre sur les 12 000 livres accordées par le Roy pour les dépenses extraordinaires de l'Académie. Ce n'est point par la forme de scrutin qu'il s'est conféré jusqu'ici ; comme il étoit, dans l'origine, sans émoluments, et que, d'ailleurs, il convenoit à peu de personnes, c'est par la voye d'acclamation que l'Académie l'a toujours donné à ceux qui ont bien voulu s'en charger ; par là même il n'a point été sujet à confirmation du Roi.

Déjà, nous avons décrit deux médailles qui sont relatives, l'une à la fondation de l'Académie, en 1666 ; l'autre à son entrée dans le palais du Louvre, en 1699 ; il en existe une troisième qui regarde aussi l'Académie des sciences, et dont l'exécution se rapporte à une visite de Louis XV, consignée, dans les termes laconiques qui suivent, au procès-verbal de la séance tenue le 22 juillet 1719.

Le Roy a fait l'honneur à l'Académie d'y venir et M. le marquis de Torcy, vice-président, a parlé à Sa Majesté au nom de la Compagnie. On luy a fait voir des expériences de chimie, des modèles de machines, etc.

Médaille frappée à l'occasion d'une visite de Louis XV à l'Académie, en 1719.

L'Avers de cette médaille est un buste de Louis XV couronné de laurier ; il a pour *légende* : LUDOVICUS XV D. G. FR. ET NAV. REX. (Louis XV par la grâce de Dieu roi de France et de Navarre).

Le Revers représente Apollon assis, recevant les neuf Muses qui semblent lui adresser leurs remerciements.

Il porte pour *légende* : DUX ET COMES (protecteur et associé) et pour *exergue* : ACADEMIÆ PRÆSENTIA REGIS RECREATÆ. MDCCXIX. (Les Académies réjouies par la présence du roi. 1719) C. N. R. FILIUS (C. N. R. fils).

Le seul privilège que l'Académie ait reçu au siècle dernier est le droit de *Committimus*, qui lui fut concédé en 1719, à l'occasion des difficultés qui surgirent à propos du legs de 125 000 livres fait par Rouillé de Meslay pour la fondation de prix que l'Académie avait mission de juger et de décerner (1).

(1) Voy. E .Maindron, *Les fondations de prix à l'Académie des sciences. Les lauréats de l'Académie*, 1714-1880. Paris, Gauthier-Villars, 1881, in-4.

Ce droit de *Committimus*, aboli par le décret du 4 août 1789, conférait à l'Académie et à chacun de ses membres en particulier, le privilège : 1° d'assigner aux requêtes de l'hôtel ou aux requêtes du palais, suivant les convenances du privilégié ; 2° de faire renvoyer devant une juridiction d'exception une cause pour laquelle le privilégié était assigné devant les juges ordinaires ; 3° d'intervenir dans une cause pendante, dans laquelle le privilégié pouvait se prétendre intéressé, lors même qu'il n'y aurait pas été assigné.

Le *Committimus* du grand sceau était alors exécutoire dans la France entière, celui du petit sceau ne l'était que dans les limites du ressort du parlement dont les lettres étaient émanées.

Nous reproduisons ici les LETTRES PATENTES portant attribution du droit de *Committimus* en faveur des membres de l'Académie des sciences et l'extrait des registres du Conseil d'État, ces pièces étant fort intéressantes pour l'histoire de la Compagnie.

Lettres patentes sur arrest portant attribution du droit de Committimus *au grand et petit sceau, en faveur des membres de l'Académie des sciences.*

Du 17 aoust 1719.

Louis, par la grâce de Dieu, roy de France et de Navarre : A nos amez et féaux Conseillers les gens tenans nôtre cour de parlement à Paris, salut. Par arrest rendu en nôtre Conseil d'Estat privé le dix-septième juin dernier, nous aurions pour les bonnes et justes considerations y contenuës, ordonné que tous les membres qui composent nôtre Academie des sciences joüiront du droit de *committimus* du grand et petit sceau, aux conditions portées par ledit arrest, pour l'execution duquel nous aurions ordonné que toutes lettres nécessaires seroient expediées, lesquelles les président, secretaire, trésorier, pensionnaires, associez et adjoints de ladite Academie, Nous ont suppliés de leur accorder. A ces causes, et autres à ce nous mouvans, de l'avis de nôtre très cher et très amé oncle le duc d'Orléans, petit-fils de France, régent ; de nôtre très-cher et très-amé oncle le duc de Chartres, premier prince de nôtre sang ; de nôtre très-cher et très-amé cousin le duc de Bourbon ; de nôtre très-cher et très-amé cousin le prince de Conty, princes de nôtre sang ; de nôtre très-cher et très-amé oncle le comte de Toulouse, prince légitimé, et autres grands et notables personnages de nôtre royaume qui ont vû ledit arrest ; et de notre grace spéciale, pleine puissance et autorité royale,

nous avons dit, déclaré et ordonné, et par ces presentes signées de
nôtre main, disons, déclarons et ordonnons, voulons et nous plaît,
que tous les membres de nôtre Academie royale des sciences joüis-
sent à l'avenir du droit de *committimus* du grand et petit sceau,
dans les affaires seulement dont la nature et l'importance les oblige-
roit de quitter la suite des assemblées de l'Académie, et des travaux
auxquels ils se seront assiduëment appliquez pour la perfection des
sciences et des arts, et sans qu'aucunes lettres leur en puissent être
expédiées que sur le certificat du président de l'Academie, qui en
exprimera et attestera la nécessité, et le merite du requérant, lequel
certificat sera attaché sous le contre-scel desdites lettres, si vous
mandons que ces présentes vous ayïez à faire registrer, et de leur
contenu joüir et user les membres de nôtre Académie des sciences :
car tel est nôtre plaisir. Donné à Paris, le dix-septième jour d'aoust
de l'an de grace mil sept cent dix-neuf, et de nôtre règne le quatrième.

Signé, Louis. Par le roy, le DUC D'ORLÉANS régent present.
Signé, PHELYPEAUX.

Extrait des registres du Conseil d'État privé du Roy.

Sur la requeste presentée au Roy en son conseil par les president,
secretaire, trésorier, pensionnaires, associez et adjoints de l'Academie royale des sciences, contenant qu'il a plû au défunt Roy pour
perfectionner les sciences et les beaux-arts qui forment le plus
grand ornement des royaumes, et contribuënt le plus à la gloire
des souverains et à l'utilité des peuples, de faire plusieurs établissemens qu'il a toûjours honorez de la plus glorieuse protection,
l'honneur qu'il a fait par-là aux belles-lettres, a rassemblé ce qu'il y
a d'esprits les plus excellens, et Sa Majesté en a formé entre autres
l'Academie royale des sciences par ses lettres patentes du trois may
mil sept cent treize, enregistrées au parlement de Paris, et pour la
soutenir avec l'éclat digne d'elle, Sa Majesté a fait plusieurs regle-
mens, le plus considérable regarde les assemblées qui se doivent
tenir deux fois la semaine au Louvre qui est destiné pour cela, l'application aux fonctions auxquelles chacun academicien est attaché,
comme sa résidence à Paris, est un indispensable devoir auquel il
ne peut manquer pour quelque cause que ce soit, hors le temps
marqué de la quinzaine de Pâques et des vacances de septembre que
l'on leur donne de relâche à leurs travaux continuels, Sa Majesté
n'a pas épargné les graces pour les recompenser; mais la plus utile
et tout ensemble la plus nécessaire pour soutenir leur application,
est le droit de *committimus*, qui peut seul l'assurer; ce droit n'a
d'autre origine pour les ecclesiastiques que le service des églises

qui leur sont confiées, pour les commensaux, celui auprés de la personne de Sa Majesté, et des princes, et pour les officiers de robe, l'administration de la justice; l'Academie françoise par la même raison joüit de ce grand privilege, suivant le reglement fait pour les *committimus* par l'Ordonnance de mil six cent soixante-neuf. Comme celle des sciences n'a son établissement que long-temps aprés, elle n'a pû, comme elle, participer à cette grace, et comme la même raison est pour elle, et qu'il est même très-utile de donner à son émulation un objet propre à lui faire redoubler ses efforts pour la meriter, elle a recours à l'autorité, à la protection et aux graces de Sa Majesté, d'autant plus nécessaire à l'égard dudit droit de *committimus*, que sans cela les Academiciens seroient obligez souvent dans les occasions où il s'agit de toute leur fortune, et du repos de leurs familles, de quitter le service de l'Academie pour suivre leurs affaires dans les tribunaux des provinces, où souvent la chicane les rend immortelles : requeroient à ces causes qu'il plût à Sa Majesté de déclarer commun avec les supplians le reglement fait en faveur de l'Academie françoise par l'ordonnance de mil six cent soixante-neuf, et en consequence accorder aux supplians le droit de *committimus*, au grand et petit sceau pour tous les membres de ladite Academie royale des sciences, pour en user conformément à ladite ordonnance, et qu'à cet effet toutes lettres patentes à ce nécessaires leur seront expediées. Vû ladite requeste, signée Moustier, les lettres patentes d'établissement de ladite Academie royale des sciences du mois de may mil sept cent treize, ladite ordonnance au sujet des *committimus* de 1669, et autres pieces attachées à ladite requeste, oüy le rapport du sieur Maboul, conseiller du Roy en tous ses conseils, maistre des requeste ordinaire de son hostel, et tout consideré : le Roy en son conseil, de l'avis de Monsieur le garde des sceaux, ayant égard à la requeste, a ordonné et ordonne, que tous les membres de ladite Académie jouiront du droit de *committimus du grand et du petit sceau pour en user seulement* dans les affaires dont la matiere et l'importance les obligeroient de quitter la suite des assemblées de l'Academie, et des travaux auxquels ils se seront assiduëment appliquez pour la perfection des sciences et des arts, sans qu'aucunes lettres leur puissent être accordées que sur le certificat du président de ladite Academie, qui en exprimera et attestera la nécessité et le merite du requerant, lequel sera attaché sous le contre-scel desdites lettres, et à cet effet ordonne Sa Majesté que toutes lettres patentes à ce *nécessaires leur seront expédiées.*

Fait au Conseil d'État privé du Roy tenu à Paris le dix-septiéme jour de juin mil sept cent dix-neuf. *Collationné.* Signé, HATTE.

CHAPITRE IV

On a vu plus haut quelle était l'organisation de l'Académie en 1699 ; le règlement qu'elle a reçu à cette époque est sans contredit celui qu'il importe le plus de connaître, mais on n'a pas publié ceux qui l'ont suivi et nous demandons la permission de les reproduire ; groupés dans un cadre unique, ils auront l'avantage de montrer bien exactement quelles ont été, jusqu'au moment de sa suppression, les bases sur lesquelles la Compagnie pouvait s'appuyer dans les circonstances souvent difficiles qu'elle a eu à traverser.

RÈGLEMENT DU 3 JANVIER 1716.

DE PAR LE ROI, Sa Majesté s'étant fait représenter le règlement du 26 janvier 1699, pour l'Académie royale des sciences, ensemble les autres, ajoutés depuis, en interprétation ou correction, et désirant de faire fleurir de plus en plus cette Académie, Elle a, de l'avis de M. le duc d'Orléans son oncle, régent du royaume, résolu d'y joindre quelques nouveaux articles qu'Elle veut et entend être exactement observés, ainsi que les précédents auxquels il n'aura pas été dérogé par la présente.

Le nombre des honoraires et celui des associés non attachés à aucune science particulière seront augmentés jusqu'à douze.

Quelques réguliers pourront être proposés pour quelques-unes desdites places d'associés, sans qu'aucuns réguliers puissent désormais être proposés pour honoraires, et lesdits associés non attachés à aucune science particulière ne pourront devenir pensionnaires non plus que les réguliers.

La classe des vingt élèves sera supprimée dès à présent, et au lieu d'icelle, il y aura une nouvelle classe de douze adjoints, aux six différens genres de sciences auxquels s'applique l'Académie : deux à la géométrie, les sieurs Parent et Couplet fils ; deux à l'astronomie, les sieurs Lieutaud et Delisle le cadet ; deux à la mécanique, le sieur Terrasson et celui qui sera agréé par Sa Majesté après l'élection que fera l'Académie ; deux à l'anatomie, les sieurs Helvetius et Petit ; deux à la chimie, le sieur Boulduc fils et celui qui sera agréé par Sa Majesté après l'élection ; et deux à la botanique, le sieur de la Hire le cadet et celui qui sera pareillement agréé par Sa Majesté. A l'égard des sieurs Winslow, Bomie, Delisle l'aîné, Nicole, de Bragelongne et Deslandes, ci-devant élèves, ainsi que les ci-dessus nommés, ils auront toujours le droit d'entrer à l'Académie en qualité d'adjoints surnuméraires, sans que, dans la suite, il puisse être nommé d'autres sujets à leur place.

Lesdits adjoints feront leur résidence à Paris, ils auront voix délibérative seulement lorsqu'il s'agira de science ; ils pourront avoir séance parmi les associés quand il s'y trouvera des sièges vides ; et quand il n'y en aura pas, ils se placeront indifféremment sur les sièges qui leur seront destinés.

Pour remplir les places desdits adjoints, il sera proposé à l'Académie au moins trois sujets, par les trois pensionnaires et les deux associés attachés à chaque espèce de sciences dont il s'agira de nommer un adjoint ; entre lesquels sujets il en sera choisi deux à la pluralité des voix, par les honoraires et les autres pensionnaires, et nul ne pourra être proposé pour les places d'adjoints qu'il n'ait au moins vingt ans, et qu'il ne se soit fait connoître à l'Académie par quelque dissertation de sa composition, approuvée par les commissaires qui seront nommés et qui en rendront témoignage public à l'Académie.

Pour remplir les places d'associés entre les deux sujets qui seront proposés à Sa Majesté, il y en aura au moins un qui ne sera pas de l'Académie, et nul ne pourra être proposé s'il n'est connu par quelque ouvrage considérable imprimé, par quelque cours fait avec éclat, par quelque machine de son invention, ou découverte particulière, approuvée auparavant par l'Académie.

Entre les trois sujets proposés pour les places de pensionnaires, il y en aura au moins un qui ne sera pas de l'Académie.

Dans toutes les élections, il n'y aura que les honoraires et les pensionnaires qui puissent donner leurs suffrages, excepté celles des adjoints, où, suivant l'article ci-dessus, deux associés proposeront avec les trois pensionnaires.

Chaque fois qu'il s'agira de procéder à quelque élection, on commencera par faire publiquement à l'Académie la lecture des quatre articles précédant celui-ci, afin de s'y conformer avec exactitude, à peine de nullité des élections.

Sa Majesté choisira, au 1er janvier de chaque année, un président et un vice-président pris entre les honoraires, comme aussi un directeur et un sous-directeur pris entre les pensionnaires.

Dans chaque assemblée il y aura du moins deux académiciens, l'un pensionnaire et l'autre associé ou adjoint, obligés à tour de rôle d'apporter quelques observations ou mémoire, de manière qu'après un tour de rôle des pensionnaires, il y en aura un des douze associés attachés à quelque science particulière ; les douze associés non attachés auxdites sciences particulières étant dispensés, ainsi que les honoraires, d'apporter aux assemblées aucun ouvrage de leur composition ; et après un autre tour de rôle des pensionnaires, il y en aura un des adjoints : ce qui sera observé si exactement, que dans le temps même d'absence de Paris, on enverra sa pièce pour être lue, à faute de quoi on sera déchu de toute voix active et passive pendant un an pour une première fois, et exclu même absolument en cas de récidive.

On observera toujours dans ces lectures que l'une des pièces soit sur quelque matière de mathématique, et l'autre sur quelque matière de physique.

Fait à Paris, le troisième jour de janvier mil sept cent seize. *Signé* LOUIS. *Et plus bas*, Phelypeaux.

RÈGLEMENT DU 23 MARS 1753.

De par le roi. Sa Majesté informée que, dans les règlemens donnés à l'Académie royale des sciences, il n'y en avoit aucun qui s'expliquât sur ce qui concerne les Correspondants, qui néanmoins contribuent beaucoup, par leurs observations faites dans les différentes parties du monde, au progrès des sciences qui font l'objet de l'Académie. Elle a jugé que plus les distinctions qui leur ont été jusqu'à présent accordées les rapprochent des Académiciens, plus aussi il étoit nécessaire de régler la forme de leur nomination et de s'expliquer sur ce qu'on doit exiger de ceux qui se présentent pour obtenir ce titre ; et en conséquence, Elle a résolu le présent règlement qu'Elle veut et entend être exactement observé.

I. — On ne recevra pour correspondants que ceux qui auront donné à l'Académie une idée avantageuse de leurs connoissances dans quelqu'une des sciences qu'elle a pour objet, par des ouvrages de leur composition, par des dissertations manuscrites, des résolutions de problèmes, des observations astronomiques, des modèles ou dessins relatifs à la mécanique, des expériences de physique ou de chimie, des observations d'anatomie, de botanique, d'agriculture, et en général d'histoire naturelle, ou ceux qui auront prouvé leur zèle par une attention suivie à informer l'Académie de ce qui se fera ou se trouvera d'intéressant pour les sciences dans les pays qu'ils habitent.

II. — On n'accordera la correspondance qu'à ceux dont l'établissement sera distant de Paris au moins de dix à douze lieues.

III. — Tout académicien pourra présenter à l'Académie celui qu'il jugera digne de la correspondance, en faisant connoître les motifs qui peuvent déterminer la Compagnie à l'agréer, et on ne procédera à la nomination qu'un mois après cette proposition.

IV. — Trois académiciens des classes dont les objets ont le plus de rapport aux connoissances, aux talens et au goût de celui qui a été proposé pour correspondant, seront nommés commissaires, pour s'informer si les règlements lui sont favorables ou contraires, et ils en feront leur rapport à l'Académie, dans l'assemblée pour laquelle l'élection a été indiquée.

V. — On procédera à la nomination des correspondants par voie de scrutin, et dans la même forme que pour l'élection des académiciens, en écrivant simplement sur chaque bulletin, *Correspondance accordée* ou *Correspondance refusée*.

VI. — Mais elle ne sera accordée que lorsque les deux tiers des voix au moins seront en faveur du sujet qui se présente ; et dans le cas où le correspondant sera admis, les lettres lui en seront expédiées dans la huitaine par le secrétaire de l'Académie.

VII. — Celui qui n'aura pas été reçu ne pourra être présenté de nouveau qu'après une année révolue, pendant laquelle il se sera fait mieux connoître à l'Académie.

VIII. — Lorsqu'un côrrespondant viendra à Paris, il aura séance à l'Académie pendant l'espace d'une année.

IX. — Chaque correspondant sera lié plus particulièrement avec un académicien qui lui sera nommé par l'Académie, et par la voie duquel il pourra lui communiquer ce dont il aura à lui faire part.

X. — Un correspondant qui aura passé trois années sans en faire la plus légère fonction, sans avoir même écrit à l'académicien auquel il est attaché, sera censé avoir renoncé à son titre, et en conséquence ne sera plus mis sur la liste des correspondans, à moins qu'on ne sache d'ailleurs que des maladies, des affaires importantes, l'âge, ou un trop grand éloignement, aient été cause de cette négligence apparente; cependant le présent article n'aura point lieu pour ceux qui, pendant une longue suite d'années, auront donné à l'Académie des preuves réitérées de leur zèle.

Fait et arrêté à Versailles, le vingt-trois mars mil sept cent cinquante-trois. *Signé* LOUIS. *Et plus bas*, M. P. DE VOYER D'ARGENSON.

RÈGLEMENT DU 23 AVRIL 1785.

DE PAR LE ROI. Le roi s'étant fait représenter les règlements et la liste de l'Académie des sciences, Sa Majesté a reconnu que la division des classes, adoptée par les règlements des 26 janvier 1699 et 3 janvier 1716, n'embrassoit plus aujourd'hui l'universalité des sciences dont l'Académie s'occupe; que l'agriculture, l'histoire naturelle, la minéralogie, la physique, ne paroissent pas être entrées dans le plan de son institution, quoique ces sciences ne soient pas moins dignes que les autres de l'attention des savans et de la protection du gouvernement.

Que le règlement du 3 janvier 1716, en supprimant la classe des Elèves et en établissant, à la place, celle des Adjoints, n'avoit fait que substituer une dénomination à une autre, mais qu'il en résultoit également une distinction au moins inutile.

Ces considérations ont déterminé Sa Majesté à instituer deux nouvelles classes, à incorporer les associés et les adjoints, et à réduire à six, trois pensionnaires et trois associés, le nombre des membres attachés à chaque classe. Elle a vu avec satisfaction que ces dispositions n'augmentoient que de six le nombre des places, et que cette augmentation tomboit entièrement sur l'ordre des pensionnaires; que par le plan qui lui avoit été proposé, presque tous les académiciens obtiendroient, les uns une augmentation de pensions, les autres une espérance plus prochaine d'y arriver. Enfin qu'elle pouvoit trouver dans le nombre même des surnuméraires qu'elle avoit nommés en différentes circonstances, à la demande de l'Académie, de quoi remplir cinq des places de nouvelle création. Et Sa Majesté voulant donner à l'Académie des sciences de nouvelles marques de son affection, ainsi que de la protection qu'elle accorde aux sciences et aux arts, Elle a ordonné et ordonne ce qui suit :

I. — L'Académie sera à l'avenir composée de huit classes; savoir, une de géométrie, une d'astronomie, une de mécanique, une de physique générale, une d'anatomie, une de chimie et de métallurgie, une de botanique et d'agriculture, une d'histoire naturelle et de minéralogie.

II. — Chaque classe demeurera irrévocablement fixée à six membres; savoir, trois pensionnaires et trois associés, indépendamment, tant des secrétaires et trésoriers perpétuels, des douze honoraires, des douze associés libres et des huit associés étrangers, à l'égard desquels il ne sera rien innové, que de l'adjoint géographe qui prendra, à l'avenir, le titre d'associé géographe.

III. — Lesdites huit classes seront remplies, savoir : celle de géométrie, par MM. de Borda, Jeaurat et Vandermonde, comme pensionnaires; MM. Cousin et Meusnier, comme associés; celle d'astronomie, par MM. Le Monnier, de La Lande et Le Gentil, comme pensionnaires; MM. Messier, de Cassini et Dagelet, comme associés; celle de mécanique, par MM. l'abbé Bossut, l'abbé Rochon et de La Place, comme pensionnaires; MM. Coulomb, Le Gendre et Perrier, comme associés; celle de physique générale, par MM. Leroy, Brisson et Bailly, comme pensionnaires; MM. Monge, Méchain et Quatremère, comme associés; celle d'anatomie, par MM. Daubenton, Tenon et Portal, comme pensionnaires; MM. Sabatier et Vicq d'Azir, comme associés; celle de chimie et métallurgie, par MM. Cadet, Lavoisier et Baumé, comme pensionnaires; MM. Cornette et Berthollet, comme associés; celle de botanique et d'agriculture, par MM. Guettard, Fougeroux et Adanson, comme pensionnaires; MM. de Jussieu, de La Marck et Desfontaines, comme associés; celle d'histoire naturelle et de minéralogie, par MM. Desmaretz, Sage et l'abbé de Gua, comme pensionnaires; MM. Darcet, l'abbé Haüy et l'abbé Tessier, comme associés.

IV. — Il sera procédé, en la forme ordinaire, à l'élection des trois places d'associés vacantes dans la classe de géométrie, d'anatomie et de chimie et métallurgie, lorsque Sa Majesté aura donné à ce sujet les ordres nécessaires.

V. — La classe de physique générale fera partie des classes mathématiques, et la classe d'histoire naturelle et de minéralogie fera partie des classes physiques pour tous les cas où les places, soit d'officiers, soit de commissaires, sont affectées par les règlements ou par l'usage à l'une de ces deux divisions.

VI. — Pour remplir les places d'associés vacantes, il sera présenté par la classe, et à l'égard des associés libres et étrangers, par les huit commissaires élus dans chaque classe par l'Académie, au moins trois sujets, et jamais plus de cinq, parmi lesquels les académiciens ayant droit de suffrage pour les élections en choisiront deux à la pluralité des voix.

VII. — Sa Majesté déclare qu'à l'avenir il ne sera admis dans l'Académie aucun surnuméraire, sous quelque prétexte que ce soit.

Fait à Versailles, le vingt-trois avril mil sept cent quatre-vingt-cinq. *Signé* LOUIS. *Et plus bas,* le baron DE BRETEUIL.

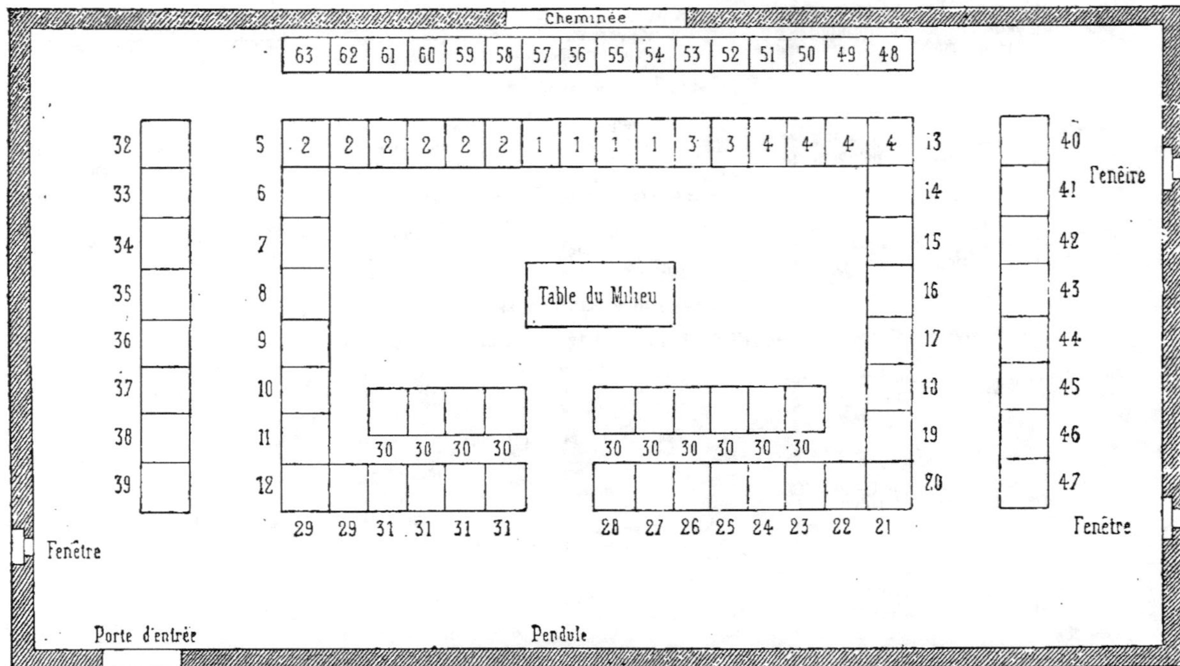

Plan de la salle des séances de l'Académie au Louvre, en 1785.

1 1 1 1. Présidents et directeurs.   2 2 2 2 2 2. Honoraires.   3 3. Pensionnaires vétérans.   4 4 4 4. Trésoriers et secrétaires.

PREMIERS PENSIONNAIRES

5. Géomètre,   MM. de Borda.
6. Astronome,   Lemonnier.
7. Mécanicien,   l'abbé Bossut.

8. Physicien,   MM. Le Roy.
9. Anatomiste,   Daubenton.
10. Chimiste,   Cadet.

11. Botaniste,   MM. Guettard.
12. Naturaliste,   Desmarest.

DEUXIÈMES PENSIONNAIRES

13. Géomètre,   MM. Jeaurat.
14. Astronome,   de Lalande.
15. Mécanicien,   l'abbé Rochon.

16. Physicien,   MM. Brisson.
17. Anatomiste,   Tenon.
18. Chimiste,   Lavoisier.

19. Botaniste,   MM. Fougeroux.
20. Naturaliste,   Sage.

TROISIÈMES PENSIONNAIRES

21. Géomètre,   MM. Vandermonde.
22. Astronome,   Legentil.
23. Mécanicien,   de Laplace.

24. Physicien,   MM. Bailly.
25. Anatomiste,   Portal.
26. Chimiste,   Baumé.

27.   Botaniste,   MM. Adanson.
28.   Naturaliste,   l'abbé de Gua:
29 29. Bibliothécaire, Demours.

30 30 30 30 30 30 30 30 30 30. Associés libres et associés étrangers.   31 31 31 31. Lecteurs étrangers, correspondants, associés vétérans.

PREMIERS ASSOCIÉS ORDINAIRES

32. Géomètre,   MM. Cousin.
33. Astronome,   Messier.
34. Mécanicien,   Coulomb.

35. Physicien,   MM. Monge.
36. Anatomiste,   Sabatier.
37. Chimiste,   Cornette.

38. Botaniste,   MM. de Jussieu.
39. Naturaliste,   d'Arcet.

DEUXIÈMES ASSOCIÉS ORDINAIRES

40. Géomètre,   MM. Meusnier.
41. Astronome,   Cassini.
42. Mécanicien,   Legendre.

43. Physicien,   MM. Méchain.
44. Anatomiste,   Vicq d'Azir.
45. Chimiste,   Berthollet.

46. Botaniste,   MM. le chevalier de Lamarck.
47. Naturaliste,   l'abbé Haüy.

TROISIÈMES ASSOCIÉS ORDINAIRES

48. Géomètre,   MM. Charles.
49. Astronome,   Le Paute d'Agelet.
50. Mécanicien,   Périer.

51. Physicien,   MM. Quatremère.
52. Anatomiste,   Broussonnet.
53. Chimiste,   de Fourcroy.

54. Botaniste,   MM. Desfontaines.
55. Naturaliste,   l'abbé Tessier.
56. Géographe,   Buache.

57 à 63. Académie française et des inscriptions.

C'est à Lavoisier que sont dus, pour la plus grande part, la rédaction et l'adoption du dernier de ces règlements; M. J.-B. Dumas, dans le tome IV de l'édition définitive des œuvres du grand chimiste, monument qu'il a pieusement élevé à sa mémoire et que la mort l'a empêché de terminer, a reproduit toutes les pièces qui se rattachent à cette transformation de l'Académie des sciences en 1785.

Outre de nombreux documents du plus haut intérêt pour l'histoire de la Compagnie, on trouve dans ce volume le plan dressé par Lavoisier lui-même de la salle des séances avec l'indication des places réservées aux académiciens; nous reproduisons ce plan, ainsi que la liste qui l'accompagne (page 52).

Lavoisier fait suivre cette liste d'une décision ainsi conçue :

« Le comité, assemblé pour l'arrangement des places, a arrêté de supprimer la table qui avait été placée par moi dans l'intérieur de l'enceinte; de prendre sur le banc des honoraires deux places à chaque bout, pour y placer le secrétaire, le trésorier, le premier pensionnaire géomètre et le premier pensionnaire anatomiste; de prendre également deux places de chaque côté sur le banc des associés, en suivant, pour la distribution et l'ordre des places, ce qui a lieu pour le mélange des classes. Il sera, en outre, fait double rang de bancs derrière les pensionnaires, pour y placer ceux des associés qui ne pourront être sur le rang en face des honoraires.

« Enfin il a été arrêté de placer les deux poêles dans l'intérieur du parquet et la table de marbre entre les deux poêles.

« Le présent arrangement a passé à la pluralité des voix.

« Ce 3 décembre 1785.

« Signé : DE BORDA, DESMARETS, TILLET, LEMONNIER, CADET, DAUBENTON, BOSSUT, LAVOISIER. »

De ce qui précède, il résulte que, le 23 avril 1785, l'Académie des sciences, reconstituée et divisée en classes, était composée ainsi qu'il suit :

OFFICIERS ANNUELS.

M. le duc d'Ayen, président.
M. de Lavoisier, directeur.

M. le comte de Maillebois, vice-président.
M. Desmarets, vice-directeur.

OFFICIERS PERPÉTUELS.

M. de Condorcet, secrétaire.   M. de Buffon, } trésoriers.
     M. Tillet,

HONORAIRES.

M. le maréchal duc de Richelieu.   M. le marquis de Paulmy.
M. de Machault.   M. le duc de Praslin.
M. le comte de Maillebois.   M. Amelot.
M. de Malesherbes.   M. le duc d'Ayen.
M. le cardinal de Luynes.   M. le président de Saron.
M. Bertin.   M. le duc de Larochefoucault.

PENSIONNAIRES VÉTÉRANS.

M. Maraldi.   M. le marquis de Courtivron.
M. Grandjean de Fouchy.   M. Petit.
M. de Lassone.   M. le comte d'Angiviller.
M. Le Monnier.

ACADÉMICIENS ORDINAIRES.

CLASSES MATHÉMATIQUES.

Géométrie.

Pensionnaires. { M. de Borda. / M. Jeaurat. / M. de Vander-monde.   Associés.... { M. Cousin. / M. Meusnier. / M. Charles.

Astronomie.

Pensionnaires. { M. Le Monnier. / M. de Lalande. / M. Legentil.   Associés.... { M. Messier. / M. de Cassini. / M. Lepaute d'Age-let.

Mécanique.

Pensionnaires. { M. l'abbé Bossut. / M. l'abbé Rochon. / M. de La Place.   Associés.... { M. Coulomb. / M. Legendre. / M. Périer.

Physique générale.

Pensionnaires.
{ M. Le Roy.
M. Brisson
M. Bailly. }

Associés....
{ M. Monge.
M. Méchain.
M. Quatremère-Disjonval. }

CLASSES PHYSIQUES.

Anatomie.

Pensionnaires.
{ M. Daubenton.
M. Tenon.
M. Portal. }

Associés....
{ M. Sabatier.
M. Vicq d'Azir.
M. Broussonet. }

Chimie et métallurgie.

Pensionnaires.
{ M. Cadet.
M. de Lavoisier.
M. Baumé. }

Associés....
{ M. Cornette.
M. Berthollet.
M. de Fourcroy. }

Botanique et agriculture.

Pensionnaires.
{ M. Guettard.
M. Fougeroux.
M. Adanson. }

Associés....
{ M. de Jussieu.
M. de Lamarck.
M. Desfontaines. }

Histoire naturelle et minéralogie.

Pensionnaires.
{ M. Desmarets.
M. Sage.
M. l'abbé de Gua. }

Associés....
{ M. Darcet.
M. l'abbé Haüy.
M. l'abbé Tessier. }

ACADÉMICIENS LIBRES.

M. le marquis de Montalembert.
M. Pingré.
M. le marquis de Chabert.
M. le marquis Turgot.
M. Andouillé.
M. Dionis du Séjour.

M. Perronet.
M. Poissonnier.
M. Bory.
M. Mesnard de Chouzy.
M. de Barthez.
M. de Fourcroy de Ramecourt.

ASSOCIÉS VÉTÉRANS.

M. Bouvart.
M. le comte de Lauraguais.

M. Demours.

ASSOCIÉS ÉTRANGERS.

M. le prince de Lœwenstein.	M. Bonnet.
M. de La Grange.	M. Euler.
M. Franklin.	M. Priestley.
M. Bernoulli.	M. Hunter.

ASSOCIÉ GÉOGRAPHE.

M. Buache.

Longtemps nous avons tenté de reconstituer la physionomie d'une séance académique au siècle dernier. Nos recherches avaient été vaines et nous avions renoncé à les poursuivre quand le hasard nous mit en présence d'un ouvrage de MESMER, intitulé : *Précis historique des faits relatifs au magnétisme animal jusques en avril* 1781 (1) ; on trouve dans ce volume ce que nous avions inutilement cherché ailleurs.

Les relations de Mesmer avec l'Académie des sciences ont été courtes et sans éclat ; on nous permettra d'en rappeler le début et les conclusions négatives. Cette digression nous fournira d'ailleurs l'occasion de reproduire une estampe fort rare et dont l'intérêt actuel n'échappera pas au lecteur.

Mesmer est né sur les bords du lac de Constance, à Itzmang, en 1734. Reçu docteur de la Faculté de médecine de Vienne en 1766, il publia dès cette époque un ouvrage relatif à l'*Influence des planètes sur le corps humain.*

« Les corps célestes, disait-il, exercent, par la force qui produit leurs attractions mutuelles, une influence sur les corps animés, spécialement sur le système nerveux, par l'intermédiaire d'un fluide subtil qui pénètre tous les corps et qui remplit tout l'univers. »

Ce fut là le point de départ de la doctrine mal définie, dont il se fit l'ardent propagateur.

L'existence de Mesmer fut extraordinairement agitée. Esprit actif et cultivé, il eut, dès son début, la satisfaction de grouper autour de lui d'ardents défenseurs et d'appeler, sur ses expé-

______

(1) Par M. Mesmer, docteur en médecine de la Faculté de Vienne. Ouvrage traduit de l'allemand. A Londres et se vend à Liège et à Spa chez Bollen, imprimeur-libraire, 1781, in-8.

riences, non pas, il est vrai, l'attention des savants qui se récusèrent, mais celle d'un public nombreux dont la crédulité servit singulièrement ses desseins.

Quoique la science ne fût point, à la fin du dix-huitième siècle, en possession des précieux moyens d'investigation dont elle dispose aujourd'hui, il n'est pas impossible cependant que Mesmer, éclairé par ses recherches, ait été véritablement convaincu de l'importance des phénomènes qui lui étaient révélés. On peut sans doute lui reprocher le caractère mystérieux qu'il leur imprimait; les pratiques bizarres auxquelles il se livrait dans le but de frapper l'imagination de ses malades; plus encore que tout cela, peut-être, l'amour immodéré des richesses auquel il sacrifia toute considération; mais il est équitable de reconnaître que, s'il n'en a pas exactement mesuré la portée, il a sûrement entrevu une partie des phénomènes hypnotiques si utilement étudiés de nos jours.

C'est seulement en 1775 que Mesmer publia le résultat de ses recherches sous le titre de : *Lettre à un médecin étranger sur les cures magnétiques*. Plus tard, en 1781, il prit soin de conserver, dans un ouvrage intitulé : *Précis historique des faits relatifs au magnétisme animal*, le souvenir des luttes qu'il eut à soutenir soit à Vienne, soit à Paris, avec les corps scientifiques auxquels il s'adressa.

« Le magnétisme animal, disait Mesmer dans le *Précis historique*, est un rapprochement de deux sciences connues : l'*astronomie* et la *médecine*. C'est moins une découverte nouvelle qu'une application de faits aperçus depuis longtemps, à des besoins sentis de tous les temps.

« Par cette expression *magnétisme animal*, je désigne donc une de ces opérations universelles de la *nature* dont l'action, déterminée sur nos nerfs, offre à l'art un *moyen universel* de guérir et de préserver les hommes. »

Violemment attaqué, puis éconduit par les médecins viennois, Mesmer s'arma pour le combat et pensant trouver meilleur accueil en France, il y vint au mois de février 1778.

Jean-Baptiste Le Roy, alors directeur de l'Académie des sciences, fut l'un des premiers savants français qui assistèrent à ses expériences. Il parut frappé de leurs résultats, et consentit à présenter l'auteur à l'illustre Compagnie. Mesmer raconte plaisamment la séance à laquelle il assista dans cette circonstance.

... A mesure que les Académiciens arrivoient, il s'établissoit des comités particuliers où se traitoient sans doute autant de questions savantes. Je supposois avec vraisemblance que, lorsque l'Assemblée seroit assez nombreuse pour être réputée entière, l'attention, divisée jusqu'alors, se fixeroit sur un seul objet. Je me trompois ; chacun continua sa conversation ; et lorsque M. Le Roi voulut parler, il réclama inutilement une attention et un silence qu'on ne lui accorda pas. La persévérance dans cette demande fut même vertement relevée par un de ses confrères impatienté, qui l'assura positivement qu'on ne feroit ni l'un ni l'autre, en lui ajoutant qu'il étoit bien le maître de laisser le Mémoire qu'il lisoit sur le Bureau, où pourroit en prendre communication qui voudroit. M. Le Roi ne fut pas plus heureux dans l'annonce d'une seconde nouveauté. Un second confrère le pria cavalièrement de passer à un sujet moins rebattu, par la raison péremptoire qu'on l'ennuyoit. Enfin, une troisième annonce fut brusquement taxée de charlatanerie par un troisième confrère, qui voulut bien suspendre sa conversation particulière tout exprès, pour donner cette décision réfléchie.

Heureusement, il n'avoit pas été question de moi en tout cela. Je perdis le fil de la séance, et réfléchissant sur l'espèce de vénération que j'avois toujours eue pour l'Académie des sciences de Paris, je conclus qu'il étoit essentiel pour certains objets de n'être vus qu'en perspective. Révérés de loin, qu'ils sont peu de chose vus de près.

M. Le Roi me tira de ma rêverie en m'annonçant qu'il alloit parler de moi. Je m'y opposai vivement, le priant de remettre la chose à un autre jour...

Cette inutile démarche ne rebuta point Mesmer. Le 22 août 1778, il écrivait de Créteil, où il s'était retiré avec quelques malades privilégiés, une lettre pressante dont il priait M. Le Roy de donner lecture à l'une des plus prochaines assemblées.

La lettre de Mesmer fut lue dans la séance du 29 août. Elle n'a pas laissé d'autre trace au procès-verbal de l'Académie, que les lignes qui suivent :

« M. Le Roy a lu une lettre de M. *Mamer*, relative à son..... animal. J'ai été chargé de lui répondre que l'Académie ne doit point s'en mêler. »

En rédigeant le procès-verbal, la minute en fait foi, Condorcet avait écrit : *Mesmer* et *magnétisme animal*, mais le copiste, que cette grosse question de *mesmérisme* laissait sans doute fort indifférent, a traduit *Mesmer* par *Mamer*. Le mot *magnétisme* ne lui étant probablement pas familier, il l'a laissé en blanc, confiant à plus expérimenté que lui le soin de le rétablir.

Les relations de Mesmer avec la Société royale de médecine de Paris furent autrement mouvementées. Il put un instant espérer atteindre le but si obstinément poursuivi par lui.

Quelques mois après son arrivée à Paris, Mesmer s'était lié avec d'Eslon, premier médecin du comte d'Artois. Vivement sollicité par les doctrines magnétiques, d'Eslon suivait le traitement des malades de Mesmer, lui en présentait de nouveaux, et rapidement converti, s'offrait bientôt à saisir la Société royale de médecine des expériences poursuivies sous ses yeux. Mesmer accepta avec empressement les propositions de ce généreux et imprudent ami. Dans l'assemblée générale du 18 septembre 1780, d'Eslon donna lecture à la Société, d'un Mémoire préparé et rédigé de concert avec Mesmer. L'effet de cette lecture fut absolument inattendu. A la suite d'un vote de la Compagnie, le nom de d'Eslon fut rayé du tableau des médecins de la Faculté, et les propositions de Mesmer furent rejetées sans plus ample examen.

Tout cela ne suffit point à décourager le tenace expérimentateur. Chose assez bizarre, la vogue dont ses exploits étaient entourés, devint d'autant plus vive, d'autant plus irrésistible, que les principales Sociétés savantes du pays, refusant de se prononcer, paraissaient, non sans quelque raison, proclamer le charlatanisme de l'auteur.

Pour la foule, Mesmer devint une sorte de martyr. Profitant habilement de la situation, il se fit, dans la plus haute société parisienne, de fanatiques partisans, qui créèrent en sa faveur un mouvement particulièrement favorable, avec lequel il fallut bientôt compter.

Louis XVI lui fit alors proposer une pension viagère de 20 000 livres, à laquelle il ajouta l'offre d'une maison pour y établir une clinique magnétique ; mais le rusé Viennois refusa et préféra à cette solution l'organisation d'une souscription, qui, couverte bientôt par ses plus fervents adeptes, s'éleva rapidement à 340 000 livres. En acceptant cette combinaison, Mesmer s'engageait à la divulgation publique de sa doctrine et de ses procédés ; cependant, le moment venu de satisfaire aux engagements qu'il avait librement consentis, il se déroba, fit naître des discussions blessantes pour ses protecteurs, indignes de lui-même, et enfin lassa si bien ses souscripteurs, que chacun d'eux se préoccupa de rentrer en possession des fonds qu'il avait étourdiment versés.

D'autres amis, riches et généreux, s'offrirent à lui venir en aide; il accepta leur secours, dissipa follement une partie des sommes qui lui étaient confiées, et voyant que son crédit baissait chaque jour, sentant que tout allait lui manquer, il se résolut à quitter la France et se rendit en Angleterre en 1784. C'est de de là qu'il rentra dans son pays, où il mourut oublié le 5 mars 1815.

Des nombreuses expériences que rapporte Mesmer, quelques-unes sont présentées avec art. Celle de Mlle de Berlancourt, par exemple, mérite de fixer l'attention.

« Mlle de Berlancourt, dit-il, m'avait été amenée, sous les auspices de M. d'Eslon, par M. Didier fils, que j'ai dit avoir été présent à mes expériences. Depuis cette époque, Mlle de Berlancourt a suivi mes traitements. Rien ne ressemble moins aujourd'hui à la personne malheureuse que j'ai dépeinte. Elle voit, parle et agit avec une vivacité qui va quelquefois jusqu'à nous alarmer et qui même a pensé lui être funeste. Chérie de nous tous, je ne l'envisage plus que je ne sente le plaisir inexprimable d'avoir donné la vie (j'ose me servir de cette expression), à l'objet qui en est le plus digne. Si les circonstances me permettent d'achever sa cure, je me croirai des droits à la reconnaissance de la société, pour lui avoir rendu une personne qui possède les qualités du cœur et de l'esprit au degré le plus éminent. Puisse ce très foible hommage me faire pardonner par les gens austères, la liberté que je prends d'appeler en témoignage public une demoiselle que sa délicatesse devoit peut-être préserver de cet éclat. »

Mlle de Berlancourt était une jeune fille de vingt-deux ans, atteinte d'une paralysie partielle. C'est à elle, sans aucun doute, que se rapporte la caricature très curieuse et très rare que nous publions ici.

Pourquoi le graveur lui a-t-il donné ce titre : *Le doigt magique ?* Mesmer l'explique lui-même. Il rapporte en effet que, à l'issue de la séance de l'Académie des sciences, il se rendit

chez Le Roy, où, en présence de plusieurs personnes, M. A...
voulut bien se prêter à ses expériences.

« J'offris à ces Messieurs, dit Mesmer, une preuve que notre

Le doigt magique ou le magnétisme animal.
Simius semper simius,

organisation est sujette à des pôles, ainsi que je l'avais avancé.
Ils y consentirent et, en conséquence, je priai M. A... de mettre
un bandeau sur ses yeux. Cela fait, je lui *passai les doigts* sous

les narines à plusieurs reprises, et changeant alternativement la direction du pôle, je lui faisais respirer une odeur de soufre ou je l'en privais à volonté. Ce que je faisais pour l'odorat, je le faisais également pour le goût, à l'aide d'une tasse d'eau. »

Et plus loin : « Lorsque, par exemple, *je promène sous mon doigt* une douleur fixe occasionnée par une incommodité quelconque ; lorsque je la porte à volonté du cerveau à l'estomac, de l'estomac au bas-ventre et réciproquement du ventre à l'estomac et de l'estomac au cerveau, il n'y a que la folie consommée ou la mauvaise foi la plus insigne qui puissent méconnaître l'auteur de sensations pareilles. »

Quelques années après ce que nous venons de rapporter, et sans qu'il nous soit possible de préciser davantage, l'ornementation de la salle de l'Académie subit de nombreuses modifications. Nous avons dit qu'à l'origine, l'unique œuvre d'art qui décorait cette salle était une toile d'Antoine Coypel représentant une Minerve tenant en mains un médaillon de Louis XIV. En 1787, cette toile était placée sur la cheminée ; à sa gauche se trouvaient, disposés sur des gaines, les bustes de Colbert, Macquer, d'Arcy, Nollet et Morand, à sa droite ceux du régent Philippe d'Orléans, Fontenelle, Réaumur, Maupertuis et d'Alembert.

Près des fenêtres à droite, ceux de Bernard de Jussieu, Duhamel et La Peyronie. Le portrait peint du roi de Suède, qui avait assisté à deux des séances de l'Académie, en 1770 et en 1771, était placé entre les deux fenêtres, au-dessus du buste de Duhamel.

En face de la cheminée se trouvait une pendule à secondes dont le mouvement était dû à Bertrand ; à gauche de cette pendule étaient les bustes de Dominique Cassini, Cassini de Thury et Winslow ; à droite ceux de La Condamine, Descartes, le médaillon d'Euler, le portrait de Philippe de Lahire, dessiné par lui-même et enfin le portrait de Vaucanson, peint par Boze, dont l'Académie des sciences possède encore l'original (1).

Entre ces deux derniers portraits, on pouvait remarquer une toile de petite dimension, offerte par Lavoisier dans la séance

---

(1) Le médaillon d'Eulér et le portrait de Vaucanson se trouvent en ce moment dans le cabinet de M. J. Bertrand, secrétaire perpétuel. Le portrait de La Hire est à l'observatoire de Paris.

du 11 mai 1782 et représentant la mort de l'abbé Chappe d'Hauteroche, en Sibérie.

La salle tout entière était éclairée par trois quinquets disposés en forme de lustres, ayant chacun six lampes ou foyers.

Peu de jours avant que l'Académie reçût le règlement de 1785, Louis XVI lui concédait un nouveau local situé dans le palais du Louvre, au-dessus de celui qu'elle y occupait déjà ; les belles collections qu'elle avait recueillies et dont nous aurons à parler plus loin, la riche bibliothèque qu'elle possédait, avaient rendu l'adjonction de ce logement indispensable.

L'ordonnance royale obtenue par l'Académie à cette occasion est ainsi conçue :

Brevet qui accorde à l'Académie royale des sciences la jouissance d'un appartement au Louvre, destiné au dépôt des machines soumises à l'examen de ladite Académie.

Aujourd'hui, 10 février 1785, le Roi étant à Versailles, considérant les avantages qui résulteront tant pour les travaux de son Académie royale des sciences, que pour l'encouragement des artistes et l'instruction publique, de ce que les machines que ladite Académie a déjà en sa possession, et celles qui seront à l'avenir soumises à son examen, soient réunies dans un dépôt où elles puissent être conservées dans un ordre convenable, Sa Majesté a bien voulu destiner à cet établissement, l'appartement occupé présentement au Louvre par le S. Coqueley de Chaussepierre au-dessus des salles de ladite Académie, et dont il a volontairement consenti à faire l'abandon ainsi que le grenier qui est au-dessus dudit appartement ; et, à cet effet, Sa Majesté a accordé et fait don à son Académie royale des sciences de la jouissance du dit appartement et grenier tel qu'il se poursuit et comporte, à condition de l'employer à un dépôt dans lequel seront réunies et conservées de manière à pouvoir être exposées au public les machines qui ont été et seront à l'avenir soumises à l'examen de la d^te Académie et à la charge en outre qu'elle pourvoira de ses propres fonds à tous les frais qu'exigera le d. dépôt. Mande et ordonne Sa Majesté au S. baron de Champlost, gouverneur de son château du Louvre et à ses successeurs dans ladite charge, de mettre et installer l'Académie royale des sciences en jouissance du d^t appartement et de la faire jouir du contenu au présent brevet que pour assurance de sa volonté Sa Majesté a signé de sa main et fait contresigner par moi conseiller secrétaire d'État et de ses commandements et finances.

Signé : LOUIS.

Signé : Le B^on DE BRETEUIL.

Ce n'est pas sans un lourd sacrifice que la Compagnie s'était assuré la possession de ce local ; elle ne l'obtint qu'en payant au sieur Coquelcy de Chaussepierre qui en était le titulaire, une indemnité de quinze mille livres.

Vint la période révolutionnaire pendant laquelle les académies, souvent inquiétées, eurent à lutter pour leur existence. Outre ses travaux habituels, l'Académie des sciences s'occupait pourtant de donner satisfaction aux vœux exprimés par le Gouvernement. Son œuvre la plus considérable, pendant cette époque difficile et troublée, fut sans contredit l'élaboration du nouveau système de poids et mesures dont l'uniformité avait été ordonnée par la loi du 22 août 1790.

Consultée par les ministres sur toutes les questions à l'ordre du jour : Instruction publique, Finances, Marine, Guerre, Agriculture, l'Académie apportait à l'État le secours de ses lumières avec un dévouement et un zèle que les circonstances ont accrus. Malheureusement de graves dissentiments s'étaient produits dans son sein. On tenta, mais vainement, d'enrayer le mal, les séances ne jouissaient plus du calme d'autrefois.

On trouve, en effet, au procès-verbal de la réunion du 25 août 1792, la note suivante :

M. Fourcroy annonce à l'Académie que la Société de médecine a rayé de sa liste plusieurs de ses membres émigrés et notoirement connus pour contre-révolutionnaires. Il propose à l'Académie d'en user pareillement envers certains de ses membres connus par leur incivisme et qu'en conséquence lecture soit faite de la liste de l'Académie pour prononcer leur radiation. Plusieurs personnes observent que l'Académie n'a le droit d'exclure aucun de ses membres, qu'elle ne doit point prendre connaissance de leur conduite et de leurs opinions politiques, le progrès des sciences étant son unique occupation ; que d'ailleurs l'Assemblée nationale se trouvant à la veille de donner une nouvelle organisation à l'Académie, elle exercera le droit qu'elle seule peut avoir de rayer de la liste de l'Académie les membres qu'elle jugera devoir en être exclus.

M. Fourcroy a invoqué l'exécution du règlement relatif aux académiciens absens plus de deux mois, sans congé. Lecture faite du règlement, il a été remarqué qu'il ne s'étendoit que sur les pensionnaires et que son exécution n'appartenait point à l'Académie. Les différents avis ayant été longtemps discutés, on a arrêté définitive-

E. MAINDRON.   5

ment que la lecture de la liste de l'Académie et la délibération sur le parti à prendre relativement à la susdite motion seraient remises à la séance prochaine.

Le 29 août, un membre demandait la parole sur la délibération à l'ordre du jour. Il rappellait qu'anciennement et de tout temps, l'Académie uniquement occupée de l'objet de son institution : du progrès des sciences, avait coutume pour tout le reste d'en référer au ministre avec lequel elle entretenait une correspondance et une communication fréquentes sur tout ce qui regardait son régime particulier. Le même membre s'étonnait que dans un moment où le ministre de l'intérieur, appelé par le vœu de la nation, méritait plus que jamais la confiance de l'Académie, elle n'en usât pas envers lui comme elle le faisait autrefois envers ses prédécesseurs.

Il demandait donc de charger les officiers de l'Académie de conférer avec le ministre sur l'objet proposé à la délibération, tandis qu'elle se livrerait comme de coutume à des occupations plus intéressantes.

Cet avis réunit la majorité des suffrages. Cousin fut prié de vouloir bien se joindre aux officiers de l'Académie.

L'affaire en resta là, mais, on le voit, la situation était grave. Une accalmie s'étant produite, l'Académie des sciences sollicita l'autorisation d'élire aux places vacantes dans son sein. Elle obtint cette autorisation par le décret suivant, qui lui parvint avec une lettre qui fait trop d'honneur à Lakanal pour que nous n'ayons point le désir de la reproduire ici :

Extrait du procès-verbal de la Convention nationale du 17 mai 1793, l'an II de la République française.

La Convention nationale, après avoir entendu le rapport de son Comité d'instruction publique, décrète ce qui suit :

La Convention nationale, dérogeant à la loi du. . . , autorise provisoirement l'Académie des sciences de Paris à nommer aux places vacantes dans son sein.

Visé par l'inspecteur des procès-verbaux.

Signé : JOSEPH BEEKER.

Collationné à l'original par nous secrétaires de la Convention, le 17 mai 1793, l'an second de la République française.

Signé : CLAUDE FAUCHET, S^re ;

DUPRAT, S^re ;

POULLAIN GRANDPREY.

Paris, le 17 mai, l'an 2ᵉ.

Citoyen, je devais me rendre moi-même à l'Académie pour lui porter le décret qui l'autorise à nommer aux places vacantes dans son sein. Cet acte de déférence pour la première des Sociétés savantes de l'Europe aurait honoré ma jeunesse.

Des devoirs fâcheux me forcent de renoncer à la plus douce des jouissances de mon âme. J'espère que les deux rapports que j'ai encore à faire pour l'Académie n'éprouveront pas, dans le sein de la Convention, autant de difficultés qu'en a essuyées celui que j'ai fait adopter ce matin. Mais quelque peine qu'il faille me donner pour assurer aux hommes qui composent cette société célèbre, la jouissance de ses droits, je braverai tout avec courage ; rien ne me paraîtra pénible à exécuter sous les ordres et sous les yeux de l'Académie.

Je suis avec le plus profond respect, votre concitoyen.

Signé : LAKANAL.

P. S. — J'aurai l'honneur de vous observer que le mot *provisoirement*, inséré dans le décret, est purement de forme et employé dans tous les décrets relatifs à l'Instruction nationale, parce qu'on n'a rien statué de définitif à cet égard. Ainsi l'Académie a la plus grande latitude et la plus grande sûreté pour toutes les nominations qu'elle va faire, jusqu'à l'organisation entière de l'Instruction publique.

Mais l'Académie était condamnée quoique les dévouements ne lui fissent point défaut. Emportée par la tourmente, elle disparaissait à la suite de la promulgation de la loi du 8 août 1793, dont le texte suit :

Loi portant suppression de toutes les Académies et sociétés littéraires patentées et dotées par la nation.

ARTICLE Iᵉʳ. — Toutes les Académies et sociétés littéraires patentées et dotées par la nation sont supprimées.

ARTICLE II. — Les jardins botaniques et autres, les cabinets, muséum, bibliothèques et autres monuments des sciences et des arts attachés aux Académies et sociétés supprimées sont mis sous la surveillance des autorités constituées, jusqu'à ce qu'il en ait été disposé par les décrets sur l'organisation de l'Instruction publique.

Le mercredi 7 août, la veille du jour où cette loi était promulguée, l'Académie avait tenu, au Louvre, sans qu'elle pût d'ailleurs le pressentir, sa dernière séance. Trente-trois membres figurent sur la feuille de présence ; on nous permettra de placer leurs noms ici. Ce sont : Le Monnier, Cadet, Bossut, Desmarets, Cousin, Adanson, Demours, Jeaurat, Desfontaines, Darcet, Messier, Lamarck, Baumé, Haüy, Bory, Pingré, Buache, Berthollet, Lagrange, Vicq d'Azir, Monge, Cassini, Thouin, Legendre, Sabatier, Daubenton, Lhéritier, Lalande, Poissonnier, Borda, Le Roy, Lavoisier et Portal.

Ce jour-là, l'Académie entendit la lecture d'un rapport de Cassini relatif à un mémoire de Michel Le François La Lande sur le mouvement propre des étoiles, et se sépara au milieu de vives préoccupations.

Deux jours plus tard, le 9 août, il y eut une nouvelle réunion, mais celle-ci n'eut pas et ne pouvait plus avoir le caractère d'une assemblée officielle ; il ne fut point, en conséquence, dressé de feuille de présence et les noms des académiciens qui y assistèrent sont restés inconnus.

A la suite de cette séance, Lavoisier adressait, le 10 août, au nom de l'Académie, à Lakanal, président du Comité de l'instruction publique, la lettre suivante qu'on ne lira pas sans émotion :

Citoyens Représentants,

Les membres de l'Académie des sciences se sont réunis hier vendredi comme à l'ordinaire, au Louvre, dans la salle où ils ont coutume de s'assembler.

La séance a été ouverte par la lecture du procès-verbal de l'assemblée précédente ; après quoi plusieurs des membres de l'Académie se sont empressés de mettre sur le Bureau les mémoires qu'ils ont rédigés sur plusieurs parties importantes des sciences et qui sont destinés à former le recueil qu'elle doit publier pour 1793. Chacun tenait à honneur de contribuer pour sa part à ce dernier effort de l'Académie expirante et de retenir une place dans le dernier volume, qui est le 145ᵉ, que l'Académie a publié depuis 1666, époque de son établissement.

La transcription du titre de ces mémoires sur le plumitif ayant été achevée à la suite de la séance du 7, le Président a annoncé que, d'après le décret qui avait été rendu la veille par la Convention, il ne croyait pas que l'Académie pût prolonger davantage ses séances. Quelques membres ont représenté que le décret qui supprimait l'Académie ne lui étant point officiellement connu, rien ne s'opposait à ce qu'elle continuât de s'assembler. Cependant pour donner une nouvelle preuve de sa soumission aux Loix, l'assemblée a été rompue et le Président a quitté sa place.

Alors, les membres de la ci-devant Académie des sciences se sont formés naturellement en un club, en une société libre, dont les premiers regards se sont portés sur les grands objets dont l'Académie des sciences avait été chargée par la Convention. Il a été observé que l'Académie se trouvant dépositaire d'effets précieux et ayant des comptes à rendre à la Nation sous divers rapports, il ne serait pas sans inconvénient qu'elle se séparât brusquement et sans aucune précaution. Les membres présens ont donc proposé de se réunir fraternellement et individuellement en club libre et populaire pour s'occuper de ce qui concerne les sciences et pour attendre que la Convention lui communique ses intentions définitives sur les opérations dont l'Académie a été chargée. Cette première assemblée a été indiquée en conséquence à mercredi prochain.

Nous espérons, citoyens représentants, que la Convention ne verra dans ces dispositions qu'un nouveau témoignage du zèle dont l'Académie a donné tant de preuves, et qu'elle trouvera bon que provisoirement ces réunions fraternelles se tiennent dans le lieu ordinaire des séances de l'Académie, au moins jusqu'à ce que les membres de ce nouveau club ayent trouvé un autre local. Si le Comité d'Instruction publique trouvait dans cette réunion le plus léger inconvénient, il nous rendrait service en nous en prévenant avant mercredi.

Le Trésorier de la ci-devant Académie des Sciences.

Signé : LAVOISIER.

P. S. — Le parti que les membres de la ci-devant Académie des sciences ont pris de s'assembler en club, paraît avoir d'autant moins d'inconvéniens que le citoyen Grégoire, rapporteur du Comité, a assisté lui-même jeudi, immédiatement après que le décret a été rendu, à la séance de la Société d'agriculture et qu'il l'a engagée à indiquer sa séance à huitaine. Ce genre de réunion est d'ailleurs consacré et autorisé par la Déclaration des Droits et par la Constitution.

Deux jours après, le 12 août, sans tenir compte de cette prière, la Convention rendait un décret ordonnant l'apposition des scellés sur les portes des appartements occupés par les Académies. Ici encore intervint une seconde fois l'autorité bienfaisante et éclairée de Lakanal. Il fit rapporter ce décret et lui en substitua un autre, conçu dans les termes suivants :

Du 14 août 1793.

La Convention nationale, ouï le rapport de son Comité d'Instruction publique, décrète que les membres de la ci-devant Académie des sciences continueront de s'assembler dans le lieu ordinaire de leurs séances pour s'occuper spécialement des objets qui leur ont été et qui pourront leur être renvoyés par la Convention nationale ;

En conséquence, les scellés, si aucuns ont été mis sur les registres, papiers et autres objets appartenant à la ci-devant Académie, seront levés et les attributions annuelles faites aux savants qui la composaient leur seront payés comme par le passé, et ce jusqu'à ce qu'il en ait été autrement ordonné.

Signé : LAKANAL, Rapporteur.

Trois jours plus tard, ce décret était rapporté à son tour, et les scellés étaient apposés sur toutes les salles et sur tous les cabinets de l'Académie.

On a peu de renseignements précis sur les derniers jours de l'Académie des sciences ; nous trouvons cependant, dans une note manuscrite de Ch. Messier, intitulée : *Notice de mes comètes*, appartenant aux Archives de l'Observatoire de Paris, les observations qui suivent ; il nous a paru bon de les reproduire en leur conservant la forme originale que l'auteur leur a donnée :

Un an avant sa suppression, dit Messier, en parlant de l'Académie, les assemblées étaient devenues un peu tumultueuses par de nouveaux changements, des réformes, etc. L'on apprit que des gens malintentionnés qui se portaient partout, menaçaient l'Académie. Le 12 mars 1793, l'on ôta les bustes de la salle. Le samedi 27 juillet, jour d'assemblée, on ne trouva plus dans la salle, ni tapisseries, ni tableaux ; les murs absolument nuds et des ouvriers étoient occupés à ôter des plafonds tous les signes de la royauté. Sur le rapport du citoyen Grégoire, un décret fut rendu le 8 aout, qui supprime les Académies. Le samedi 17, les membres de l'Académie se rendirent encore au Louvre pour tenir séance, le décret de suppression n'ayant pas été signifié *et Lakanal ayant fait excepter l'Académie des sciences* (1), ils trouvèrent que les scellés avoient été mis à 5 heures du matin sur la porte d'entrée et ailleurs ; nous restâmes dans le corridor environ une heure.

« Ainsi finit l'Académie et la réunion de ses membres. »

(1) Les mots soulignés ont été ajoutés au manuscrit de Messier par Jérôme Lalande.

CHAPITRE V

Deux ans plus tard, le 3 brumaire an IV (25 octobre 1795),
l'Institut était créé sur des bases qui rappelaient par bien des
points le grand projet conçu par Colbert plus d'un siècle auparavant. Rien ne fut changé alors au lieu de réunion des classes
qui composaient la nouvelle Compagnie, ces réunions avaient
lieu à tour de rôle dans les salles de l'ancienne Académie des
sciences ; l'Institut tout entier tenait ses séances générales dans
la *salle des Cariatides*.

Mais cet état de choses ne devait pas durer ; en effet, désireux
d'apporter au palais du Louvre de nombreuses améliorations et
d'en hâter l'achèvement ou la restauration, le premier Consul
reconnut en 1801 l'impossibilité d'y maintenir les Académies,
au moins pendant un certain temps ; c'est alors que, par ses
ordres, on chercha un local placé autant que possible au centre
de Paris, et que le choix se porta sur le palais des Quatre-

Nations devenu propriété de l'État et qui depuis 1792 avait été successivement transformé en maison d'arrêt jusqu'à la mort de Robespierre, en École centrale supérieure sous la direction de A. T. Brongniart, et enfin, par un décret du 19 vendémiaire an X (11 octobre 1801), en École des beaux-arts.

Cette situation fut régularisée par un décret impérial dont les termes suivent :

Le collège Mazarin,
d'après un médaillon gravé de l'époque.

Au palais des Tuileries, le 29 ventôse an XIII (1).

Napoléon, empereur des Français, sur le rapport du ministre de l'intérieur, décrète ce qui suit :

Article 1er. — L'Institut national sera transféré de l'emplacement qu'il occupe au Louvre, dans l'édifice des Quatre-Nations, aujourd'hui palais des beaux-arts, qu'il occupera jusqu'à ce que le nouveau local qui lui est destiné au Louvre soit arrangé : le pavillon à droite, une partie de la façade circulaire et la rotonde seront mis à sa disposition.

Art. 2. — Les écoles spéciales de peinture, sculpture et architecture seront établies dans les autres bâtiments intérieurs dépendant du palais des beaux-arts.

Art. 3. — Le ministre de l'intérieur est chargé de l'exécution du présent décret.   NAPOLÉON.

Par l'empereur, le secrétaire d'État,
HUGUES MARET.

(1) Vaudoyer, dans la très intéressante brochure qu'il a publiée en 1811 sur les modifications introduites par lui dans la distribution intérieure du palais des Quatre-Nations, donne à ce décret la date du 10 ventôse.

Vaudoyer père, architecte du palais, fut chargé d'approprier
les bâtiments à la nouvelle destination qu'ils venaient de rece-

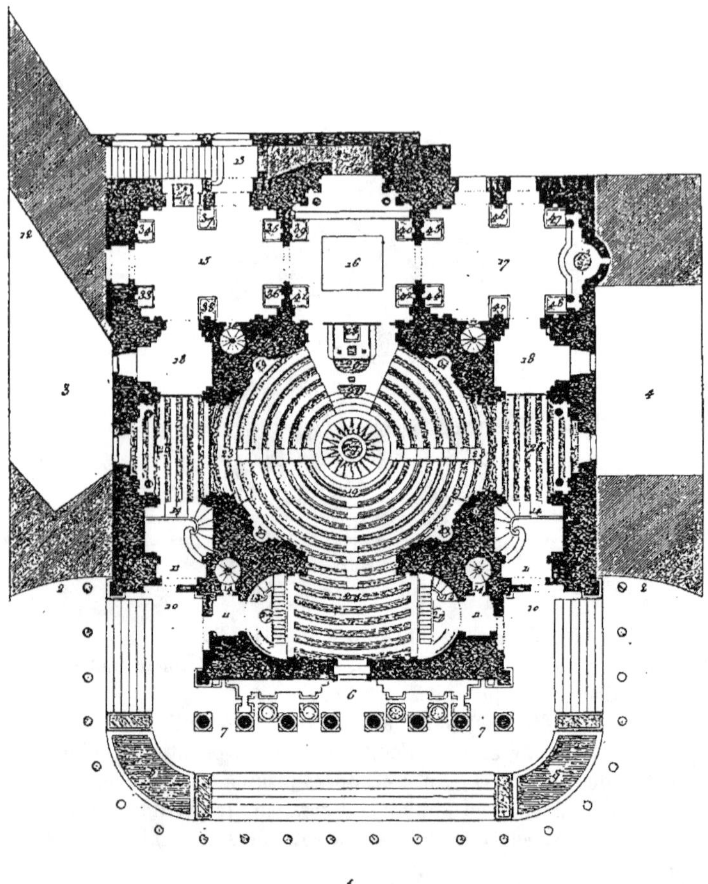

Plan intérieur de la salle des séances publiques de l'Institut,
dressé par Vaudoyer.

voir et présenta des plans adoptés bientôt par un arrêté du
ministre de l'intérieur, en date du 15 thermidor an XIII
(3 août 1805).

Dans cette appropriation qui ne devait être que provisoire et que les circonstances rendirent presque immédiatement définitive, l'Institut était appelé à tenir ses réunions solennelles et publiques au sein de l'ancienne église du collège Mazarin entièrement transformée et dont le maître-autel occupait la place réservée aujourd'hui au bureau des Académies. On transporta là les quatre statues de Descartes et de Bossuet par Pajou, de Fénelon par Lecomte, et de Sully par Mouchy, placées autrefois au Louvre dans la salle des Cariatides ; la coupole, diminuée dans sa hauteur, fut décorée par Lesueur de figures de muses et d'aigles aux ailes éployées, peintes en grisaille ; dans le vestibule, à l'extrémité duquel était autrefois le tombeau de Mazarin, on installa les belles statues assises de

Montaigne...............	par Stouf.
Molé....................	— Gois.
Montesquieu............	— Clodion.
Rollin..................	— Lecomte.
Montausier.............	— Mouchy.
Poussin................	— Jullien.
Pascal.................	— Pajou.
Corneille..............	— Caffieri.
Molière................	— Caffieri.
La Fontaine...........	— Jullien.
Racine.................	— Boizot.

et la nouvelle installation fut inaugurée le 4 octobre 1806 par la classe des beaux-arts (1).

C'est tout à la fois à Vaudoyer, à Regnault de Saint-Jean d'Angely, alors président de la commission administrative de l'Institut, et à Le Breton, secrétaire perpétuel de la classe des beaux-arts, que sont dues la disposition et l'ornementation de la salle.

Une partie du collège des Quatre-Nations étant réservée à l'École des beaux-arts, le plus difficile semblait être de trouver un lieu convenable pour les réunions ordinaires des classes de l'Institut ; la moitié environ de la galerie Naudé de la bibliothèque Mazarine fut affectée à ce service et divisée par une

(1) La douzième statue, celle de d'Alembert, par Lecomte, n'a été mise en place que quelques années plus tard, ainsi qu'on le verra dans la suite de cet ouvrage.

TOMBEAU DU CARDINAL MAZARIN

Au Collège des Quatre nations.

cloison dont on distingue encore les traces et qui ne disparut que vers 1860.

L'entrée de la salle de l'Institut, inaugurée au mois d'août 1806, s'effectua alors par le bel escalier dont tout le monde admire l'originalité (1). On y pénétrait par une porte en regard de celle de la bibliothèque Mazarine sur laquelle on peut

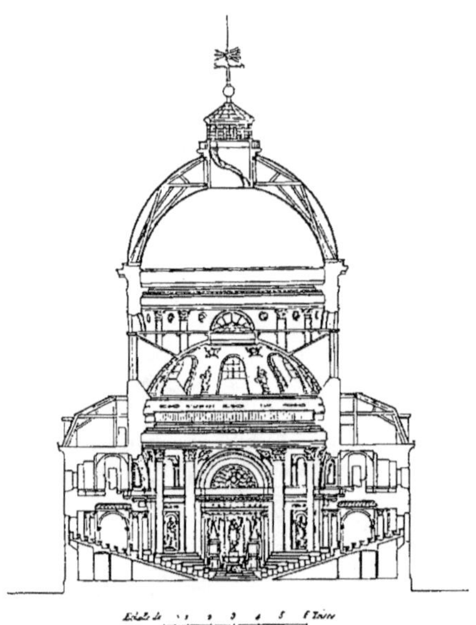

Vue intérieure de la salle des séances publiques.
Restauration Vaudoyer.

encore lire le mot *Museum* recouvert d'une couche de peinture noire.

Quand on avait franchi cette porte, on en rencontrait immédiatement une seconde s'ouvrant sur une sorte d'antichambre en forme de demi-lune dont les fenêtres prenaient jour sur la première cour du palais ; cette antichambre donnait accès à la salle qui nous occupe. A l'extrémité droite de cette salle un escalier encore existant, mais qu'on a dissimulé par un pan-

(1) Cet escalier a été construit exactement à l'endroit qu'occupait autrefois la porte de la tour de Nesle. La tour se trouvait elle-même sur l'emplacement que couvre aujourd'hui le pavillon oriental de l'Institut affecté à la bibliothèque Mazarine.

neau devant lequel est placé un buste en marbre de Mazarin, faisait communiquer la salle de l'Institut avec sa bibliothèque actuelle et avec les bureaux de son administration.

Cette disposition singulière, si peu favorable aux intérêts de la bibliothèque Mazarine qui ne pouvait plus ainsi recevoir aucun accroissement, donna à Napoléon la pensée de réunir les deux établissements et de ne former qu'une seule et même bibliothèque. Un décret impérial du 1er mai 1815 intervint à ce

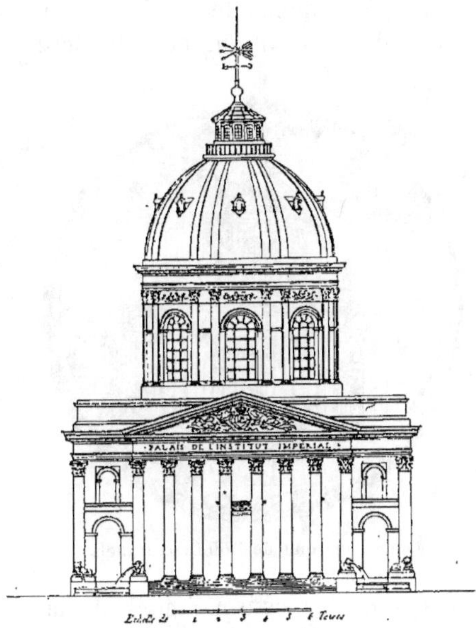

Vue extérieure du palais de l'Institut.
Restauration Vaudoyer.

sujet, mais le 4 août de la même année, ce décret était rapporté par Louis XVIII.

Cédant à son tour à d'énergiques sollicitations, Louis XVIII revenait sur cette détermination et ordonnait de nouveau, par un décret du 16 décembre 1819, la réunion des deux bibliothèques, sous le nom de *Bibliothèque Mazarine ;* le nouvel établissement devait être régi par la commission administrative de l'Institut et par les conservateurs de la bibliothèque Mazarine.

Nous ignorons si quelque accident se produisit à la suite du décret de 1819, mais nous trouvons aux Archives de l'Académie des sciences les traces d'une grave préoccupation au sujet des dangers pouvant résulter de la situation d'une salle de réunion placée entre deux bibliothèques.

Le moyen d'abolir les foyers d'incendie qui menacent les deux collections du sort subi par bien d'autres dépôts célèbres, serait, pensait l'Académie, d'obtenir du ministre compétent qu'une nouvelle salle fût établie dans une autre partie du palais.

Cette affaire reçut, à la demande de l'Académie des beaux-arts, de l'Académie des inscriptions et belles-lettres, de l'Aca-

L'Institut de France, marque de Didot, imprimeur de l'Institut.

démie des sciences et des conservateurs de la bibliothèque Mazarine, une première solution, par une ordonnance royale du 26 décembre 1821, qui rendit aux deux établissements intéressés leur entière indépendance.

Ce ne fut que dix années plus tard, le 7 mai 1831, que l'Institut obtint satisfaction pour ce qui le concernait, et qu'il reçut de d'Argout, alors ministre du commerce et des travaux publics, avis que des ordres étaient donnés pour que le bâtiment situé à droite de la grande cour, laissé vacant par le transport à la bibliothèque de la rue de Richelieu des matériaux recueillis par la commission d'Égypte, fût mis à la disposition des Académies pour y établir une salle de séances ordinaires.

Les travaux furent aussitôt entrepris, d'après les dessins et sous les ordres de M. Le Bas, architecte du palais ; jusqu'à leur complet achèvement, c'est-à-dire jusqu'à la fin de l'année 1834, les Académies continuèrent à siéger dans la bibliothèque Mazarine.

La salle nouvelle, dont l'Académie des sciences prit possession le 9 février 1835, était située, comme nous venons de le dire, dans le bâtiment de droite ; elle prenait jour à la fois sur la cour du palais et sur la rue Mazarine. On y pénétrait par une porte sans aucune décoration extérieure, donnant accès à une petite pièce servant alors de dépôt de livres. En entrant, on avait en face de soi une porte plus large, à deux vantaux, au sommet de laquelle on peut encore voir, peint en lettres d'or, le mot *Institut*. Cette porte donnait à son tour entrée dans une première salle servant de dépôt des manuscrits ; son aspect a été modifié par l'installation du meuble qui en occupe le milieu. Elle communiquait avec celle des séances qui est restée, maintenant qu'elle appartient à la bibliothèque de l'Institut, ce qu'elle était alors.

Des galeries avaient été établies dans sa partie supérieure, et c'est dans ces galeries, spécialement en face la porte d'entrée, qu'avaient été classées les collections de l'Académie des sciences dont la conservation fut confiée, en 1834, à M. A.-C. Becquerel.

On reconnut vite à cette salle des inconvénients sérieux auxquels on n'avait pas songé tout d'abord ; sa proximité d'une voie publique extrêmement fréquentée ne tarda pas à apporter de grands troubles dans l'ordre des délibérations de la Compagnie, et des plaintes pressantes et réitérées s'élevèrent à ce sujet ; heureusement l'occasion se présenta quelques années plus tard d'y donner pleine et entière satisfaction.

Les constructions qui faisaient face à la salle en question et qui occupaient le côté gauche de la grande cour tombaient en ruines ; le 14 avril 1838, le ministre de l'intérieur, informé de cette circonstance, avait donné d'urgence l'ordre de les étayer ; le 31 mai 1839, il avait été nécessaire d'en commencer la démolition ; l'Institut vit rapidement le profit qu'il pourrait tirer de cette situation, et l'architecte du palais, M. Le Bas, fut chargé de préparer, sur les indications de la commission administrative, des projets plus complets que ceux qui, jusque-là, avaient pu être mis à exécution.

De graves difficultés se présentaient relativement à la restitution d'une portion de terrain formant autrefois le jardin du

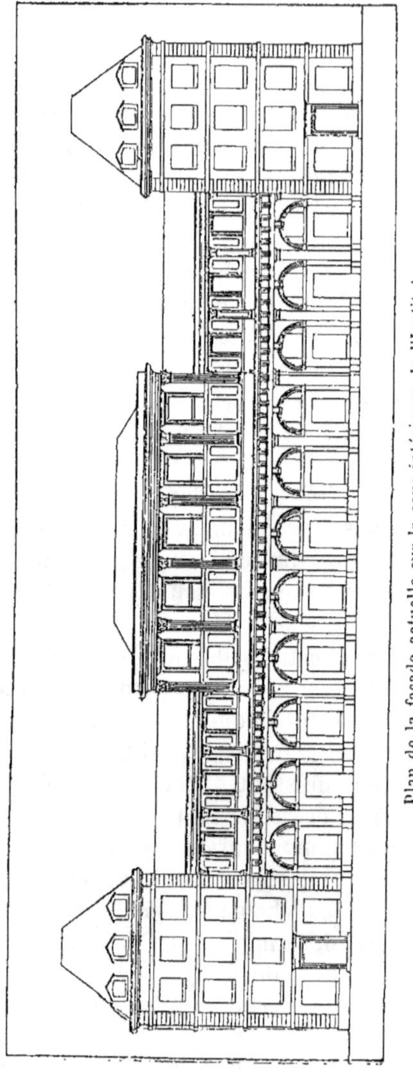

Plan de la façade actuelle sur la cour intérieure de l'Institut,
d'après les dessins de Le Bas, architecte.

collège des Quatre-Nations. Ce lot avait été cédé provisoirement
à l'administration des monnaies, en l'an IV, pour lui procurer

les moyens d'établir des ateliers destinés à la fabrication des sous avec la matière des cloches. L'Institut le réclama au ministère des travaux publics et obtint gain de cause, le 19 août 1841 ; cette restitution avait une certaine importance, car elle donnait à M. Le Bas les moyens d'élever les bâtiments existants aujourd'hui et qui, grâce à cette circonstance, présentent une façade de 72^m,80.

Les plans intérieurs furent examinés avec le plus grand soin, puis modifiés et approuvés. Commencés en 1842, les travaux furent poussés avec activité sous la direction de l'habile architecte. Au mois de décembre 1845, les Académies purent enfin prendre possession d'une installation qui, sans être parfaite, est cependant la meilleure de celles qu'elles avaient eues jusque-là.

Les bâtiments nouveaux, tels que nous les voyons maintenant, adoptés dans leur ensemble par la commission centrale administrative, le 26 avril 1845, donnaient à la cour du palais la physionomie architecturale qu'on lui connaît. Bien des difficultés avaient dû être abordées et vaincues par M. Le Bas ; il était nécessaire, par exemple, que les salles des séances, les cabinets des secrétaires perpétuels, les cabinets de réunion des commissions, se trouvassent directement en communication avec la bibliothèque, avec le secrétariat et enfin avec l'aile droite du palais reprise par les bibliothécaires pour la création de galeries indispensables à l'extension de leurs services.

Tous ces problèmes reçurent une solution aussi favorable qu'il fut possible ; cependant de justes critiques ne furent pas ménagées à l'architecte de l'Institut. La salle des séances a été particulièrement attaquée ; elle reçoit le jour, en effet, d'une manière incomplète par un plafond en partie vitré et par cinq fenêtres ouvertes sur la grande cour ; elle est mal chauffée et mal ventilée, et maintenant surtout qu'on a renoncé à l'éclairage par les bougies, et que depuis 1875 on y a introduit le gaz, son séjour peut être très fatigant, dangereux même, s'il est par trop prolongé. Pour tout dire, en un mot, et si nous en croyons un des membres les plus éminents de l'Académie des sciences, M. Boussingault, dont les sciences déplorent aujourd'hui la perte, cette salle, dont nous venons de montrer les défauts les plus apparents, paraît avoir été construite beaucoup plus pour les candidats que pour les académiciens eux-mêmes.

Les salles des Académies sont situées au second étage, la première dans laquelle on pénètre conduit à la fois à la bibliothèque, qui se trouve à droite, et à la salle d'introduction ou des pas perdus, qui est à gauche; dans celle-ci a été placée, outre de nombreux bustes de membres de l'Institut, une belle statue de Chateaubriand par Duret.

La salle des pas perdus donne immédiatement accès à la première salle des séances, celle dans laquelle se réunissent hebdomadairement l'Académie des inscriptions et belles-lettres, l'Académie des sciences et l'Académie des beaux-arts (1). Elle présente un carré long de 22^m,50 et large de 8^m,50, disposé suivant le dessin qui suit.

Il est bien difficile de montrer exactement les places occupées dans cette salle par les membres de l'Académie des sciences; nous le tentons pourtant, tout en insistant sur ce point que plusieurs académiciens retenus, soit par l'état de leur santé, soit par les missions scientifiques qu'ils sont appelés à remplir, soit enfin par leurs travaux ou leurs fonctions officielles, assistent aux séances d'une manière irrégulière et n'ont d'autres fauteuils que ceux qui se trouvent inoccupés quand ils peuvent prendre séance.

L'Académie est composée de 78 membres et la salle entière ne contient que 76 places en y comprenant le bureau, encore doit-on remarquer que les huit places les plus rapprochées de la *table du lecteur* sont généralement réservées aux savants étrangers ou aux correspondants qui, accidentellement, assistent aux réunions; il ne serait donc pas possible que, étant donné le local dont elle dispose, l'Académie se trouvât au complet.

Les membres absents pendant une partie de l'année 1881, époque à laquelle nous avons préparé ce travail, et dont les noms ne figurent pas dans le tableau suivant, sont :

MM. le baron Cloquet.	MM. le colonel Perrier.
de Lacaze-Duthiers.	de Saint-Venant.
Liouville.	Sédillot.
Naudin.	Tulasne.
Thenard.	Delesse, décédé.

(1) Cette même salle sert également aux réunions trimestrielles non publiques de l'Institut tout entier.

E. MAINDRON.

6

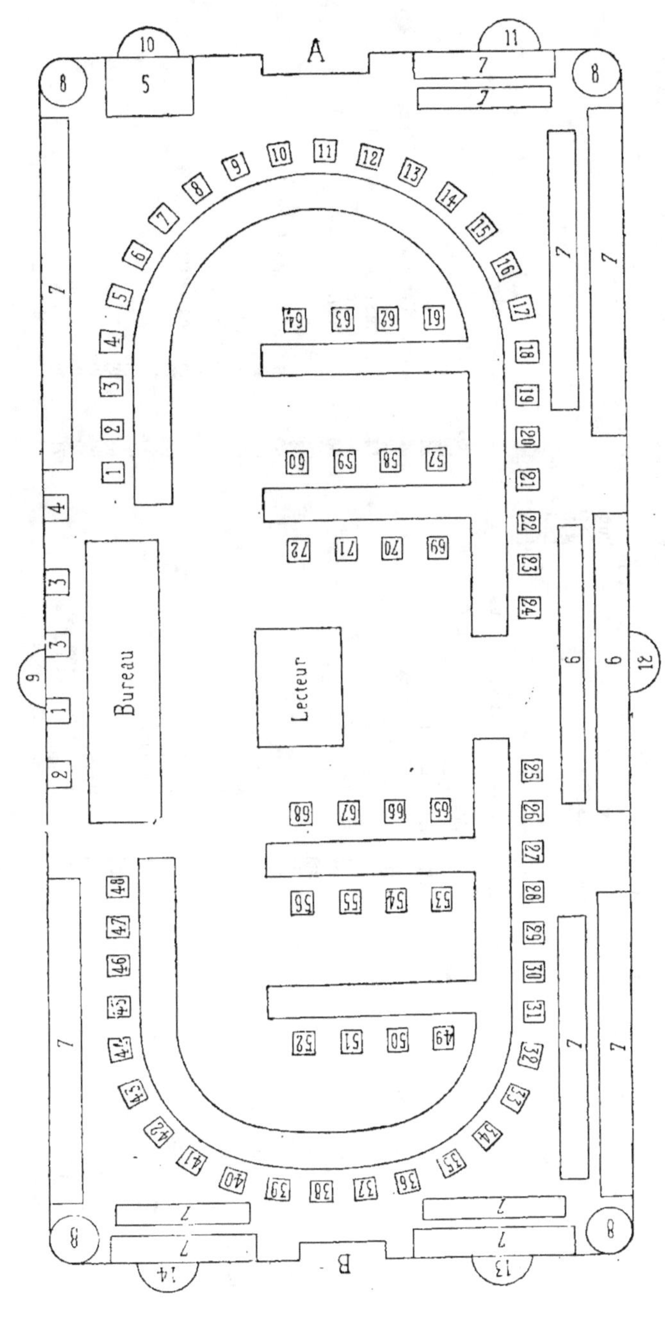

A
B
Bureau
Lecteur

A.   Entrée de la salle de l'Académie des sciences.
B.   Entrée de la salle de l'Académie française.
1.   Le président, M. Wurtz.
2.   Le vice-président, M. Jamin.
3.   Les secrétaires perpétuels, MM. J.-B. Dumas et J. Bertrand.
4 et 5. Huissiers.
6.   Bancs des journalistes.
7.   Bancs du public.

8. Colonnes à air chaud supportant les bustes de Cuvier, Gros, Laplace
   et Droz.
9. Statue de Pierre Corneille.
10.   —   Puget.
11.   —   Racine.
12.   —   Molière.
13.   —   La Fontaine.
14.   —   Poussin.

TABLEAU DES PLACES OCCUPÉES PAR LES MEMBRES DE L'ACADÉMIE DES SCIENCES, EN 1881.

1. MM. Bussy.	25. MM. l'amiral Jurien de la Gravière.	49. MM. de Lesseps.
2. Fizeau.	26. Blanchard.	50. de La Gournerie.
3. Daubrée.	27. Dupuy de Lôme.	51. Serret.
4. Des Cloizeaux.	28. de Quatrefages.	52. Yvon Villarceau.
5. Bouley.	29. Hébert.	53. Pasteur.
6. Friedel.	30. Rolland.	54. Boussingault.
7. Cornu.	31. Van Tieghem.	55. Du Moncel.
8. Bonnet.	32. Berthelot.	56. Bouillaud.
9. Hermite.	33. Tresca.	57. Favé.
10. Trecul.	34. Cosson.	58. d'Abbadie.
11. Chatin.	35. Ch. Robin.	59. H. Sainte-Claire Deville.
12. l'amiral Mouchez.	36. Chevreul.	60. Debray.
13. Lœwy.	37. Marey.	61. Duchartre.
14. Bresse.	38. Faye.	62. Jordan.
15. Resal.	39. Tisserand.	63. Vulpian.
16. Lalanne.	40. Desains.	64. le baron Larrey.
17. Breguet.	41. Bouquet.	65. Place libre.
18. Gosselin.	42. Puiseux.	66. Place libre.
19. l'amiral Paris.	43. Phillips.	67. Place libre.
20. Janssen.	44. H. Mangon.	68. Place libre.
21. Damour.	45. Decaisne.	69. Place libre.
22. Becquerel.	46. Alph. Milne-Edwards.	70. Place libre.
23. Cahours.	47. Peligot.	71. Place libre.
24. Fremy.	48. H. Milne-Edwards.	72. Place libre.

En 1885, une ouverture a été pratiquée directement en face l'entrée A, cette ouverture a fait disparaître le fauteuil numéroté 11. La salle renferme donc aujourd'hui seulement 75 fauteuils.

Dans la partie supérieure de la salle de l'Académie se trouvent encadrés, en pleine boiserie, les portraits peints de Girard Audran, Voltaire, Turgot, Fénelon, Boileau, Philibert Delorme, Barthélemy, J.-J. Rousseau, Fermat, Louis David, Montesquieu, Buffon, Grétry, Coulomb, d'Alembert, Jean Goujon, Lavoisier et Lagrange.

Au-dessous de ces portraits, reposant sur des consoles de bronze scellées dans les parois, sont les bustes de Bonaparte, Lagrange, Monge, Haüy, Daunou, Lavoisier, Raynouard, Cartellier, Lakanal, Letronne, S. de Sacy, A.-L. de Jussieu, Ducis, Andrieux, Cherubini, Cuvier, Droz, Laplace et Gros.

Six niches pratiquées dans l'épaisseur de la construction et situées, d'une part, aux quatre coins de la salle, d'autre part, en face le bureau et derrière le Président, sont consacrées aux statues en pied de Pierre Corneille, par Laitié, Puget, par L. Desprez, Nicolas Poussin, par A. Dumont, La Fontaine, par Seurre aîné, Molière, par Duret, et Racine, par Lemaire.

Quand on a traversé cette première salle, on pénètre dans la seconde, beaucoup plus petite, celle qui dans le plan de Le Bas avait été réservée aux collections de l'Académie des sciences; elle sert aujourd'hui aux réunions de l'Académie française et de l'Académie des sciences morales et politiques.

Celle-ci n'a que $11^m,70$ de longueur sur $6^m,25$ de largeur; elle est ornée du portrait de Richelieu, offert à l'Académie française par son secrétaire perpétuel, M. Camille Doucet, et peint sur toile par H. Stupfler d'après l'œuvre admirable de Philippe de Champaigne; les bustes de Guizot, C. Delavigne, Royer-Collard, P.-A. Lebrun, Vitet, Saint-Marc Girardin, Villemain, Alfred de Musset et Montalembert y sont disposés sur des consoles comme dans la salle précédente.

Au premier étage, au-dessous des locaux décrits ici rapidement parce qu'ils sont connus de tout le monde, se trouvent les cabinets occupés par les secrétaires perpétuels, et ceux affectés aux travaux des commissions constituées par les cinq Académies pour l'étude des questions soumises à leurs délibérations.

Au rez-de-chaussée, sur la cour, directement au-dessous de la grande salle des séances, l'Académie des sciences, à la suite d'une délibération en date du 31 mars 1879, a constitué ses Archives dans un local spécial où leur classification se poursuit. Le plan de Le Bas avait attribué ce dernier local au dépôt des objets présentés aux Académies et à l'expérimentation des machines.

Lors de la fondation de l'Institut, les séances de la première classe étaient accessibles au public comme elles le sont aujourd'hui, mais de graves inconvénients résultèrent de la facilité avec laquelle on y laissait entrer un nombre considérable d'étrangers. Le 6 nivôse an IX, il fut arrêté que « chacun des membres ne pourrait faire pénétrer qu'une seule personne, qu'il introduirait lui-même afin d'éviter toute erreur et toute surprise ».

Le 17 juillet 1809, « voulant donner une activité croissante à ses travaux et faire, de l'admission à ses séances, une distinction réservée à ceux qui cultivent les sciences avec zèle et succès », la classe décidait « qu'il ne serait plus admis à ses séances particulières que les personnes comprises sous les désignations suivantes :

« 1° Les correspondants ; 2° les membres de l'Institut d'Égypte ; 3° les députés des Sociétés philomathique et de médecine (deux de chacune) ; 4° ceux qui auront présenté deux mémoires jugés dignes d'être imprimés dans le *Recueil des savants étrangers* ou qui auront remporté un prix ; 5° ceux qui ont obtenu ou qui obtiendront des arrêtés particuliers en leur faveur ; 6° les personnes que le Président admettra. »

A la suite de cette délibération, une liste fut dressée, des savants qui auraient le droit d'assister aux séances de la *première classe de l'Institut.*

Cette liste, préparée par Cuvier le 6 août 1809, était conçue ainsi qu'il suit :

MM. Adet.	Boulay.
Ampère.	Bouillon-Lagrange.
André de Gy.	Berthollet fils.
	Belle-Mère.
Berthoud (Louis). *Prix.*	Brémontier.

Baussard.	Jadelot.
Clément.	Laugier.
Chompré.	Lamouroux.
Chevreul.	
Cubières.	Molard.
Curandeau.	Maunoir.
Chladny.	Mathieu.
Chamseru.	Moreau Saint-Méry
Dessaignes. *Prix.*	Noel de Rouen.
De Candolle.	
Duméril.	Parseval.
Du Petit-Thouars.	Prévost (Bénédict)
Desormes.	Poterat.
Darrac.	Peyrard.
Dizé.	Poiteau.
Droz.	Poiret.
Friedlanger.	Roard.
Félix.	Regnier.
Fodéré.	
Fourny. *Prix.*	Saissy. *Prix.*
Hassenfratz.	Thenard,
Herhold de Rafn. *Prix.*	Trouville.
Jaume Saint-Hilaire.	Venturi.

Pendant bien des années cette liste fut conservée et subit par
suite de décès ou de décisions nouvelles de nombreuses transformations, mais, peu à peu, la sage mesure que l'Académie
avait prise à ce sujet tomba dans l'oubli, si bien qu'en 1849 il
fallut de nouveau se préoccuper de réglementer l'admission
aux séances. Le 2 avril, une commission fut nommée pour
examiner la question ; s'appuyant sur les précédents, elle fit
adopter la résolution suivante :

Les personnes qui auront présenté au moins un mémoire jugé
digne d'être imprimé parmi ceux des *savants étrangers* ou deux
mémoires jugés dignes d'approbation, seront admises, sur leur
demande, à assister aux séances ordinaires de l'Académie ; des
places leur seront réservées.

Ce règlement, déjà plus large que celui qui l'avait précédé, eut le sort de bien des constitutions. Il n'en reste que le souvenir.

Aujourd'hui, l'Académie des sciences poursuit ses tra-

Académicien, par Pigal (*Charivari*, 1833).

vaux avec le calme convenant à la nature de la mission qu'elle est appelée à remplir, mais ses séances sont redevenues publiques.

La *Presse*, comme partout ailleurs, y est largement représentée ; c'est à Arago qu'on doit cette véritable révolution

académique. Sans distinction d'aucune sorte, on peut pénétrer dans le sanctuaire. Est-ce un bien, est-ce un mal ? Nous
ne saurions le déterminer. L'intervention du journalisme
a procuré aux travailleurs, une publicité régulière qui

S'exerçant devant sa glace à poser sa candidature au fauteuil académique,
par Cham (*Charivari*, 1867).

leur manquait et dont l'utilité est reconnue, mais il nous
semble que sa présence n'a rien ajouté au respect professé
autrefois pour la docte assemblée. La caricature elle-même
s'est emparée de plusieurs des membres de l'Académie. Ce sont
tout naturellement les plus en vue qui sont le plus lourdement
frappés.

Dans les journaux scientifiques, les élections sont discutées
souvent avec vivacité, quelquefois avec aigreur. Comme on obéit

avant tout à ses sympathies personnelles, les candidats ne sont point ménagés. On englobe injustement l'Académie des sciences dans la masse des Sociétés où la politique joue parfois un rôle prépondérant et on ne se gêne guère pour affirmer que plusieurs

Réception académique, par Daumier (*Charivari*, 1868).

nominations faciles à citer, sont dues à des influences purement gouvernementales.

Quand on avance de pareilles affirmations, on ne se rappelle pas assez que Louis XVIII a refusé autrefois de ratifier l'élection de Hachette et celle du baron Joseph Fourier, sous le prétexte futile que ces deux savants avaient appartenu par leurs fonctions au régime précédent. Il n'y aurait donc rien de changé sous le soleil !

Ces réserves faites, il faut reconnaître que l'Académie des sciences, en tant qu'institution, est rarement l'objet de critiques sérieuses ou amères. On parle tantôt de la lenteur de ses jugements, tantôt de leur précipitation, mais on attend toujours pour le faire, que les événements lui aient donné tort ou raison. On ne saurait exiger davantage.

Les autres Académies occupent peu le gros du public; celles des inscriptions et belles-lettres, celle des beaux-arts, celle des sciences morales et politiques vivent dans un calme parfait. C'est l'Académie française qui paraît être en butte aux attaques les plus vives et les plus précipitées. Elle a peut-être, dans plusieurs circonstances, donné prise à ces attaques, mais elle n'en reste pas moins l'une des Compagnies qui font le plus d'honneur au pays.

On plaisante donc souvent l'Institut, et ce n'est pas toujours sans apparence de raison. On ne saurait croire, en effet, combien on y entoure de respect les usages et les coutumes du temps passé. Nous ne savons pas exactement l'époque à laquelle on a renoncé à l'éclairage des salles académiques par les quinquets, mais nous savons bien que ce n'est qu'en 1875 que les bougies, placées alors devant chacun des membres, furent remplacées par le gaz; nous savons bien aussi que les plumes de fer ne trouvèrent leur emploi dans les Académies qu'en 1871.

Aujourd'hui encore, les tuyaux acoustiques sont inconnus à l'Institut. En 1879, pour le service des Archives, révolution mémorable! on a fait établir une sonnette électrique.

Dans combien d'années les bienfaits du téléphone seront-ils reconnus et célébrés au palais Mazarin?

Les Archives de l'Académie des sciences n'avaient jamais reçu de classification régulière avant 1879. Il faut rappeler pourtant qu'elles avaient fixé l'attention de M. le général Morin, président de l'Académie en 1864, et qu'à cette époque un premier travail avait été entrepris; malheureusement, ce travail, resté incomplet, ne donna pas les résultats qu'on en attendait.

Justement émus de cette situation regrettable, le 23 janvier 1880, MM. Dumas et Bertrand faisaient insérer dans le *Journal officiel* la note suivante :

L'Académie des sciences, préoccupée de la reconstitution de ses Archives, vient de les installer dans un local spécial. Lundi dernier elle a reçu de M. E. Bornet quelques pièces fort intéressantes qui lui avaient appartenu autrefois, et ses secrétaires perpétuels se sont empressés de lui offrir à ce sujet l'expression de leurs remerciements. De son côté, M. Étienne Charavay, l'habile expert en autographes, dont le nom a été souvent cité dans de pareilles occasions, avait déjà fait rentrer dans ce dépôt officiel nombre de lettres ou de mémoires que des circonstances diverses en avaient éloignés.

Ces exemples seront suivis sans doute et permettront de remplir les lacunes que présente encore une collection de documents relatifs à l'histoire de la science qui embrasse plus de deux siècles, et dont l'Académie des sciences a confié la reconstitution à M. E. Maindron, sous l'autorité de ses secrétaires perpétuels.

Cette note porta d'heureux fruits; peu de jours après sa publication, le regretté M. Dubrunfaut, bien connu par ses savants travaux de chimie agricole, consentait, avec une générosité à laquelle il convient de rendre hommage, à restituer à l'Académie un grand nombre de pièces qu'il avait acquises à différentes époques et dans diverses circonstances.

La salle renfermant aujourd'hui les Archives de l'Académie des sciences contient 944 cartons qui sont disposés de la manière suivante :

L'ancienne Académie des sciences (de 1666 à 1793)................................	77	cartons.
La première classe de l'Institut (de 1795 à 1816)................................	45	—
L'Académie des sciences actuelle (de 1816 à 1886)................................	368	—
Les pièces envoyées aux concours de l'Académie................................	153	—
Les archives de la commission administrative................................	11	—
Les actes de donations et les testaments concernant les fondations de prix............	5	—
Les archives de la commission du passage de Vénus................................	5	—

Les archives de la commission académique du
phylloxera....................................   15 cartons.

    Les dépôts cachetés......................   24   —

Les éloges et les notices historiques publiés
sur les membres de l'Académie (collection
récemment créée par M. E. Maindron)........   55   —

    Les papiers de Réaumur..................   6   —

    Les papiers de André-Marie Ampère........   33   —

    Les papiers de Michel Chasles............   30   —

    Les papiers de Hapel Lachênaie..........   8   —

    Les papiers de J.-P.-J. Darcet...........   8   —

    Les dossiers divers......................   20   —

    Cartons disponibles....................   78   —

Dans cette même salle a été institué par M. Dumas, à la
demande de M. E. Maindron, un Médaillier qui sera plus tard
fort intéressant pour l'histoire des sciences. Là, figureront uniquement, si cette collection est poursuivie, les médailles frap-
pées à l'effigie des membres, des associés étrangers ou des correspondants de l'Académie et celles qui rappellent les grands
événements scientifiques auxquels la Compagnie a été appelée à
prendre part.

Le Médaillier de l'Académie des sciences, composé de
120 tiroirs, renferme dès maintenant près de trois cents médailles.

On a quelquefois fait allusion à des détournements opérés
dans les Archives des Académies; nous ne croyons pas,
s'il est vrai qu'ils aient existé, à l'importance qu'on leur
attribue. Nous savons bien qu'à une époque qui n'est pas
encore bien loin de nous, certaines *lettres de Descartes*,
du *P. Mersenne* et de *Torricelli* appartenant à l'Académie des
sciences ont disparu en même temps que nombre de manuscrits
classés dans d'autres dépôts publics, mais ces détournements si regrettables ont spécialement porté sur des documents pouvant acquérir dans les ventes un prix relativement
élevé.

Pour ce qui regarde l'Académie des sciences, les pièces qui
manquent à ses collections sont d'une nature toute différente, et
leur disparition paraît s'expliquer d'elle-même.

Lors de sa fondation, les communications reçues par l'illustre Compagnie lui venaient le plus souvent par ses membres, qui, les tenant directement des correspondants officiellement et personnellement attachés à leurs personnes, les considéraient non sans raison comme étant leur propriété et les retiraient après les avoir présentées. A cette époque, le goût des autographes n'était pas aussi répandu qu'il l'est aujourd'hui, et malheureusement l'impression d'un mémoire ou d'un ouvrage, quel qu'il fût, était la condamnation de l'original qui avait servi à sa composition.

C'est ainsi qu'on comprend, de nos jours, l'impossibilité dans laquelle on se trouve de rentrer en possession des manuscrits des grands écrivains du siècle de Louis XIV.

Pour ce qui nous occupe, que sont devenus les papiers de J.-B. Duhamel, le premier secrétaire perpétuel de l'Académie ?

Où sont ceux de Fontenelle ?

Seuls, ceux de Grandjean de Fouchy se retrouvent aux Archives de l'Académie, classés dans un ordre parfait, sans aucune omission, quoiqu'ils n'aient jamais été catalogués ; mais Grandjean de Fouchy apportait dans l'exercice de ses fonctions une régularité singulière, non égalée dans l'ancienne Académie, ni par ses prédécesseurs ni par son successeur.

On sait bien que les manuscrits de Condorcet, ou plutôt les papiers de l'Académie reçus par Condorcet, sont revenus, par suite d'un intelligent hasard, à la bibliothèque de l'Institut ; on sait encore que les papiers de Lavoisier, le dernier des trésoriers de l'Académie et ceux de Tillet, son prédécesseur, appartiennent à M. de Chazelles. On retrouve là tous les comptes de la Compagnie pendant une période importante. Mais où sont les papiers de Buffon et ceux des frères Couplet, les prédécesseurs de Lavoisier ?

Quand l'Institut fut créé, la première classe décidait que toutes les communications adressées à la Compagnie deviendraient, sans exception, l'objet d'un rapport motivé. Pour donner satisfaction aux commissaires élus et leur faciliter l'accomplissement de leur tâche, il était indispensable d'envoyer successivement à chacun d'eux les travaux sur la valeur desquels ils avaient à se prononcer ; c'est à partir de ce moment que l'Académie des sciences vit disparaître ses documents les plus importants. Seuls, les rapports auxquels ils ont donné lieu subsistent.

Les manuscrits ne portaient d'ailleurs aucune marque extérieure qui indiquât leur origine, ils restaient aux mains des commissaires ainsi que les registres en font foi, pendant des mois, le plus souvent pendant des années entières, et bien peu d'académiciens songeaient à en assurer la restitution aux Archives ; leurs héritiers n'attachaient pas toujours à ces mémoires une valeur bien sérieuse, et c'est ainsi qu'un nombre assez considérable d'entre eux se perdit ou disparut, pour passer plus tard dans les ventes publiques ou pour rentrer dans les collections particulières.

CHAPITRE VI

Nous disions au début de cette étude que Louis XIV avait
accordé à quelques académiciens des pensions qui devaient les
aider dans leurs recherches ; nous ajoutions aussi qu'un budget de 12 000 livres avait été réservé par le souverain pour les
frais de secrétariat et d'expériences, l'entretien du laboratoire
et l'achat des livres nécessaires à la bibliothèque de l'Académie.

C'était une allocation bien modeste et bien insuffisante, sans
doute ; cependant de grands travaux et d'impérissables découvertes lui sont dues.

La disposition de cette somme était confiée aux officiers de
l'Académie : le président, le vice-président et le secrétaire perpétuel ; ce n'est que plus tard, en 1696, que la Compagnie
reconnut la nécessité de désigner un trésorier que ses fonctions
appelèrent à surveiller l'emploi des fonds et à donner ses soins
au classement et à la garde des Archives.

Le premier des trésoriers de l'Académie fut Antoine Couplet,
élu le 4 février 1696 ; son fils Pierre Couplet de Tartereaux lui
succéda le 10 mars 1717. Sa gestion, vivement attaquée, donna
lieu à des vérifications qui se terminèrent par l'approbation de
ses comptes. Pierre Couplet resta en possession de sa charge
jusqu'à sa mort, arrivée en 1743 ; Buffon lui succéda le 25 jan-

vier 1744 et fut à son tour remplacé par Tillet, au mois de janvier 1773.

C'est Lavoisier qui fut le dernier trésorier de l'Académie ; élu le 17 décembre 1791, il ne cessa ses fonctions qu'à la disparition de la Compagnie.

De 1666 à 1725, les comptes de l'Académie des sciences n'étaient soumis à aucune vérification bien sérieuse ; c'est seulement à cette dernière époque, à la suite des réclamations auxquelles les opérations de Pierre Couplet donnèrent lieu, qu'un Comité de trésorerie fut institué.

Son règlement, adopté dans la séance du 9 juin 1725 et approuvé par le roi le 5 décembre suivant, était ainsi conçu :

Art. Ier. — L'Académie nommera tous les ans quatre commissaires, deux d'entre les mathématiciens et deux d'entre les physiciens, desquels quatre, trois seront pensionnaires et un associé, qui s'assembleront le dernier jour de chaque mois après la séance, présidés par le président de l'Académie ou par l'officier qui aura présidé ce jour-là en sa place.

Art. II. — Ceux de la Compagnie qui auront à demander quelque dépense s'adresseront à ces commissaires assemblés qui délibéreront à la pluralité des voix sur la nécessité ou l'utilité de cette dépense, et, s'ils l'approuvent, le trésorier la portera avec la somme à laquelle elle sera estimée sur un état signé au moins de trois d'entre eux.

Art. III. — A la fin de chaque année, le trésorier apportera un compte général qui sera arrêté par les commissaires.

Art. IV. — Des quatre commissaires, il y en aura toujours un continué pour l'année suivante, et cela par une élection qui se fera d'abord pour ce seul objet, après quoy on fera une autre élection pour les trois autres que l'on sera obligé de changer.

Art. V. — Le commissaire qui l'aura été deux ans sera changé à la troisième année.

Le Comité de trésorerie subsista jusqu'en 1748. A cette époque le roi le supprima et fit connaître à l'Académie, par une lettre de M. de Maurepas, en date du 20 mars, quels seraient les moyens à l'aide desquels on suppléerait à sa disparition.

La lettre de M. de Maurepas était ainsi conçue :

Le Roy s'est fait rendre compte, Monsieur, de l'état des dépenses de l'Académie pendant les cinq ou six dernières années, et S. M. a pensé qu'on pourrait employer plus utilement les 12 000 livres qu'elle a la bonté d'accorder annuellement, et qu'il convenait de s'arranger de façon à réserver quelques fonds pour les dépenses imprévues et cependant nécessaires pour lesquelles on ne pouvoit pas dans les temps difficiles accorder de nouveaux secours, ou, au défaut de cet objet, en faire la distribution par forme de récompense ou de dédommagement à ceux qui font des expériences ou qui se distinguent par leurs travaux. S. M. désire donc que dorénavant la distribution en soit faite par un état qui lui sera présenté et ensuite envoyé au président de l'Académie de chaque année.

Ceux qui auront des raisons de prétendre à cette distribution, soit pour remboursement ou autrement, pourront, dans le dernier quartier de chaque année, me remettre une note de leur demande que je communiqueray à MM. les officiers de l'Académie qui voudront bien aussi me rendre compte des mémoires qui auront été lus pendant l'année afin de faire en connaissance de cause l'état de distribution qui sera remis au Trésorier pour s'y conformer lorsqu'il aura reçu les fonds dont je feray expédier les ordonnances quartier par quartier suivant l'usage.

Je vous supplie de vouloir bien informer l'Académie des intentions du Roy à cet égard, qui doivent être suivies à commencer de cette année, je ne doute pas qu'elle ne les regarde comme une nouvelle marque de l'attention et de la protection qu'il ne cessera de lui accorder.

A partir de ce moment il n'y a plus de vérification, mais chacun s'accorde à penser que cette situation ne peut se perpétuer.

Grandjean de Fouchy nous apprend comment elle prit fin.

« En 1750, dit-il, M. le comte d'Argenson, successeur de M. de Maurepas chargea verbalement M. Camus, alors directeur, de faire examiner, dans le premier juillet au plus tard, les comptes du trésorier et les dépenses faites ou proposées par les académiciens, par quatre commissaires qui en feront leur rapport devant un comité composé des honoraires et des pensionnaires pour en remettre le résultat au ministre. Les commissaires furent MM. Morand, Duhamel, Bouguer et Hellot. »

« Cet espèce de comité, ajoute le secrétaire perpétuel, a duré jusqu'en 1758, qu'il a été supprimé sans aucune lettre du ministre, et l'Académie n'a eu aucune connaissance de l'employ de ses fonds pendant les années 1758 et 1759. »

C'est seulement le 31 janvier de cette dernière année, que

l'idée du Comité de trésorerie fut reprise et menée à bien. Une ettre écrite par M. de Saint-Florentin au nom du roi, l'instituait à nouveau d'une manière définitive.

Nous extrayons de cette lettre les quelques mots qui suivent : «... Sa Majesté désire que le Comité qui avoit été cy-devant formé relativement à cet objet soit incessamment rétabli et composé des officiers de l'Académie auxquels on joindra deux académiciens... »

Ainsi reconstitué, le Comité de trésorerie, dont les attributions étaient aussi étendues que le sont aujourd'hui celles des commissions administratives des cinq classes de l'Institut, vécut jusqu'au moment de la suppression des Académies.

Malgré sa création, la comptabilité de la savante Compagnie était réduite à une grande simplicité. Aucun registre n'était tenu d'une manière régulière, et c'est seulement à partir de la nomination de Grandjean de Fouchy, comme secrétaire perpétuel, en 1743, qu'on trouve aux Archives des états accompagnés de pièces comptables justifiant les opérations de l'Académie.

Avant cette époque, les *Comptes des bâtiments du roi*, dont nous avons parlé déjà, peuvent seuls éclairer quelque peu cette situation ; ils renferment, en effet, de curieux renseignements sur les achats effectués par la Compagnie ; sur la gravure des planches destinées aux ouvrages qu'elle publiait ; sur l'exécution des modèles de machines dont elle avait besoin pour ses travaux ; enfin sur les dépenses que le roi approuvait et dont il ordonnait le payement.

On trouve également dans cet ouvrage l'indication du montant des pensions royales à partir de 1664 et pendant les premières années de l'existence de l'Académie des sciences. On y constate qu'en 1665, quelques savants, parmi lesquels on peut citer Carcavi, Cureau de La Chambre, Huygens et Perrault, recevaient des gratifications.

En 1666, l'Académie étant organisée d'une manière définitive,

Auzout recevait une somme de	....	1500	livres.
Bourdelin	—	 1500	—
Buot	—	 1200	—
Carcavi	—	 1500	—
Cureau de La Chambre		 2000	—

Du Clos recevait une somme de.........		2000 livres.	
Frénicle	—	1200	—
Gayant	—	1200	—
Huygens	—	6000	—
Marchant	—	1200	—
Niquet	—	800	—
Perrault	—	1500	—
Picard	—	1200	—
Richer	—	800	—
Roberval	—	1500	—

C'est sur ces mêmes états, sous la rubrique de *Pensions et gratifications accordées aux gens de lettres*, que figuraient les noms suivants :

Conrard, pour une somme de.........		2000 livres.	
Chapelain,	—	3000	—
Ménage,	—	2000	—
Molière,	—	1000	—
Benserade,	—	1500	—
Corneille,	—	2000	—

Nous ne citons ici que les membres de l'Académie des sciences et quelques noms éclatants du dix-septième siècle ; si l'on ajoutait à ces noms ceux de « divers particuliers étrangers qui excellent en toutes sortes de sciences, desquels Sa Majesté a voulu récompenser le mérite », on reconnaîtrait que les pensions et gratifications données par Louis XIV s'élevaient en 1666 à 42 300 livres.

Deux années plus tard, Jean-Dominique Cassini, appelé à Paris, recevait une pension de 3000 livres ; en 1669, cette pension était portée à 9000 livres.

En 1680, quelques-uns des savants ou des lettrés illustres dont nous venons de rappeler les noms avaient disparu, mais d'autres les avaient remplacés, et le chapitre des pensions atteignait 49 300 livres.

Rien n'était bien régulier, d'ailleurs, dans l'attribution de ces gratifications ; ce n'est que beaucoup plus tard, en 1761, qu'elles furent réglées momentanément pour l'Académie des sciences, et qu'on retrouve dans ses Archives des états dressés pour les pensions auxquelles les savants étaient obligés d'avoir recours. Tout en tenant compte de la valeur de l'argent, à l'époque dont il s'agit, on reste surpris aujourd'hui, et l'on admire le zèle, l'énergie et le dévouement que les membres de l'Académie devaient déployer dans la poursuite des grands problèmes qui les occupaient, alors qu'ils disposaient de moyens aussi restreints.

L'état de 1761 est ainsi conçu :

ÉTAT des sommes que le Roy veut et ordonne estre payées par M⁰ Joseph Micault d'Harvelay, garde de son trésor royal, à ceux des membres de l'Académie royale des sciences cy après nommés pour les pensions que Sa Majesté leur a accordées pour 1761 :

Au Sʳ de Mairan, 1ᵉʳ géomètre................	1 000 livres.
Au Sʳ Camus, 2ᵉ géomètre.......	1 000 —
Au Sʳ Fontaine, 3ᵉ géomètre................	1 000 —
Au Sʳ Cassini de Thury, 1ᵉʳ astronome........	1 000 —
Au Sʳ Lemonnier, 2ᵉ astronome	1 000 —
Au Sʳ Maraldi, 3ᵉ astronome................	1 000 —
Au Sʳ Clairaut, 1ᵉʳ méchanicien..............	1 000 —
Au Sʳ abbé Nollet, 2ᵉ méchanicien...........	1 000 —
Au Sʳ de Montigny, 3ᵉ méchanicien...........	1 000 —
Au Sʳ Morand, 1ᵉʳ anatomiste...............	1 000 —
Au Sʳ Ferrein, 2ᵉ anatomiste...............	1 000 —
Au Sʳ Daubenton, 3ᵉ anatomiste............	1 000 —
Au Sʳ de la Condamine, 1ᵉʳ chymiste.........	1 000 —
Au Sʳ Hellot, 2ᵉ chymiste..................	1 000 —
Au Sʳ Bourdelin, 3ᵉ chymiste...............	1 000 —
Au Sʳ Duhamel, 1ᵉʳ botaniste	1 000 —
Au Sʳ de Jussieu, 2ᵉ botaniste..............	1 000 —
Au Sʳ Guettard, 3ᵉ botaniste................	1 000 —
Au Sʳ de Fouchy, secrétaire................	1 000 —
Au Sʳ de Buffon, trésorier..................	1 000 —
Au Sʳ Pitot, vétéran........................	800 —
	20 800 livres.

AUGMENTATIONS EXTRAORDINAIRES

Au Sʳ de Mairan........................	2 000 livres.
Au Sʳ Camus...........................	1 500 —
Au Sʳ Fontaine........................	1 000 —
Au Sʳ Cassini de Thury.................	1 000 —
Au Sʳ Lemonnier.......................	1 000 —

Au Sr Maraldi............................	200	livres.
Au Sr Clairaut............................	2 000	—
Au Sr abbé Nollet........................	600	—
Au Sr de Montigny.......................	300	—
Au Sr Morand............................	800	—
Au Sr Ferrein............................	700	—
Au Sr Daubenton.........................	200	—
Au Sr de la Condamine...................	1 500	—
Au Sr Hellot.............................	800	—
Au Sr Bourdelin.........................	200	—
Au Sr Duhamel...	1 500	—
Au Sr de Jussieu.........................	600	—
Au Sr Guettard..........................	100	—
Au Sr de Fouchy.........................	1 200	—
Au Sr de Buffon.........................	2 000	—

                                          40 000 livres.

En 1775, l'Académie obtint une réglementation définitive pour les pensions octroyées à ses membres. Par une lettre en date du 18 novembre de cette année, Malesherbes faisait connaître à la Compagnie les dispositions qui avaient été adoptées par le roi, à ce sujet.

Sur le compte que j'ai rendu au Roy, Monsieur, du mémoire que m'a remis l'Académie, par lequel elle demande unanimement qu'il soit établi une nouvelle forme de distribution du fonds des pensions, qui lui sont accordées, et où elle expose à ce sujet le plan qu'elle désirerait qu'on suivit, Sa Majesté a bien voulu approuver ce projet de distribution et agréer les vues qui ont engagé l'Académie à le proposer.

Le Roy a décidé en conséquence que chacune des six classes de l'Académie jouirait à l'avenir de la somme fixée à six mille livres, qui sera partagée entre les trois pensionnaires attachés à chacune d'elles, et que par une suite de l'exécution complète de ce projet, il sera accordé : trois mille livres au premier pensionnaire, dix-huit cents livres au second, et douze cents livres au troisième.

A l'égard de la somme qui restera sur la totalité du fonds des pensions, après que celles des six classes auront été prélevées, l'intention du roi est que cette somme soit partagée également entre le Secrétaire de l'Académie et le Trésorier et que l'un et l'autre jouissent, dès le moment où ils entreront en fonctions, de la pension entière qui sera attachée à leur place.

Quoiqu'il ait été accordé à quelques académiciens une pension plus forte qu'elle ne devrait l'être, d'après cette nouvelle forme de distribution, cependant Sa Majesté veut qu'elle leur soit conservée sur le même pied qu'ils l'ont obtenue ; que les accroissements qui pourront être donnés aux pensions dans la suite, n'ayent lieu qu'autant que, par la mort de quelque académicien, il y aura matière à une répartition ; que ces accroissements soient appliqués sans distinction aux classes qui ont moins de six mille livres ; qu'ils le soient même par préférence à celle de ces classes dont le total des pensions approche le moins de cette somme, jusqu'à ce qu'elles ayent pris toutes le même niveau, et qu'enfin les augmentations qui auront lieu dans ces classes soient faites proportionnellement à la force de chacune des trois pensions, déterminée par cette forme nouvelle de distribution.

L'intention du Roy est que la lettre que je vous écris sur ce sujet, d'après ses ordres, influe dès ce moment-ci sur les arrangements que la nouvelle forme de distribution exigera et qu'elle tienne lieu dans la suite de règlement.

Malesherbes.

L'Académie s'empressa d'offrir à Malesherbes l'expression de sa gratitude. Le ministre répondit immédiatement par la lettre qui suit :

29 novembre 1775.

Rien ne me flatte davantage, Monsieur, que d'avoir pu contribuer à un arrangement qui soit agréable à l'Académie. Le Roy, dont toutes les actions tendent au bien, qui connaît toute l'utilité et le mérite des hommes de lettres qui la composent, s'est porté avec plaisir à lui donner une nouvelle marque de sa bonté et de sa protection.

Je me trouve très heureux que mon ministère m'ait mis à portée d'être l'organe de la volonté bienfaisante du Roy pour cette Compagnie. Je vous prie de lui faire part de mes sentiments et d'être persuadé de tous ceux avec lequels j'ai l'honneur d'être

Malesherbes.

Si loin qu'on remonte dans l'histoire de l'Académie des sciences, on retrouve la trace de graves préoccupations qu'on aurait pu facilement éloigner par des sacrifices pécuniaires peu considérables.

Les archives de l'Académie renferment, à ce sujet, un document de la plus haute importance, portant quelques corrections de Réaumur et qui nous paraît devoir lui être attribué. Ce document n'a pas de date, mais son auteur y fait allusion au règlement de 1716 et y signale Newton comme étant encore en possession de la Direction des monnaies d'Angleterre. Newton est mort le 20 mars 1727; il convient donc de placer entre 1716 et 1727 l'éloquent et utile plaidoyer que nous reproduisons ici :

RÉFLEXIONS *sur l'utilité dont l'Académie des sciences pourroit être au Royaume, si le Royaume luy donnoit les Secours dont elle a besoin.*

Les grands roys et les grands ministres ont donné une protection particulière aux sciences et aux arts, et cette protection n'a pas peu contribué à les rendre de grands roys et de grands ministres. François Ier, le Cardinal de Richelieu et M. de Colbert en sont chez nous des exemples marqués.

Dès lors que les arts fleurissent dans un État, les étrangers y accourent de touttes parts; par là, il s'y fait le plus commode et le plus sûr de tous les commerces; les denrées se consomment sans frais de transport et toujours pour de l'argent comptant. Les belles-lettres seules font subsister des grandes villes même dans le Royaume.

Ce seroit donc une vraye erreur de penser que les sommes que l'État employe pour la subsistance des professeurs, luy sont en pure perte; qu'il luy est à charge, par exemple, d'en entretenir pour professer la botanique, l'anatomie, au Jardin royal. Les étrangers qui viennent à Paris pour faire leurs cours sous ces professeurs, ne sçauroient être en si petit nombre qu'ils ne dédommagent le royaume avec usure.

Mais outre cette utilité générale qu'un royaume tire de l'état fleurissant des sciences, des arts et des belles-lettres, il y a des sciences et des arts qui tendent encore plus directement à son bien particulier. Telles sont les sciences qui font l'objet de l'Académie.

Il y en a six principalles qui forment autant de classes différentes sous lesquelles les académiciens sont rangés :

Sçavoir : la géométrie, l'astronomie, les méchaniques, l'anatomie, la chimie et la botanique.

La géométrie quoyque la plus noble partie est celle qui a un rapport moins direct au bien de l'État. Elle peut pourtant se glorifier d'y contribuer autant qu'aucune des autres, puisqu'elle leur fournit les principes qui les mettent en état de raisonner et d'opérer avec certitude.

Pour l'astronomie, il est assez connu de quelle utilité elle est au commerce. Sans ces observations, il n'y auroit aucune géographie sur qui on pust compter; on ne voyageroit point, ou on ne voyageroit qu'à l'aventure. Plus les observations astronomiques se perfectionnent, plus elles se multiplient, et plus les navigations deviennent faciles, moins elles sont dangereuses ; nos astronomes ne se contentent pas de travailler, pour ainsy dire, au bien général de l'Univers. C'est à leurs travaux qu'est düe la méridienne qui a été tracée au travers du Royaume ; si ses cartes ont quelque perfection, elle est due à leurs observations, et ce n'est que de leurs observations continuées qu'on peut espérer des cartes de toutte la France, aussy exactes qu'on devroit en avoir. Des observations d'une autre espèce qu'ils ont engagé de faire dans les ports sur le flux et le reflux de la mer, et les réflexions qu'ils ont faittes sur les mémoires qui en ont été envoyés, ont appris en quel temps, à quelle heure les vaisseaux peuvent entrer sans risque dans plusieurs ports du royaume, et par là, en sauvent plusieurs des naufrages et des échoüemens auxquels ils étoient exposés. Si ce travail est étendu à tous les ports du royaume, il ne peut être que très avantageux au commerce.

On ne doubte point que les méchaniques ne soient au rang des sciences des plus utiles à un État ; mais les méchaniciens que veut l'Académie le doivent estre infiniment plus que les méchaniciens ordinaires. Elle ne se contente pas qu'ils ayent la connoissance des forces mouvantes ; qu'ils puissent juger de l'effet des nouvelles machines qu'on propose ; elle veut des méchaniciens instruits à fond de tous les arts ; qu'ils scachent ce qui leur manque à chacun ; qu'ils ayent des vües pour les perfectionner ; surtout qu'ils soient attentifs à examiner si on ne pourroit point faire passer en France ceux que les étrangers se sont rendus propres. Enfin pour assurer la conservation et le progrès des arts, même les plus communs. Elle les engage à travailler à décrire toutes leurs pratiques, à faire dessigner toutes leurs machines, tous leurs instrumens et même les attitudes des ouvriers. Cet ouvrage, un des plus grands qui ayent jamais été entrepris est déjà fort avancé (1).

La connoissance plus parfaite du corps humain est l'objet de l'anatomie et une des recherches qui nous intéresse le plus. L'anatomie a été portée dans le royaume à un degré de perfection qui y attire des étrangers de toutes parts ; la médecine y a profité, et la chirurgie a fait des progrès surprenants. Nos chirurgiens sont regardés comme les premiers de l'Europe.

La chimie, dont les recherches paroissent assez vaines à ceux qui ne connoissent pas son véritable objet, pourroit devenir une des plus utiles parties de l'Académie ; ne vantons point les secours que la médecine en pourroit tirer, ne la regardons que par rapport aux arts,

(1) *Descriptions des Arts*, publiées par l'Académie des sciences. (Voy. la bibliographie de l'Académie, à la fin de cet ouvrage.)

à qui elle pourroit estre plus utile que les méchaniques mêmes. La conversion du fer en acier, les manières d'étamer ou blanchir le fer pour faire le fer blanc, la conversion du cuivre en léton, trois grandes manufactures qui manquent au Royaume, sont du ressort de la chimie. Il luy appartient aussy de faire les recherches sur les matières minérales emploïées pour les teintures, sur les mines, sur les minéraux; les verreries, les potteries, les fayenceries, les ouvrages de porcelaine, manufactures qui demandent touttes à être perfectionnées entrent aussy dans son objet.

Quels avantages ne produiroit point au Royaume la botanique bien maniée? Elle ne s'en tiendroit pas à une stérille nomenclature dés plantes. Elle travailleroit au progrès de notre agriculture, le premier et le plus réel de tous les biens; tant de plantes étrangères naturalisées dans le Royaume ou dans nos Colonies prouvent ce qu'on devroit attendre des expériences qu'on feroit pour transplanter chez nous celles des pays étrangers; elle apprendroit à reprendre la culture d'un grand nombre de plantes trop négligées à présent et qui faisoient autrefois une partie de la richesse du royaume. Le Pastel qui apportoit autrefois tous les ans plusieurs millions au bas Languedoc, ne luy produit presque rien; nous négligeons de cultiver la garance, le cartame, le tournesol; nous tirons peu du kermès, toutes matières si essentielles aux teintures. Les botanistes pourroient rechercher si quelques unes de nos plantes ne donneroient pas des cendres aussy utiles que les soudes d'Alicante et de Carthagène, ou si, en faisant croître ces plantes chez nous, nous n'empêcherions point de sortir du royaume les sommes qui passent en Espagne pour l'achapt de ces sels.

L'Académie dans l'état où elle est aujourd'hui fait beaucoup d'honneur au Royaume, les étrangers en ont une grande idée, aussy a-t-elle découvert nombre de choses curieuses et utiles. Mais nous osons avoüer qu'il s'en faut bien que le Royaume ait retiré de cette Compagnie tous les avantages qu'il auroit pu en tirer; nous osons dire plus, c'est que cette Académie en si grande réputation parmy les étrangers semble près de sa chute si elle n'est soutenue par quelque grand changement fait en sa faveur, pareil à ceux qui ont été faits pour d'autres parties de l'État. On a cherché à remanier sa langueur par de nouveaux règlements (1) dont elle avoit besoin, mais la vraye source du mal, n'étoit pas seullement dans le deffaut des règlements.

Il ne la faut chercher, la vraye source du mal, que dans la propre constitution de l'Académie. Une grande moittié de ceux qui la composent ne peuvent prendre les occupations académiques que comme

____

(1) Règlement du 3 janvier 1716.

des amusements, ils ont des professions qui les obligent de donner leurs soins à toutte autre chose qu'à ce qui fait l'objet de l'Académie ; les uns sont obligés d'être médecins, les autres chirurgiens, les autres apothicaires. Quels ouvrages peut-on attendre de sçavants contraints à passer sur le pavé de Paris, des jours qu'ils devroient employer dans leur cabinet ? Un homme qui arrive chez soy, las et distrait, est-il en état de travailler à ce qui le demande tout entier ? Employra-t-il des nuits à des expériences ? Malgré pourtant cette diversion, plusieurs académiciens de ces classes ont donné des choses excellentes, mais qui doivent nous faire regretter celles que nous eussions eües, s'il leur eust été permis de se livrer aux recherches où leur inclination les portoit.

De l'autre moittié des académiciens, une partie est obligée d'enseigner les mathématiques pour subsister. Enfin il en reste très peu qui soient en état de faire des expériences et de vivre avec cette aisance qui met l'esprit en repos et en état de se livrer à des recherches utilles. Entre quarante-huit académiciens destinez au travail, l'Académie ne scauroit compter qu'un petit nombre de travailleurs.

Le seul remède à apporter seroit d'obliger tous les academiciens, ou du moins le plus grand nombre, à n'estre qu'académiciens, de les mettre en état de n'avoir d'autres occupations que celles qui ont un rapport direct aux objets de l'Académie.

Une autre cause de la décadence de l'Académie qui tient à celle dont nous venons de parler, c'est qu'il ne se forme plus de sujets ; on en fait l'expérience touttes les fois qu'on a des places vaccantes à remplir. Il faut être né avec des talens rares pour réussir dans les sciences, et parmy ceux qui naissent avec ces talens, combien y en a-t-il peu qui en puissent proffiter ? Un jeune homme qui veut suivre ses heureuses dispositions, se trouve arresté par les clameurs de toutte sa famille et de ses amis ; on ne veut point consentir qu'il s'abandonne à des recherches qui peut-estre luy donneroient quelque gloire, en le conduisant à mourir de faim. L'Académie même fournit des exemples de cette nature, un de ses membres, habile anatomiste, mourut il y a quelques années à l'Hôtel-Dieu.

Si l'Académie a pu pendant quelque temps se fournir de sujets, elle le devoit à la protection que l'illustre M. Colbert avoit donnée aux sciences ; quand elle est venuë à manquer, on ne s'est plus tourné de leur costé, la pépinière s'est épuisée et il ne s'en forme point de nouvelle. A la vérité, M. l'abbé Bignon a fait pour l'Académie et pour les sciences en général tout ce qu'on peut attendre du zèle le plus éclairé, mais les trésors n'étoient pas entre ses mains.

Il y a peu d'apparence aussy que le Royaume puisse se repeupler de vrays sçavants, tant que la condition, de touttes la plus laborieuse, ne mènera à rien. Y a-t-il de la justice que celuy qui s'applique à des recherches importantes au bien de l'État, ne puisse espérer de parvenir à quelque fortune? L'homme de guerre, le magistrat, le marchand peuvent se promettre des récompenses de leurs travaux, le sçavant seul n'a rien à en espérer. Peut-estre que le cas que les Chinois font des lettrés n'est pas à la gloire de la France.

A la vérité on reproche aux gens de lettres de s'arrester trop aux spéculations, de ne pas descendre assez aux pratiques utiles. Ce reproche souvent assez fondé, ne l'est pourtant pas entièrement par rapport aux sujets qui composent l'Académie; ils travaillent quelques fois à des recherches de simple curiosité, mais plus communément, ils s'en proposent d'utiles. Mais après tout, il seroit facile de les forcer à travailler utilement pour le Royaume, d'assurer en même temps leurs conditions, de les rendre commodes et même brillantes. Il n'y a qu'à leur donner des employs qui les engagent à s'instruire de ce qui est de pratique. Tout y gagnera; les arts profiteront des principes du sçavant, ils y corrigeront ce qui ne s'y fait que par préjugez, ils donneront des règles sûres, sur ce qui ne s'y fait qu'en tatonnant; ils apprendront des manières d'abréger bien des procédés, de les perfectionner. Et le sçavant de son costé devenu par expérience plus habile dans la pratique, raisonnera mieux et tournera ses raisonnements du costé des choses d'usage. Rien ne seroit plus facile que de procurer ce double avantage aux sçavants et aux arts; sans charger l'État, on trouveroit des places de reste, même touttes faittes.

Qu'on se fasse par exemple une loy de donner toujours à des académiciens la direction des monnoyes, comme le célèbre Mr Newton l'a en Angleterre; qu'on leur donne les inspections des différentes manufactures; les inspections génerales des chemins, ponts et chaussées; croiroit-on trop faire, si on accordoit des entrées dans le Conseil du commerce ou dans ceux des Compagnies qui l'ont pour objet, aux sçavants qui ont fait des études particulières des matières que les arts et la médecine nous engagent à tirer des pays étrangers, à ceux qui se sont appliqués à s'instruire à fond des manufactures du royaume, de ses productions qui sont négligées et qu'on pourroit mettre à proffit. Un gouvernement qui a les eaux pour objet, tel que celuy de la Samaritaine, ne devroit-il pas entrer dans le partage des académiciens? Ce seroit une récompense pour un de ceux qui se seroit le plus appliqué aux hydrauliques, un pareil gouvernement l'engageroit à faire une étude particulière de tout ce qui a rapport à la conduitte des eaux, et ce gouvernement seroit un appas qui exciteroit un grand nombre de sujets à travailler sur la même matière; au moins sembleroit-il qu'il seroit mieux dans les mains d'un sçavant, que dans celle d'un vallet de chambre d'un grand seigneur. A la Pépinière, il y a une place de quelque revenu qui conviendroit à un botaniste.

On pourroit même donner à l'Académie une espèce d'inspection sur tous les arts méchaniques, qui, sans leur être à charge, contribüeroit extrêmement à leurs progrez. Un expédient assez simple rendroit nos ouvriers incomparablement plus habiles qu'ils ne sont, leur donneroit de l'émulation pour la perfection de leurs arts, et augmenteroit par conséquent le débit de tous nos ouvrages d'industrie, car on se fournist des ouvrages de chaque espèce, dans les pays où les ouvriers sont en réputation de mieux travailler. De là est venu le grand débit des montres d'Angleterre. L'expédient seroit que l'Académie proposast chaque année des prix pour ceux des ouvriers de chacque profession qui auroient inventé ou mieux fini quelqu'ouvrage ; que ces prix fussent distribués aux arts mêmes qui semblent les plus grossiers, comme coutelliers, taillandiers et serruriers. On proposeroit par exemple aux taillandiers de chercher la manière la plus simple de faire une excellente faulx, et à bon marché. Le succès de ce prix nous empêcheroit peut-estre d'avoir besoin à l'avenir des faulx d'Allemagne ; le royaume se trouveroit bien indemnisé de ce qu'il lui en coûteroit pour le prix.

Une curiosité louable a fait créer des charges de garde de Cabinet des médailles, des estampes, etc., de Sa Majesté, et on n'en a jamais créé de garde d'un Cabinet aussy curieux et beaucoup plus utile au royaume, d'un cabinet qui renfermast des échantillons de tout ce que le royaume a d'utile en terres, pierres, minéraux et mines. Ce cabinet dressé avec un ordre et des soings qu'il seroit long de détailler icy, apprendroit quelles sont nos véritables richesses, quelles sont celles que nous négligeons, quoyqu'elles dussent être mises à proffit, et quelles sont celles qui ne méritent pas de nouvelles tentatives et doivent être négligées pour toujours. On y verroit, par exemple, que nous avons des terres que les Hollandois viennent nous achepter chacque année pour nous les revendre l'année suivante en pipes ; que nous avons des turquoises que nous négligeons, dont le débit pourroit être avantageux. Voudroit-on entreprendre de superbes édifices, on sçauroit dans l'instant les endroits où nous avons des marbres à choisir. On y trouveroit des mines de touttes espèces, dont le travail mériteroit d'être tenté. On verroit par exemple des échantillons de plus de soixante mines de plomb aussy abondantes et aussy riches que celles d'Angleterre, qui nous reprocheroit notre négligence ; des échantillons de mines de cuivre, de mercure et de la plupart des minéraux qui paroissent mériter d'être travaillés. On y verroit en même temps les échantillons des mines qui ont été entreprises par des ignorants et qu'il ne faut jamais permettre de travailler. Ce cabinet est presque fini, il ne manque que d'en assurer la durée et l'accroissement; mais le génie de la nation, ardent pour les nouveautés, néglige d'achever ce qui est avancé, ou de soutenir ce qui est fini.

Il conviendroit encore à l'Académie, d'avoir un grand et magnifique laboratoire, où des ouvriers de différentes professions seroient continuellement occupés à travailler aux nouvelles expériences, à faire des modelles des machines rares et utilles, et des essays des machines nouvelles qui sont proposées.

Affin que l'Académie entière concourust au bien public, il seroit à propos de-donner chaque année une espèce de tâche à chaque académicien, relative à sa classe et à son employ. S'il y en avoit un par exemple, qui fust chargé de la direction des monnoyes, qu'il fust obligé une année à chercher à faire les départs sans les eaux fortes et à moins de frais qu'on les fait aujourd'hui; qu'une autre année, il fut occupé à faire des expériences pour faire des affinages plus parfaits, à moins de frais et avec moins de perte de métal qu'ils ne se font à présent; qu'un chimiste eust à rechercher les moyens de faire en France les minium à aussy peu de dépense qu'on le fait en Hollande; qu'un autre tentast toutes les voyes de faire le sel ammoniac dans le royaume, et si nous ne pourrions pas parvenir à nous passer de celuy du Levant; qu'un botaniste fust chargé de chercher des expédients pour faire venir la cochenille sur les plantes de nos colonies, ce qui n'est peut-estre pas impossible et mérite d'être tenté; que d'autres botanistes fissent des expériences et des observations sur ce qui est de plus avantageux pour nos forêts qui se détruisent tous les jours.

Le détail des choses utilles qu'on pourroit découvrir par cette méthode n'a point de bornes. Tout ce qui est d'usage, tout ce qui naist ou se travaille ou s'employe dans le royaume fourniroit matière à des recherches dont on pourroit tirer des biens réels.

Mais à vray dire, on ne sçauroit attendre l'exécution de si grands projets d'une Compagnie qui n'a que trente-huit mil livres à distribuer entre plus de vingt particuliers et qui en a une trentaine d'autres à soustenir, seulement par l'espérance d'entrer un jour en partage de cette petite somme. Les pensions n'étoient guère plus fortes du temps de M. Colbert, communément elles n'étoient que de 1500 ##, mais 1500 ## alors valloient plus que 4 à 5000 ## aujourd'huy. Il en donnoit aussy de plus considérables : celle de feu M. Cassini était de 9000 ## et a seule produit bien des sçavants; des gratifications venoient souvent au secours de la modicité des pensions. Si ce grand ministre eust été plus longtemps conservé à la France, il eust apparemment mis sur un autre pied l'Académie dont il étoit le père. Depuis qu'elle l'a perdu (1), elle a eu le temps d'apprendre combien on doit peu compter sur de petittes pensions dont les payements peuvent être suspendus par une infinité d'évènemens.

Pour faire fleurir l'Académie, il faudroit donc luy donner des fondements inébranlables, luy assigner des fonds à l'épreuve de toutte révolution, comme sont les fonds en terres possédés par les universités d'Oxford et de Cambridge; que ces fonds fussent suffisans pour faire vivre les académiciens d'une manière commode; leur montrer des places distinguées où ils puissent se promettre d'arriver.

Quelque considérables que fussent les fonds assignés, l'Académie ne seroit peut-estre pas un an ou deux à en dédommager le royaume, si elle travailloit selon le plan que nous avons indiqué. Une seulle découverte pourroit les remplacer.

Nous n'avons donné qu'une légère ébauche des avantages que le royaume tireroit alors de l'Académie, elle suffit pourtant pour faire voir que cette Compagnie pourroit contribuer beaucoup à perfectionner nos arts mécaniques, à rendre nos manufactures plus florissantes, à trouver les moyens d'en établir chez nous, dont les étrangers se sont rendus maîtres, qu'elle apprendroit à profiter des productions du royaume qui restent inutilles, en un mot, elle pourroit contribuer à augmenter la gloire et les richesses du royaume, si le royaume en revanche donnoit une subsistance honneste à ceux qui travaillent utillement et qu'il leur accordast des distinctions honorables. Mais l'Académie a tout lieu d'espérer que ces heureux temps sont prests d'arriver, où elle pourra se souvenir avec reconnoissance de M. Colbert sans regretter le bonheur du siècle où il vivoit.

(1) Colbert est mort le 6 septembre 1683.

CHAPITRE VII

En dehors des pensions, ainsi que nous l'avons dit, l'Académie recevait, depuis sa fondation, une somme de 12 000 livres
pour couvrir ses dépenses courantes et ses frais de secrétariat.
Cette somme lui fut toujours payée régulièrement, mais depuis
longtemps son insuffisance était reconnue. Une occasion se
présenta de bonifier cette situation, mais elle fut négligée.

Réaumur recevait du roi, sur la ferme générale des postes,
et par suite de lettres patentes en date du 22 décembre 1721,
une pension d'une autre somme de 12 000 livres destinée à le
couvrir des dépenses qu'il faisait annuellement pour ses expériences personnelles ou pour la publication de la *Description
des Arts* dont il était chargé; par ces mêmes lettres patentes, le
roi avait ordonné que cette pension de 12 000 livres serait
reversible à l'Académie à la mort du titulaire, et serait em-
ployée à solder les frais que les expériences autorisées par
l'Académie pourraient exiger.

De nouvelles lettres du 1ᵉʳ février 1758 confirmèrent ces dispositions et ordonnèrent que les 12 000 livres en question
seraient payées à l'Académie à partir du 18 octobre 1757, jour
du décès de Réaumur.

A ce moment se produisirent de singulières difficultés dont l'Académie n'eut pas facilement raison. Les 12 000 livres de l'illustre académicien lui furent bien payées sur la ferme générale des postes, mais la première somme de même valeur, dont elle avait la jouissance depuis son institution, lui fut retranchée.

L'Académie dut réclamer et réclamait encore au mois d'août 1776 ; elle n'obtint satisfaction qu'en 1778, alors que Necker, vivement sollicité, prit en mains ses intérêts et adressa à Amelot la lettre suivante :

Paris, le 1er juin 1778.

J'ai reçu, Monsieur, la lettre que vous m'avez fait l'honneur de m'écrire au sujet de la demande de l'Académie des sciences, d'une somme de 12 000 ++, qu'elle prétend qu'on lui a retranchée il y a près de vingt ans et sur lesquelles elle a souvent réclamé. Je pense comme vous, monsieur, que cette demande n'est pas tout-à-fait celle d'une grâce, et avant de vous rendre une réponse, je me suis fait rendre compte de la distribution des petites sommes dont elle jouit sur le Trésor royal et j'ai vu qu'en effet, elle n'était pas en état de rien employer à des expériences qui pourroient être utiles aux sciences et aux arts.

Je crois donc, Monsieur, que pourvu que la somme qu'elle sollicite fut spécialement appliquée à ces expériences, sans qu'il fût permis de la distraire jamais de cet objet, ce seroit une dépense utile au service du Roi et du genre de celles qu'on peut présenter à Sa Majesté avec confiance.

J'ai l'honneur d'être, etc.

NECKER.

A cette époque, Buffon reçut, pour l'entretien des machines, 12 000 livres ; Tillet, trésorier, reçut une même somme pour frais d'expériences.

Les pensions des académiciens s'élevaient alors à 42 000 livres.

En 1785, les pensions étaient soumises à une retenue d'un dixième et s'élevaient à 54 000 livres.

Le 5 septembre 1786, l'Académie apprenait par Tillet, son trésorier, que le contrôleur général avait obtenu du roi une somme de 5700 livres pour tenir lieu de la retenue exercée sur les pensions ; pour cette même année, le budget de l'Académie était fixé à 93 600 livres.

Le décret du 20 août 1790 l'éleva à 94 658 ++ 10 s.

Ce décret, fort important pour l'histoire des sciences et des lettres était conçu de la manière suivante :

Du 20 aout 1790.

L'Assemblée nationale décrète que jusqu'à ce qu'il ait été statué par le Corps législatif sur l'organisation de tous les établissements pour le progrès des lettres, des sciences et des arts, les dépenses de ceux dont le Comité des finances s'est occupé, seront provisoirement réglées ainsi qu'il suit :

L'Assemblée nationale décrète provisoirement, pour cette année, les états de dépenses proposés par son Comité des finances, pour les différentes académies et sociétés littéraires ci-après énoncées :

Académie françoise.

Art. 1er. — Il sera payé pour la présente année du Trésor public à l'Académie françoise, la somme de 25 217 livres, savoir :

Au Secrétaire perpétuel pour appointements...	3 000	livres.
Pour écritures..........................	900	—
Pour messe du jour de Saint-Louis.........	300	—
Pour jetons, 358 marcs, à 57 livres 15 sous...	20 717	—
Pour entretien et réparation du coin........	300	—
Total..............	25 217	livres.

Jeton de présence de l'Académie des sciences.

Art. 2. — Il est, en outre, assigné chaque année 1200 livres qui seront données sur le jugement de l'Académie au nom de la nation, pour prix, à l'auteur du meilleur ouvrage qui aura paru, soit sur la morale, soit sur le droit public, soit enfin sur quelque sujet utile.

Académie des belles-lettres.

Art. 1er. — Il sera payé, pour la présente année et sans retenue, à l'Académie des belles-lettres, la somme de 43 908 livres, savoir :

10 pensions de 2000 livres..................	20 000	livres.
5 de 800 livres............................	4 000	—
Au Secrétaire perpétuel....................	1 000	—
Pour la bibliothèque, les dessins, travaux particuliers, frais de bureau, bois, lumières, huissiers et supplément de prix...........	6 600	—
Jetons, 208 marcs.........................	12 008	—
Entretien et réparation du coin............	300	—
Total...............	43 908	livres.

Art. 2. — Chaque année, il sera assigné sur le Trésor public une somme de 1200 livres pour former un prix qui sera accordé sur le jugement de l'Académie à l'auteur de l'ouvrage le plus profond et le mieux fait sur l'histoire de France.

Académie des sciences.

Art. 1ᵉʳ. — Il sera payé pour la présente année à l'Académie des sciences la somme de 93 458 livres 10 sous sans retenue, savoir :

Pour huit pensions de 3000 livres............	24 000	livres.	
Pour huit de 1800.......................	14 400	—	
Pour huit de 1200.......................	9 600	—	
Pour seize de 500.......................	8 000	—	
Au Secrétaire perpétuel pour appointemens...	3 000	—	
Au Trésorier...........................	3 000	—	
Frais d'expériences......................	16 000	—	
Pour écritures..........................	500	—	
Pour messe du jour de Sᵗ Louis.............	400	—	
Dépenses courantes......................	1 438	—	
Jetons (1).............................	12 820	— 10 s.	
Entretien et réparation du coin............	300	—	
Total..............	93 458	livres 10 s.	

Art. 2. — Chaque année, il sera assigné la somme de 1200 livres pour former un prix qui sera accordé sur le jugement de l'Académie à l'auteur de l'ouvrage ou de la découverte la plus utile au progrès des sciences et des arts, soit qu'il soit françois, soit qu'il soit étranger.

---

(1) Les jetons ont cessé d'être distribués en nature, à l'Académie des sciences, à partir du 11 janvier 1792. Depuis cette époque, ils ont été représentés par des assignats.

Société royale de médecine.

Art. 1er. — Il sera payé, pour la présente année, à la Société royale de médecine, la somme de 36 200 livres, savoir :

Pour cinq pensions de 1500 livres............	7 500	livres.
Pour trois de 500 livres..................	1 500	—
Pour dix-huit de 400 livres...............	7 200	—
Pour appointements du Secrétaire perpétuel, frais de bureau, un commis..............	7 400	—
Traitement à quelques membres............	1 800	—
Prix..........................	1 200	—
Frais d'expériences et analyses.............	600	—
Second commis.....................	1 000	—
Jetons.........................	6 000	—
Frais de bureau, séances publiques, impressions, dépenses extraordinaires...........	2 000	—
Total..............	36 200	livres.

Art. 2. — Et seront tenues lesdites Académies et Sociétés, de présenter à l'Assemblée nationale, dans le délai d'un mois, les projets de règlemens qui doivent fixer leur constitution.

Sanctionné le 5 septembre 1790.

Par suite de ce décret, le budget de l'Académie des sciences, le seul qui nous occupe ici, se décomposait ainsi qu'il suit, et ne paraît avoir subi, sauf les noms des titulaires, aucune modification jusqu'au jour où les Académies disparurent :

1° Huit pensions de 3000 ₶ : à Borda, Lemonnier, Bossut, Le Roy, Daubenton, Cadet, Adanson, Desmarest.......................... 24 000

2° Huit pensions de 1800 ₶ : à Jeaurat, Lalande, Rochon, Brisson, Tenon, Lavoisier, de Jussieu, Sage.......................... 14 400

3° Huit pensions de 1200 ₶ : à Vandermonde, Le Gentil, La Place, Bailly, Portal, Baumé, Lamarck, Darcet.......................... 9 600

4° Traitement de Condorcet, Secrétaire perpétuel... 3 000

5° Traitement de Tillet, Trésorier.............. 3 000

6° Seize petites pensions de 500 ++ :

à Brisson......................	500	
à Cousin.......................	500	
à Haüy.........................	800	
à Demours......................	500	
à Messier......................	500	
à Méchain......................	800	
à Fourcroy.....................	500	8 000
à Legendre	500	
à Charles......................	500	
à Desfontaines.................	500	
à Mlles Haussard, graveurs....	300	
à Fossier, dessinateur.........	300	
à Le Gouaz, graveur............	300	
à Lucas, huissier..............	1000	
à Fattori, garde du cabinet....	500	

7° Pour frais d'expériences....................	16 000
8° Pour frais d'écritures......................	500
9° Pour la messe du jour de la St Louis........	400
10° Pour les dépenses courantes................	1 438
11° Pour jetons et droits de présence..........	12 820 l. 10 s.
12° Pour entretien et réparation du coin de l'Académie (1).................................	300
13° Pour le prix destiné à l'auteur du meilleur ouvrage (prix d'utilité nationale).............	1 200
Total...........	94 658 l. 10 s.

Jeton de présence de l'Académie.

Une note déposée aux Archives de l'Académie des sciences nous a permis de reconstituer les budgets de la Compagnie, depuis l'année 1784; nous les reproduisons ici, pensant qu'il est bon d'en conserver la trace :

(1) Il s'agit ici du coin nécessaire à la frappe des jetons de présence. Chaque jeton, frappé en argent, avait une valeur de 37 sols, ou plus exactement, de 1 ++. 17 s. 3 d.

Année 1784. — A M. de Buffon, pour
l'entretien des machines............   12 000
A M. Tillet, frais d'expériences........   12 000
A Lui, pour le motet...............   400
A Lui, pour lui tenir lieu de l'une des
pensions de l'Académie...........   2 000
A M. de Condorcet, pour les écritures..   500
Pensions de l'Académie des sciences...   42 000
} 68 900

Année 1785. — A M. de Buffon, pour
l'entretien des machines...........   12 000
A M. Tillet, frais d'expériences........   12 000
A Lui, pour le motet...............   400
A Lui, pour lui tenir lieu de pension ..   3 000
A M. de Condorcet, écritures........   500
Pensions de l'Académie des sciences...   54 000
} 81 900

Année 1786. — A M. de Buffon, entre-
tien des machines................   12 000
A M. Tillet, frais d'expériences........   12 000
A Lui, pour le motet...............   400
A Lui, pour lui tenir lieu de pension..   3 000
A Lui, pour supplément de jetons.....   11 700
A M. de Condorcet, pour les écritures..   500
Pensions de l'Académie des sciences...   54 000
} 93 600

Année 1787. — A M. de Buffon, pour
les machines...................   12 000
A M. Tillet, frais d'expériences.......   12 000
A Lui, pour supplément de jetons.....   11 700
A Lui, pour le motet...............   400
A Lui, pour lui tenir lieu de pension...   3 000
A M. de Condorcet, écritures........   500
Pensions de l'Académie des sciences...   54 000
} 93 600

Année 1788. — A M. de Buffon,
entretien des machines....   12 000
A M. Tillet, pour le motet....   400
A M. de Condorcet, pour les
écritures...............   500
A M. Tillet, frais d'expériences   12 000
A Lui, supplément de jetons .   11 700
A Lui, décompte de sa pension
de 3000 ++ du 1er janvier
1788 jusques et y compris le
16 avril suivant qu'il est devenu titulaire...........   883 l. 6. 8.
Pensions de l'Académie des
sciences...............   54 000
} 91 483 l. 6 s. 8 d.

Année 1789. — A M. Tillet, entretien
   des machines.................... 12 000 ⎫
A Lui, pour frais d'expériences....... 12 000 ⎪
A Lui, supplément de jetons........ 11 700 ⎬ 90 600
A Lui, pour le motet.............. 400 ⎪
A M. de Condorcet, écritures........ 500 ⎪
Pensions de l'Académie des sciences... 54 000 ⎭
Année 1790. — A M. Tillet pour les ma-
   chines....................... 12 000 ⎫
A Lui, frais d'expériences........... 12 000 ⎪
A Lui, supplément de jetons........ 11 400 ⎬ 90 00
A M. de Condorcet, écritures........ 500 ⎪
A M. Tillet, pour le motet........... 400 ⎪
Pensions de l'Académie des sciences... 54 000 ⎭

L'ordonnance du Roy est de 12 000 ₶, mais
il n'a été payé qu'un à compte de 6000 ₶.

Année 1791. — A M. Tillet,
   trésorier de l'Académie des
   sciences, la somme de
   100 000 ₶ accordée par l'Assemblée nationale pour le
   travail des poids et mesures.
   Mandat du 5 septembre 1791,
   remis à M. Cottin, le 6 du d.   100 000 ⎫
A M. de Lavoisier, successeur   ⎪
   de M. Tillet, pour les dé-   ⎬ 194 658 l. 10 s.
   penses de toute nature de   ⎪
   l'Académie des sciences pen-
   dant 1791, suivant le décret
   du 18 février 1791 et conformément à l'État ordonnancé
   du 22 janvier 1792, adressé à
   M. de Lavoisier, le 23 des d.
   mois et an.............. 94 658. 10. ⎭

Pour l'année 1792, Lavoisier avait fait dresser l'état suivant,
au moment même de la clôture de l'exercice :

8 traitements de 3 000 ₶...................... 24 000
8   —   de 1 800 ₶...................... 14 400
8   —   de 1 200 ₶...................... 9 600
Traitement du Secrétaire.................... 3 000
     —   du Trésorier.................... 3 000

A l'académicien chargé de la Connoissance des tems.   800
A l'académicien chargé de faire les extraits pour
   l'Académie des inscriptions et belles-lettres.....   800
Au Bibliothécaire............................   500
Indemnité au C. Brisson......................   600
6 petites pensions de 500 ⁺⁺..................   3 000
Au dessinateur...............................   300
Au graveur...................................   300
Aux D^{lles} Haussard, graveuses..................   300
A l'huissier de l'Académie....................   1 000
Au garde du cabinet..........................   500
Gratification au commis du Secrétaire...........   150
Dépenses courantes, y compris les frais de bureau du
   Secrétaire et du Trésorier....................   2 800
Frais d'expériences..........................   16 000
Jetons ou droits de présence..................   13 120. 10.
Prix fondé par l'Assemblée nationale...........   1 200
                                              95 370. 10.
Le décret du 20 août 1790 n'accorde que.........   94 658. 10.
Ainsi l'Académie se trouve annuellement en déficit de   712 livres.

Elle se trouvera même en 1793, à découvert d'une somme plus considérable, parce qu'elle a accordé une gratification extraordinaire de 350 ⁺⁺ à Fattory; qu'elle supporte depuis 1792, le loyer du C. Le Monnier, astronome, qui n'était point entré dans le calcul de ses dépenses; enfin, qu'elle aura à payer les frais de dessin et de gravure, qui, précédemment, étaient à la charge de l'imprimerie de l'Académie.

Nous ignorons la suite qui a été donnée aux réclamations que la constatation de ce déficit a nécessairement entraînées.

En regard de ces derniers budgets, on nous permettra de donner celui qui est affecté aujourd'hui aux services de l'Académie des sciences. Le voici :

1° Les membres de l'Académie sont répartis dans les onze sections qui la composent à raison de six membres par section. Les deux Secrétaires perpétuels ne font partie d'aucune section particulière; l'Académie des sciences est donc composée de soixante-six membres titulaires et de deux Secrétaires perpétuels. Chacun de ces soixante-

huit membres reçoit une indemnité de 1500 francs,
soit...   102 000 francs.

2° En dehors des membres titulaires, il existe, depuis 1816, une classe de 10 académiciens libres
qui ne perçoivent d'autre indemnité que les droits
de présence. Pour cet objet, il a été réservé une
somme de 300 francs par membre, soit........   3 000   —

3° L'indemnité attribuée à chacun des Secrétaires
perpétuels est de 6000 francs, soit.............   12 000   —

4° L'Académie reçoit, en outre, pour la publication
de ses *Mémoires* et pour la publication de ses
Comptes rendus une somme de..............   54 000   —

5° La publication des *Mémoires des savants étrangers* bénéficie d'une allocation de............   14 000   —

6° Outre cette première allocation, les *Savants
étrangers* sont inscrits, à l'Imprimerie nationale, au crédit des publications gratuites, pour
une somme de.............................   4 000   —

   Mais ce dernier crédit ne peut être employé que
dans le cas où celui de 14 000 francs se trouverait
dépassé. S'il n'en est pas fait emploi dans l'année
même, il fait de plein droit retour au Trésor.

7° Enfin, le budget prévoit encore la dépense d'un
prix s'élevant à la somme de................   3 000   —

Le budget total de l'Académie des sciences est
donc, en 1887, de..........................   192 000 francs.

De tout temps, l'Académie des sciences n'a possédé pour
l'expédition de ses affaires, pour la copie de ses rapports ou de
ses procès-verbaux, et pour la garde de ses collections qu'un
personnel extrêmement restreint.

En 1725, Pierre Couplet étant trésorier, ce personnel se composait uniquement d'un huissier : Lucas père, qui recevait des
émoluments annuels de 500 livres, et d'un garde du cabinet :
Fattori, qui touchait seulement 200 livres.

En 1759, Lucas mourait. Au moment de son décès, ses émoluments étaient de 800 livres; les appointements du garde des
collections, Fattori, avaient été portés à 300 livres.

De 1759 à 1763, époque à laquelle Lucas fils succédait à son
père dans les fonctions d'huissier, Mme veuve Lucas était chargée
des dépenses de l'Académie et produisait des mémoires qui
sont conservés. A ce moment, Buffon était trésorier et recevait,

pour frais généraux, 1 000 livres; Grandjean de Fouchy émargeait la même somme, sur laquelle il était tenu de prélever, en faveur d'un sieur Horcholles, des frais de copies qui s'élevaient, en 1761, à 127 ₶ 14ˢ; en 1762, à 100 ₶, et les années suivantes, à une somme de même valeur, à très peu près.

En 1776, les appointements de Lucas étaient élevés à 900 ₶, ceux de Fattori à 400 ₶; en 1790, et c'est là le chiffre le plus élevé qu'ils aient atteint, les émoluments de Lucas étaient de 1000 ₶ et ceux de Fattori, qui avait alors quatre-vingt-deux ans, de 500 ₶.

Alors Condorcet avait succédé à Grandjean de Fouchy comme secrétaire perpétuel; il avait dû prendre un commis : Cardot, celui-là même qui, plus tard, devint chef du secrétariat de l'Institut et y laissa les souvenirs d'un excellent administrateur; Cardot recevait une gratification de 150 livres.

Lavoisier, devenu trésorier, avait fait de même que Condorcet; il avait pour commis un nommé Bardou, mais il ne lui donnait pas d'appointements réguliers.

Le 22 juin 1793, Lucas, petit-fils du premier huissier de l'Académie, était adjoint à son père, sans qu'aucune allocation lui fût attribuée.

Tout cela est bien changé aujourd'hui, mais le personnel des bureaux de l'Institut est encore insuffisant quoiqu'on l'ait sensiblement augmenté. Chargé maintenant de l'expédition des affaires des cinq Académies, il se composait en 1885 d'un chef : M. Pingard; d'un chef adjoint : M. Pingard fils; de trois employés titulaires, de deux employés auxiliaires, de deux huissiers, de quatre garçons de bureaux, d'un portier et d'un homme de peine.

Les émoluments que ce personnel recevait sur le budget de l'État s'élevaient à cette époque à la somme totale de 28 000 francs environ.

En 1886, les places de chef adjoint et d'homme de peine ayant été supprimées, ces traitements furent répartis entre le personnel existant. Aujourd'hui, le budget affecté au secrétariat de l'Institut est de 30 000 francs en chiffres ronds.

CHAPITRE VIII

Les collections de l'Académie des sciences ont eu à subir depuis 1666 de bien étranges vicissitudes. Réunies et installées à grands frais, soit à la Bibliothèque du roi, soit au Louvre dans les salles E, F que nous avons décrites, deux inventaires qui se retrouvent aujourd'hui aux Archives de l'Académie en furent dressés en 1732, puis vers 1745.

L'examen de ces documents montre, avec la plus entière évidence, l'importance que la Compagnie attachait à la possession de ses richesses et le soin qu'elle apportait à leur accroissement.

L'inventaire de 1745 présente un très grand intérêt. C'est un manuscrit de 145 pages, petit in-4°, dans lequel on a fait entrer le catalogue complet et détaillé de la bibliothèque, les manuscrits reliés, brochés ou en feuilles, parmi lesquels figurent les lettres de Descartes, de Torricelli et du P. Mersenne, les journaux

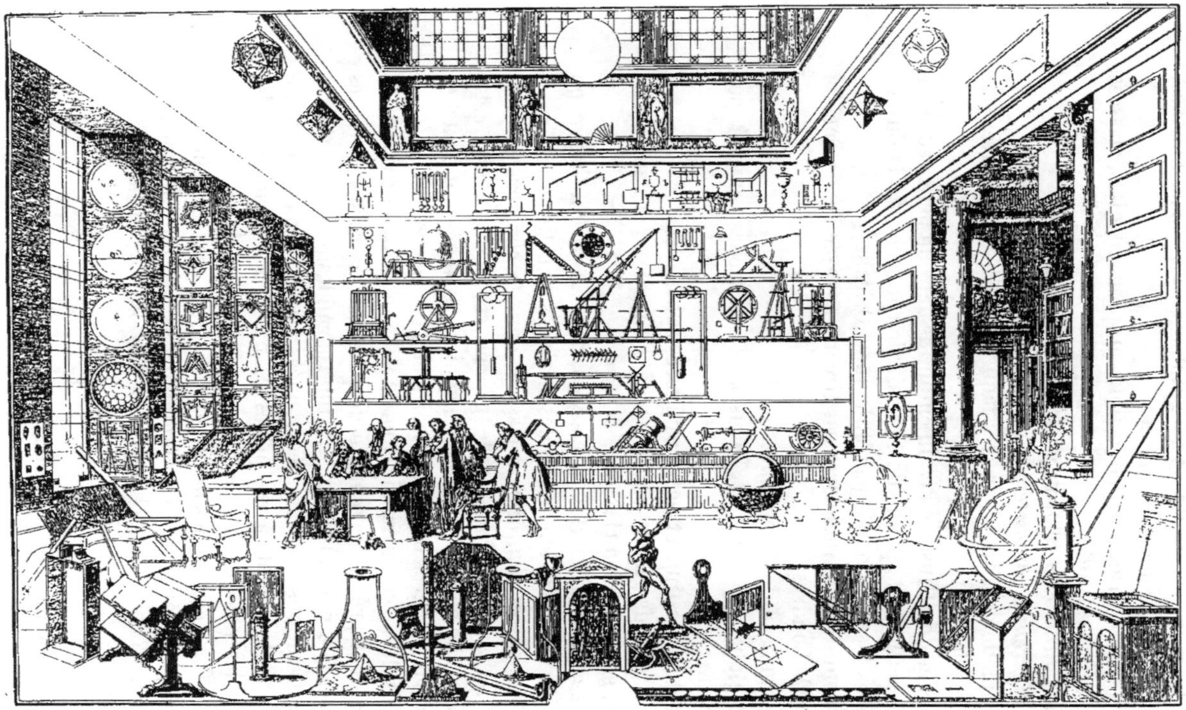

LE CABINET DE L'ACADÉMIE DES SCIENCES AU PALAIS DU LOUVRE

Par Sébastien Le Clerc.

de voyages sur mer par différents pilotes, les pièces présentées pour les prix, les cartes de géographie et les cartes marines, les dessins et les planches gravées.

On y trouve ensuite les collections proprement dites, classées dans l'ordre suivant :

1° *Machines et mémoires présentés à l'Académie.*

2° *Différentes curiosités*, parmi lesquelles on remarque :

La lunette de trois pieds avec laquelle Galilée a découvert les satellites de Jupiter ;

La plante du Giuseng, dessin enluminé dans un petit cadre ;

Une petite boîte pleine de l'extrait de rhubarbe de la Chine ;

Des os fossiles donnés par M. le duc d'Orléans ;

La demi-toise d'Angleterre par Gream, envoyée par la Société royale de Londres ;

Un morceau de sel gemme ;

Un globe représentant Vénus avec ses taches, envoyé par Bianchini ;

Un globe destiné à tracer des figures sphériques ;

Deux grands globes de Coronelli, l'un céleste et l'autre terrestre, sur leur pied (1).

3° *Les pièces d'anatomie* classées dans la *Bibliothèque* ou *salle des Globes* et au-dessus des armoires de cette salle ;

4° *Les pièces d'anatomie* classées dans la *chambre du Roi*, dans les grandes armoires de gauche et de droite de cette chambre, de chaque côté de ces armoires, attachées au plancher supérieur, rangées dans des tiroirs et dans des boîtes.

Il résulte de cet inventaire que l'Académie possédait vers 1745 un Cabinet précieux composé de plus de quatre cents pièces uniques et d'une valeur inestimable, parmi lesquelles figuraient les préparations anatomiques données par Du Verney après son décès. Si l'on ajoute à ces pièces les modèles de machines, les outils, les pièces d'horlogerie, etc., etc., légués en 1753 par Pajot d'Ons-en-Bray, les documents de toute nature recueillis et légués par Réaumur, on comprendra sans peine l'importance qu'il convenait d'attacher aux collections de l'Académie des sciences.

A une époque que nous ne saurions indiquer avec précision,

(1) Ces deux globes sont aujourd'hui à la Bibliothèque nationale.

Sage fut chargé de leur conservation, et c'est, croyons-nous, à ses pressantes sollicitations que la Compagnie dut le local qui lui fut concédé par l'ordonnance royale du 10 février 1785, dont nous avons reproduit le texte.

Le roi semblait désirer d'ailleurs que les collections de l'Académie prissent une plus grande importance. Rien n'était, dès lors, négligé pour les accroître et les rendre plus facilement accessibles. On y réunissait, non seulement ce qui avait trait aux sciences, mais encore ce qui pouvait avoir une valeur historique ; ce fut là, plus tard, le point de départ des collections du Conservatoire des arts et métiers.

Le 21 janvier 1785, Condorcet recevait, de Versailles, la lettre que voici :

Le Sr Blanchard, M[r], m'a remis le Pavillon françois de la machine aérostatique avec laquelle il a fait le trajet de Douvres à Calais. Le roi à qui j'en ai rendu compte pense que ce pavillon ne peut être placé dans aucun dépôt plus convenable que celui de l'Académie des sciences et qu'il sera à propos d'y ajouter une inscription qui constate l'événement, ainsi que le zèle et l'intrépidité du Sr Blanchard. Je vous prie d'en prévenir l'Académie. Je ferai remettre le Pavillon à l'Académie la première fois que j'irai à Paris.

J'ai l'honneur d'être avec un sincère attachement, M[r], votre très humble et très obéissant serviteur.

Le B[on] DE BRETEUIL.

Le 25 novembre suivant, Sage faisait connaître à ses confrères le résultat des démarches tentées par lui pour l'installation d'un laboratoire qu'avait autrefois possédé l'Académie à la Bibliothèque du roi et qu'elle n'avait plus, officiellement du moins, depuis son entrée au Louvre.

M. de Saint-Priest est venu voir lundi le cabinet de l'Académie, dit-il ; le ministre a confirmé la promesse qu'il m'avoit faite ; il donne pour le Laboratoire l'emplacement où les capitaineries tenoient leurs assemblées, c'est pourquoi je pense, Messieurs, qu'on doit lui en faire des remercîments ; ainsi, M. Le Roy, M. Sabatier et moi, nous nous rendrons auprès de lui.

Ce ministre a parlé au roi du Cabinet de l'Académie et m'a dit de l'avertir quand il seroit à peu près rangé, afin de prévenir le roi qui désire le voir. C'est pourquoi, Messieurs, je vous invite à vous occuper de cet arrangement. Je pense qu'il vaudroit mieux voir vides les

armoires du Cabinet que de les voir remplies de misères, c'est pourquoi il faut dès à présent enlever celles qui s'y trouvent.

A cette note, Sage ajoutait, quelques jours après, les renseignements qui suivent :

On doit de la reconnaissance à M. Tillet pour les soins qu'il a
donnés et la peine qu'il a prise de veiller à la disposition et à l'arrangement du Cabinet de l'Académie. Comme la plupart d'entre vous,
Messieurs, ignorent les circonstances qui nous ont rendu proprié-
taires de ce local, je les ai exposées dans cette note.

Un ami de M. Coqueley de Chaussepierre ayant voulu lui faire
avoir quinze mille livres du logement qu'il occupoit au-dessus de
l'Académie, détermina M. de La Boullaye, alors intendant général
des mines, à prendre l'ordre du ministre pour y transférer l'établissement de l'École royale des mines. Cet ordre me fut signifié. Ce fut
alors que j'engageai l'Académie à demander ce local pour y déposer
son Cabinet; je fus chargé par la Compagnie, conjointement avec
M. ..., de voir M. Coqueley. L'Académie lui donna quinze mille
livres et entra en possession du local.

M. Brébion s'étant chargé de disposer ce local pour y déposer le
Cabinet de l'Académie, cet architecte le distribua en trois galeries de
108 pieds de longueur sur 12 pieds de largeur, avec deux cloisons
dans toute la longueur.

Ayant été invité par M. Tillet à aller voir cet arrangement avec
M. de Lavoisier, je ne pus m'empêcher de me récrier sur sa mauvaise
disposition, la galerie intermédiaire ne pouvant être éclairée. Après
avoir dénoncé à l'Académie la défectuosité de cette disposition, nous
fûmes autorisés à aller chez M. Brébion, inspecteur des bâtimens du
Louvre, pour l'inviter à changer de projet; je relevai alors toutes les
mesures que voici et je donnai le projet suivant qui a été exécuté.

L'emplacement destiné au Cabinet de l'Académie a 108 pieds de
longueur, 38 de largeur et 13 de hauteur.

En prenant 16 pieds pour le Laboratoire et autant pour le Cabinet
d'étude, le Cabinet des machines se trouve réduit à 76 pieds de longueur sur 38 de largeur; cette proposition est plus régulière.

Le côté du Cabinet, sur la cour, a quatre trumeaux et cinq
fenêtres; de l'autre côté, il y a quatre trumeaux et trois fenêtres.....

Comme il est nécessaire de constater ce que renferme le Cabinet
de l'Académie et qu'il faut pour cet effet le concours de presque
toutes les classes, je crois que deux personnes de chacune d'elles
suffiront pour indiquer et faire la description de ce qui doit rester
dans le grand Cabinet et désigner ce qu'il faut faire réparer.

Les chimistes rassembleront les instrumens épars pour monter le Laboratoire qui est absolument nécessaire dans l'Académie.

Les commissaires nommés, conformément au désir exprimé par Sage, furent les suivants :

Physique. — MM. Brisson, Monge.
Mécanique. — MM. Le Roy, Vandermonde.
Astronomie. — MM. Cassini, Méchain.
Anatomie. — MM. Sabatier, Vicq-d'Azir.
Zoologie. — MM. Adanson, Broussonet.
Botanique. — MM. Lamarck, Desfontaines.
Chimie. — MM. Lavoisier, Fourcroy.
Minéralogie. — MM. Haüy, Duhamel; Sage.
Marine. — MM. Borda, Bory.

On voit par ce qui précède combien l'étude des collections de l'Académie sollicitait le savant et zélé minéralogiste. On le verra mieux encore peut-être par la note suivante :

Il est de l'intérêt de l'Académie, dit-il dans une seconde note conservée aux Archives, de constater ce qui est dans son Cabinet, il est de sa gloire que ce qu'il renfermera fixe l'attention par son utilité, sa perfection et sa propreté; ainsi il faudra reléguer dans le magasin ce qui sera regardé comme inutile.

Tout ce qui restera dans le grand Cabinet sera étiqueté et numéroté et portera, autant que cela sera possible, le nom de celui qui l'aura donné.

Le genre d'utilité et de perfection de la machine, sera exprimé dans la description qu'il faudra soigner de manière à pouvoir la livrer à l'impression, si on le juge convenable, un jour.

Afin de faire connaître la perfection que le temps a portée dans les machines, on les décrira par ordre des temps où elles ont été faites, en indiquant celles qui sont gravées dans nos *Mémoires*.

Quoique je n'aye engagé que quelques-uns des membres de l'Académie à concourir à la description de l'arrangement du Cabinet, cependant comme c'est un grand travail, je crois que tous doivent se faire un plaisir d'y concourir; je vous engage donc tous, Messieurs, à y coopérer. Chacun s'entendant avec les membres de sa classe, pourra se partager la besogne en allant dans le Cabinet les jours et aux heures qui lui conviendront, examiner et décrire quelques objets.

Tous les quinze jours on se rassemblerait pour se rendre compte de ce qui aurait été fait et tous ceux qui iraient dans le Cabinet pendant cet intervalle, mettraient leurs noms sur une feuille de papier afin qu'on puisse connaître ceux qui auront spécialement concouru à ce travail nécessaire qui ne peut manquer de faire honneur à l'Académie.

M. Messier ayant une très belle écriture est prié de transcrire les étiquettes.

Comme il est absolument nécessaire, ajoute Sage, que l'Académie mette son Laboratoire en ordre, j'ai demandé à M. le comte de St-Priest la pièce où s'assemblaient les Capitaineries. Ce ministre me l'a promise et se rendra incessamment dans le Cabinet de l'Académie.

M. le comte de St-Priest m'a demandé si l'Académie faisait encore usage de l'emplacement du miroir ardent. Je lui ai dit que non, pour l'instant. Il m'a dit qu'il verrait avec plaisir ce hangar disparaître (1).

A la sollicitation de M. de Saint-Priest, Louis XVI accorda pour le laboratoire le local qu'avait autrefois occupé la Varenne du Louvre, mais cette promesse ne put recevoir son exécution.

En 1789, Sage, aidé des commissaires dont nous donnions précédemment la liste, avait accompli sa mission, et les collections étaient classées. A ce moment, on avait fait placer dans les locaux qui leur étaient attribués quatre bustes dont il serait bien difficile de retrouver la trace. Ces bustes étaient ceux de Louis XIV, Louis XV et Louis XVI, par Boizot, et celui du baron de Breteuil, par Pajou. Les trois premiers étaient en plâtre; le quatrième en terre cuite. Pour l'exécution de ces bustes, Boizot avait reçu 288 ++ et Pajou 600 ++, ainsi qu'en font foi leurs quittances du 28 octobre 1788.

Le 19 décembre, Sage annonçait que M. le Dauphin et Madame Royale étaient venus voir le Cabinet; il ajoutait « que les dix petits tableaux mouvants qui y restent avaient fixé leur attention, et qu'il avait pris sur lui d'en offrir un à M. le Dauphin et un autre à Madame (2)».

L'Académie approuva ce que Sage avait fait à ce sujet.

Avant la suppression des Académies, un décret de l'Assemblée

____

(1) Le miroir ardent et le hangar qui le garantissait étaient placés dans le jardin de l'Infante, sur le bord de la Seine.

(2) Quatre de ces tableaux, mus par un mouvement d'horlogerie, sont aujourd'hui au Conservatoire des arts et métiers; les autres ont disparu.

nationale constituante, en date du 3 septembre 791, prescrivait à l'Académie des sciences de dresser un catalogue général de ses collections, pour être remis aux Archives nationales. Legentil, Vandermonde, Bossut, Le Roy, Duhamel et Sage furent chargés d'exécuter ce travail. Les Académies supprimées, les collections restèrent au Louvre dans un complet abandon, jusqu'au jour où l'Institut ayant été organisé, il put être statué sur leur sort. Ce ne fut que le 5 fructidor de l'an IX (23 août 1801) qu'un arrêté englobant à la fois ce qui appartenait à l'ancienne Académie des sciences et ce qui appartenait à l'ancienne Académie des inscriptions et belles-lettres, intervint à leur sujet.

Cet arrêté était conçu dans les termes suivants :

L'Institut national des sciences et des arts arrête :

I. L'Institut national aura, pour l'usage de ses membres et de ses commissaires, une collection de machines propres aux expériences et observations de physique et de chimie.

II. Il y aura un Cabinet d'histoire naturelle, de recueils, d'objets relatifs à toutes les branches de l'histoire, un dépôt de modèles de machines.

III. Le Cabinet de physique et de chimie sera dans un local séparé des autres collections; il sera fait un règlement particulier pour empêcher qu'il ne soit détérioré par l'usage qui en sera fait.

IV. Les objets qui composent les Cabinets de l'Institut seront rapprochés par classes, dont chacune sera ordonnée et surveillée par un membre choisi par la section qu'il concerne.

V. Cette division aura lieu ainsi qu'il suit :

1° *Dépôt des machines*, un membre de la section de mécanique ; 2° *Dépôt de modèles de vaisseaux*, un marin choisi par la section de mécanique; 3° *Instrumens de physique*, surveillés par un membre de la section de physique ; 4° *Instrumens de chimie (en évitant les doubles emplois)*, un membre de la section de chimie; 5° *Minéraux*, un membre de la section de minéralogie ; 6° *Herbiers, graines et autres produits végétaux*, un membre de la section de botanique ; 7° *Animaux*, un membre de la section de zoologie ; 8° *Préparations anatomiques*, un membre de la section de zoologie ; 9° *Dépôt de costumes, armes, objets de culte des peuples étrangers*, un membre de chacune des sections d'histoire et d'antiquités ; 10° *Médaillers et monumens antiques*, un membre de la section d'antiquités.

VI. Ces commissaires seront nommés dans le délai de deux décades, et leur nomination sera notifiée à l'Institut dans la séance prochaine et affichée à la Bibliothèque.

VII. Ils feront, chacun en leur particulier, dans le délai de trois mois, et d'après les règles suivantes, à leurs classes respectives, un rapport sur les moyens de disposer les parties de collections qui leur seront confiées : 1° les objets qui encombrent le Cabinet qui sont futiles et sans valeur, seront éliminés ; 2° les machines qui ne sont intéressantes, ni comme objets historiques, ni comme utiles à la pratique et qui ne seront point relatives à quelque mémoire présenté aux Académies ou à l'Institut, seront échangées ou vendues aux meilleures conditions possibles ; 3° les pièces nécessaires au complément des établissemens nationaux d'instruction, y seront réunies aux meilleures conditions possibles ; 4° les commissaires feront incessamment un rapport particulier sur les objets à entretien, tels qu'oiseaux, etc., et sur les frais que cet entretien pourra causer.

VIII. Les classes arrêteront, sur les rapports des commissaires, les aliénations et les échanges proposés.

IX. La garde du Cabinet reste provisoirement confiée à l'un des Sous-Bibliothécaires, sous la surveillance du Bibliothécaire.

Signé à la minute : LE BRUN, président ;

LÉVÊQUE et CHAMPAGNE, secrétaires.

En exécution de cet arrêté, l'Institut procéda à la nomination de dix commissaires. Les membres qui obtinrent la majorité furent :

Lévêque, pour les vaisseaux ;
Prony, pour les machines ;
Charles, pour la physique ;
Deyeux, pour la chimie ;
Sage, pour les minéraux ;
Ventenat, pour la botanique ;
Olivier, pour les animaux ;
Cuvier, pour les préparations anatomiques ;
Mongez, pour les costumes, les armes, etc. ;
Dupuis, pour les médailles.

Sage fit un rapport sur les minéraux le 16 vendémiaire an X.

Ventenat fit deux rapports sur les collections botaniques le 26 vendémiaire et le 1ᵉʳ frimaire, mais les choses restèrent en l'état, et les collections ne devinrent l'objet de préoccupations nouvelles qu'au moment où il fut question de les déplacer.

Transportées en 1806 au palais des Quatre-Nations, quand

l'Institut quitta le Louvre pour n'y plus rentrer, les pièces qui composaient le Cabinet de l'Académie des sciences furent placées provisoirement et sans classification dans les combles du monument; des commissaires spéciaux, choisis dans chacune des sections de la première classe, furent cependant chargés de veiller à leur conservation. L'emplacement manquait alors; on

BERNARD LE BOVIER DE FONTENELLE,
Secrétaire perpétuel de l'Académie des sciences (1697-1740),
d'après le portrait de H. Rigaud, gravé par Dossier.

ne possédait pas, comme aujourd'hui, la plus grande partie du palais; le mieux était donc de se résoudre à se séparer, quoi qu'il dût en coûter, de la presque totalité des modèles, des outils, des instruments et des machines; c'est ce qui fut décidé.

Dans la séance du 1er septembre 1806, le Ministre de l'intérieur annonçait qu'il avait nommé Molard et Montgolfier commissaires chargés de la réception des machines et modèles que l'Institut exprimait l'intention de céder au Conservatoire des arts et métiers. Des ordres étaient donnés par le Ministre pour que les membres de l'Institut pussent consulter le dépôt du Conservatoire toutes les fois que l'exigeraient leurs travaux, et le Bureau des dessinateurs de l'établissement devait lui fournir les dessins dont ils pourraient avoir besoin.

En janvier 1807, un état fut dressé de ce qui pouvait être cédé au Conservatoire des arts et métiers; on y trouve les objets suivants :

60 machines hydrauliques.
10   —   relatives à l'art du tourneur.
33   —   — à l'agriculture et à l'économie domestique.
73   —   propres à divers usages dans les arts et métiers.
54   —   concernant l'art de l'horlogerie.
68   —   diverses.
12 tableaux mouvants, représentant différents arts et métiers.
27 modèles de grues et cabestans.
24   —   de voitures ou moyens de transport.
11   —   de serrures et cadenas.
11   —   de métiers à filer, dévider et tisser.
 9   —   de tours en l'air, à l'archet, à guillocher et à portraits.
38   —   concernant la construction de charpente, la coupe de pierres, etc.
11 presses ou modèles relatifs à l'imprimerie.

Le 7 juillet 1807, il fut résolu qu'on offrirait au Muséum d'histoire naturelle tous les bocaux renfermant des préparations qui seraient de nature à l'intéresser.

Le 19 avril 1824, ces premiers sacrifices consommés, l'Académie des sciences décidait que les objets d'histoire naturelle, les anciens instruments d'astronomie et les modèles de machines, les idoles et les armes de sauvages, conservés encore dans les combles du dôme et dans les armoires du secrétariat, seraient déposés à l'Observatoire, au Muséum d'histoire naturelle, au Conservatoire des arts et métiers et à la Bibliothèque du roi.

Il fut également décidé que l'Académie ne conserverait que les instruments d'un usage habituel et qui pourraient être employés par les académiciens dans leurs expériences de chaque jour. On exceptait aussi les cristaux diaphanes qui pouvaient servir aux expériences d'optique.

En réalité, l'Académie des sciences ne possédait plus que fort peu de chose. Mais bien des difficultés se présentèrent alors dans la marche de ses travaux et quelques regrets furent exprimés au sujet de la perte des collections; en 1834, une commission était chargée d'examiner s'il ne serait pas convenable qu'on en formât de nouvelles.

Le 10 février, Arago, au nom de cette commission, composée de Poisson, Thenard, Dulong et Berthier, déclarait qu'il serait éminemment utile que l'Académie possédât un cabinet de physique où figureraient les instruments destinés aux leçons publiques, aux simples démonstrations, du moins tous les appareils qui peuvent être employés dans des recherches; la Commission pensait aussi qu'une collection de minéraux où les académiciens chimistes, cristallographes, physiciens, trouveraient sur-le-champ les échantillons nécessaires à leurs expériences, contribuerait puissamment à l'avancement des sciences; elle croyait enfin qu'il serait utile qu'il y eût dans les bâtiments de l'Institut un petit laboratoire, où les commissions pourraient faire les essais destinés à les diriger dans les jugements qu'elles sont appelées à porter.

Les deux premières propositions formulées par la Commission, celles qui étaient relatives à la création d'un cabinet de physique et d'une collection de minéraux, furent adoptées et, le 30 juillet 1834, M. A.-C. Becquerel fut nommé conservateur de ces collections nouvelles.

Elles subsistèrent jusqu'en 1864, époque à laquelle l'Académie, par décision du 6 juin et avec autorisation ministérielle du 13 décembre, en fit don au Conservatoire des arts et métiers, au Muséum d'histoire naturelle, à l'École des mines et à la Faculté de médecine. Un inventaire général fut dressé à cette occasion et déposé aux Archives.

On comprend quel sentiment a guidé l'Académie des sciences dans l'abandon qu'elle a spontanément consommé. La situation spéciale qu'elle occupe, l'exiguïté des locaux qui lui sont affectés, s'opposaient à ce que ses collections pussent être livrées au public; d'un autre côté, les laboratoires des grands établissements scientifiques lui sont aujourd'hui généreusement ouverts, et tous les moyens d'investigation dont ils disposent sont à sa disposition; elle a donc préféré s'appauvrir elle-même et enrichir par cela même, dans des proportions vraiment considérables, les grands dépôts scientifiques que nous possédons et qui sont à juste titre considérés comme la plus belle et la plus utile de nos richesses nationales.

Depuis longtemps on s'entretient de travaux importants qui pourraient entraîner de grandes et utiles modifications dans l'installation actuelle des Académies; des plans très étudiés ont

J.-J. Dortous de Mairan,
Secrétaire perpétuel de l'Académie des sciences (1740-1743),
d'après le portrait de Cochin fils, gravé par Migar.

été préparés par le savant architecte du palais, M. C. Moyaux, à qui l'on doit déjà la difficile restauration du dôme central de l'Institut.

Si ces travaux sont exécutés, on peut espérer que le gouvernement saisira avec empressement l'occasion, qui lui sera ainsi offerte, de doter les Académies d'une demeure plus vaste et mieux appropriée aux services multiples qui leur sont confiés.

On trouvera plus loin l'organisation de l'Institut national. Ici nous voulons nous occuper uniquement de l'Académie des sciences. On comprendra donc que nous terminions cette étude par la reproduction de son règlement actuellement en usage.

Ce règlement date du 19 mars 1803 et n'a jamais été modifié.

Lors du rétablissement des Académies, le 21 mars 1816, celle des sciences fut consultée à ce sujet et prit la résolution suivante, le 27 du même mois :

L'Académie des sciences arrête à l'unanimité que ses règlements actuels lui paraissent dictés par la raison et l'expérience et qu'il est à désirer qu'il n'y soit fait aucune modification.

En 1864, le 1er août, à la suite d'une discussion approfondie, elle eut cependant la pensée d'apporter quelques changements à l'article IV, relatif aux élections de ses membres, et fit réimprimer un règlement renfermant une disposition nouvelle ; le 21 novembre suivant, elle déclara supprimer cette réimpression. Le règlement de l'Académie est donc resté ce qu'il était en 1803, sauf pour ce qui regarde la nomination des membres composant les commissions administratives.

RÈGLEMENT INTÉRIEUR POUR LA CLASSE DES SCIENCES MATHÉMATIQUES ET PHYSIQUES DE L'INSTITUT NATIONAL.

Article I. — La classe aura un président et un vice-président, choisis parmi ses membres. Elle nommera chaque année, dans sa séance de vendémiaire, et à la majorité absolue, un vice-président, pris alternativement dans les sections mathématiques et dans les sections physiques.

Il sera président l'année suivante, et ne pourra être immédiatement réélu vice-président.

Article II. — La classe nommera chaque année dans la même séance et à la majorité absolue, un membre de la commission administrative, pris alternativement dans les sections mathématiques et dans les sections physiques. Il ne pourra être immédiatement réélu (1).

Article III. — Le président, le vice-président, les deux secrétaires perpétuels et les deux membres de la commission administrative, formeront un comité chargé de l'emploi des fonds de la classe, de

---

(1) Cette disposition a été modifiée par l'article 5 de l'ordonnance royale du 21 mars 1816, qui rend toujours rééligibles les membres des commissions administratives.

l'impression de ses ouvrages et de la tenue de ses séances générales et publiques.

Article IV. — Dans le mois qui suivra l'annonce de la vacance d'une place de membre ou d'associé étranger, la classe délibérera s'il y a lieu ou non d'élire, après avoir entendu sur cet objet le rapport de la section dans laquelle la place sera vacante.

Si la classe juge qu'il n'y a pas lieu d'élire, elle délibérera de nouveau et de la même manière sur cet objet, six mois après, et ainsi de suite.

Lorsque la classe aura arrêté qu'il y a lieu d'élire, tous les membres seront convoqués pour la séance suivante. La section dans laquelle la place sera vacante y présentera trois candidats au moins, dans l'ordre de préférence qu'elle leur accorde.

S'il s'agit d'un associé étranger, la classe nommera à la majorité relative, et pour tenir lieu de section, six membres, auxquels le président sera adjoint. Trois de ces membres seront pris dans les sections mathématiques et trois dans les sections physiques. Le mérite des candidats présentés par la section, et de ceux qu'elle pourroit avoir omis, sera discuté en séance secrète.

Dans la séance qui suivra cette discussion, pour laquelle les membres seront de nouveau convoqués, si les deux tiers sont présens, on procédera à l'élection par voie de scrutin individuel, sans s'astreindre à aucune liste. Si le premier tour de scrutin ne donne point de majorité absolue, on procédera à un second tour. S'il n'en résulte point encore de majorité absolue, on procédera à un scrutin de ballottage entre tous les candidats qui n'en auront point deux autres supérieurs en suffrages. On continuera ce scrutin de ballot-tage, toujours avec la même condition, jusqu'à ce que l'on obtienne la majorité absolue. Si l'on parvient à une égalité de suffrages entre les candidats, l'élection entre eux seuls sera remise à la séance sui-vante, pour laquelle il y aura une convocation nouvelle. Si les deux tiers des membres ne sont pas présens à la première séance indiquée pour l'élection, les membres seront convoqués de nouveau pour la séance suivante; et il suffira, pour procéder à l'élection, de la majo-rité des membres de la classe.

Art. V. — Le mode d'élection qui précède sera suivi pour une place de secrétaire, avec la différence que la classe ne délibérera point s'il y a lieu ou non d'élire. Pour tenir lieu de section, la classe nom-mera, à la majorité relative, six membres pris dans la division dans laquelle la place sera vacante, et auxquels le président sera adjoint.

Art. VI. — Les correspondans seront élus par un scrutin indi-viduel; et, dans le cas où le premier tour de scrutin ne donnera point de majorité absolue, on procédera à un second tour où il suf-fira de la majorité relative. Les correspondans pourront être choisis parmi les savants nationaux et étrangers.

Art. VII. — Tout membre qui s'absentera plus d'une année sans l'autorisation de la classe sera censé avoir donné sa démission (1).

Art. VIII. — Sur le traitement de chaque membre de la classe, 300 francs seront prélevés pour les droits de présence.

Art. IX. — Les seuls membres et associés de l'Institut en porteront le costume.

Certifié conforme à la délibération de la 1ʳᵉ classe de l'Institut.

Signé : CHAPTAL, président.

Le Premier Consul a donné son approbation au Règlement ci-dessus.

Par ordre :

Le secrétaire d'État,

Signé : HUGUES-B. MARET.

Le 28 ventôse an XI (19 mars 1803).

EXTRAIT DU PROCÈS-VERBAL DE LA SÉANCE DU 15 FLORÉAL AN XI
(5 mai 1803).

La classe des sciences physiques et mathématiques, convoquée extraordinairement pour délibérer sur l'indemnité, arrête ce qui suit :

Art. Iᵉʳ. Sur la somme annuelle de 1500 francs, assignée pour chacun des membres de l'Institut par l'art. XI de l'arrêté du gouvernement du 3 pluviôse an XI, il sera distrait une somme de 300 fr. pour former le fonds du droit de présence accordé à chaque membre de la classe des sciences physiques et mathématiques qui assistera aux séances générales et publiques, et aux séances particulières de la classe.

Art. II. Le droit d'assistance des absens accroîtra à ceux qui seront présens à la séance.

Art. III. Nulle autre retenue que celle qui est fixée par l'article Iᵉʳ ne pourra être faite sur l'indemnité de 1500 francs.

La présente délibération sera soumise à l'approbation du Premier Consul par le président de la classe.

Signé : CHAPTAL, président.

DELAMBRE, secrétaire perpétuel.

Le Premier Consul a approuvé le présent règlement. A Saint-Cloud, le 19 floréal an XI.

Par ordre :

Le secrétaire d'État,

Signé : HUGUES-B. MARET.

(1) Cet article n'a jamais été appliqué.

Les secrétaires de l'Académie des sciences.

Le premier secrétaire de l'Académie des sciences, nommé directement par le roi en 1666, fut l'oratorien Jean-Baptiste Duhamel; il conserva le titre de secrétaire perpétuel jusqu'en 1697 et se retira; le dernier procès-verbal qu'il ait signé est celui du 4 septembre (1).

Duhamel, pendant le voyage qu'il fit à Aix-la-Chapelle et à Londres en 1668, fut suppléé par l'abbé Galloys. Cette nomination provisoire, faite par le roi, est consignée au procès-verbal de la séance du 11 avril.

Fontenelle succéda à Duhamel, en 1697, et signa les procès-verbaux à partir du 13 novembre; il donna sa démission le 14 décembre 1740 (2).

Le 20 décembre, l'Académie procédait à son remplacement. Dortous de Mairan était élu et démissionnait à son tour trois ans plus tard, le 23 août 1743.

Grandjean de Fouchy, appelé à lui succéder le 31 du même mois, conserva ses fonctions jusqu'au 10 mars 1773, époque à laquelle, sur sa propre demande, le roi, après avis de l'Académie, accorda à Condorcet « l'adjonction et la survivance à la place de secrétaire, l'intention de Sa Majesté étant qu'il succède à cette place dans le cas où elle viendrait à vaquer ».

Le 26 novembre 1791, Condorcet demandait à l'Académie de nommer un de ses membres pour le suppléer pendant la durée de la législature.

Fourcroy était élu pour une durée de trois mois.

Le 29 février 1792, Haüy succédait à Fourcroy.

Le 13 juin 1792, Cassini remplaçait Haüy.

Le 21 novembre 1792, Lalande succédait à Cassini jusqu'au moment où Condorcet rentrait en fonctions.

L'ancienne Académie ayant cessé d'exister, l'Institut fut créé sur des bases nouvelles, et les secrétaires furent élus conformément à loi du 15 germinal an IV (4 avril 1796), dont l'article 5 est ainsi conçu :

(1) Il ne nous a pas été possible de trouver le portrait de J.-B. Duhamel. Nous croyons qu'il n'existe pas.

(2) Aucun procès-verbal ne paraît avoir été rédigé du 4 septembre au 13 novembre 1697. C'est donc entre ces deux dates qu'il convient de fixer la nomination de Fontenelle.

Dans la première séance de chaque semestre, chacune des classes procédera à l'élection d'un secrétaire, de la même manière que pour l'élection d'un président. Chaque secrétaire restera en

J.-P. GRANDJEAN DE FOUCHY
Secrétaire perpétuel de l'Académie des sciences (1743-1773),
d'après un portrait peint appartenant à l'Observatoire de Paris.

fonctions pendant un an et ne pourra être réélu qu'une fois. La première fois, on nommera deux secrétaires, et l'un d'eux sortira six mois après par la voie du sort.

Dans une séance préparatoire, tenue par la première classe

le 16 nivôse an IV, Cuvier, le plus jeune des membres présents, était appelé à remplir les fonctions de secrétaire.

Lacépède était nommé secrétaire et Haüy vice-secrétaire.

Le 6 floréal an IV, Lacépède et Prony étaient nommés secrétaires.

Le 1er vendémiaire an V, le sort décidait que Lacépède cessait d'être secrétaire; il était réélu.

J.-A.-N. CARITAT DE CONDORCET,
Secrétaire perpétuel de l'Académie des sciences (1773-1793),
d'après le portrait de Lemort, gravé par A. de Saint-Aubin.

Le 1er germinal an V, Prony était réélu.

Le 1er vendémiaire an VI, Lassus était nommé à la place de Lacépède.

Le 1er germinal an VI, Lefèvre-Gineau était nommé à la place de Prony.

Le 1er vendémiaire an VII, Lassus était réélu.

Le 1er germinal an VII, Lefèvre-Gineau était réélu.

Le 1er vendémiaire an VIII, Cuvier était nommé à la place de Lassus.

Le 1er germinal an VIII, Delambre était nommé à la place de Lefèvre-Gineau.

Le 1er vendémiaire an IX, Cuvier était réélu.

Le 1er germinal an IX, Delambre était réélu.

Le 1er vendémiaire an X, Lacépède était nommé à la place de Cuvier.

Le 1er germinal an X, Lacroix était nommé à la place de Delambre.

Le 7 vendémiaire an XI, Lacépède était réélu.

La loi du 3 pluviôse an XI (23 janvier 1803) restitua aux fonctions de secrétaire le caractère qu'elles avaient avant 1793.

L'article 2 de cette loi est conçu dans les termes qui suivent :

La première classe nommera, sous l'approbation du Premier Consul, deux secrétaires perpétuels, l'un pour les sciences mathématiques, l'autre pour les sciences physiques. Les secrétaires perpétuels seront membres de la classe, mais ne feront partie d'aucune section.

Le 11 pluviôse, Delambre était élu secrétaire perpétuel pour les sciences mathématiques, Cuvier était élu secrétaire perpétuel pour les sciences physiques.

Le 18 novembre 1822, Fourier succédait à Delambre, décédé le 19 août précédent.

Le 7 juin 1830, Arago succédait à Fourier, décédé le 16 mai.

Le 19 décembre 1853, Élie de Beaumont succédait à Arago, décédé le 2 octobre.

Le 3 novembre 1874, M. Bertrand succédait à Élie de Beaumont, décédé le 21 septembre.

Le 9 juillet 1832, Dulong succédait à Cuvier, décédé le 13 mai précédent.

Le 12 août 1833, Flourens succédait à Dulong, démissionnaire le 15 juillet.

Le 20 janvier 1868, Dumas succédait à Flourens, suppléé pendant une longue maladie par Coste, et décédé le 6 décembre 1867.

Le 9 juin 1884, Jamin succédait à Dumas, décédé le 11 avril.

Le 29 mars 1886, Vulpian succédait à Jamin, décédé le 12 février.

Le 18 juillet 1887, M. Pasteur succédait à Vulpian, décédé le 18 mai.

II

LA FONDATION

DE L'INSTITUT NATIONAL

CHAPITRE PREMIER

Première séance du 15 frimaire an IV. Loi déterminant l'établissement, les travaux et les fonctions de l'Institut. — Arrêté portant nomination de quarante-huit membres. — Lettre du Directoire exécutif. — Discours du ministre Bénezech. — Nomination d'un président et d'un secrétaire. — Discussion relative à la nomination des membres qui doivent compléter l'Institut. — Seconde séance. Lecture de la lettre du Président au Directoire. — Troisième, quatrième, cinquième, sixième, septième et huitième séances. Élections des membres. — Neuvième séance. Commission du règlement. Organisation des travaux. — Dixième, onzième et douzième séances. Projet de règlement et projet d'adresse. Adoption de ces projets. — Discours prononcé au conseil des Cinq-Cents par Lacépède. — Réponse du Président du Conseil. — Règlement.

Personne ne nie l'influence exercée par l'Institut de France sur la marche et le progrès des sciences, des lettres et des arts; cette influence s'affirme chaque jour, soit par les travaux personnels de ses membres, soit par les prix que décernent les Académies, soit enfin par les importantes publications qu'elles poursuivent.

Sans doute il est de mode aujourd'hui de rire de tout un peu, même de choses fort respectables, et bien des épigrammes dont le temps et le bon sens public ont, il est vrai, fait bonne justice, n'ont pas été épargnées aux Académies. La perfection n'étant pas de ce monde, il est bien évident que l'organisation de l'Institut peut présenter des lacunes ou des omissions regrettables, surtout si l'on se place au point de vue de ceux qui n'ont pas l'honneur de lui appartenir ; mais nous croyons qu'on chercherait vainement, soit en France, soit à l'étranger, parmi les créations du même ordre, une institution qui, de tout temps, ait aussi vaillamment résisté aux événements et aux critiques.

Tout ce qui touche à l'Institut, à son organisation et à son existence nous paraît donc présenter un véritable intérêt ; c'est avec la certitude d'être utile aux historiens de l'avenir que nous avons songé à réunir les documents concernant sa fondation et qui, si l'on en excepte les règlements, n'ont jamais été publiés.

Dans ce travail, nous avons fait de très larges emprunts aux procès-verbaux de l'illustre Compagnie ; nous leur avons conservé leur forme, et nous avouons bien volontiers n'avoir d'autre mérite que celui d'un copiste fidèle.

Première séance tenue par l'Institut, le 15 frimaire an IV de la République française (6 décembre 1795).

Les membres nommés par le Directoire exécutif comme faisant partie de l'Institut national des sciences et des arts se sont rendus à cinq heures du soir dans la salle d'assemblée de la ci-devant Académie des sciences suivant les termes de leur convocation.

Le citoyen Daubenton occupe le fauteuil en qualité de président d'âge.

Le citoyen Bénezech, Ministre de l'intérieur, donne lecture des titres IV et V de la loi rendue le 3 brumaire an IV (25 octobre 1795) par la Convention nationale, sur l'organisation de l'instruction publique.

Ces deux titres déterminent l'établissement, les travaux et les fonctions de l'Institut national.

En voici les dispositions textuelles :

TITRE IV. — INSTITUT NATIONAL DES SCIENCES ET DES ARTS.

I. — L'Institut national des sciences et des arts appartient à toute la République ; il est fixé à Paris ; il est destiné : 1° à perfectionner les sciences et les arts par des recherches non interrompues, par la publication des découvertes, par la correspondance avec les sociétés savantes et étrangères; 2° à suivre, conformément aux lois et arrêtés du Directoire exécutif, les travaux scientifiques et littéraires qui auront pour objet l'utilité générale et la gloire de la République.

II. — Il est composé de membres résidant à Paris, et d'un égal nombre d'associés répandus dans les différentes parties de la République; il s'associe des savants étrangers, dont le nombre est de vingt-quatre, huit pour chacune des trois classes.

III. — Il est divisé en trois classes, et chaque classe en plusieurs sections, conformément au tableau suivant :

CLASSES ET SECTIONS.	MEMBRES à Paris.	ASSOCIÉS dans les départements.
1re CLASSE. — SCIENCES PHYSIQUES ET MATHÉMATIQUES.		
1 Mathématiques	6	6
2 Arts mécaniques	6	6
3 Astronomie	6	6
4 Physique expérimentale	6	6
5 Chimie	6	6
6 Histoire naturelle et minéralogie	6	6
7 Botanique et physique végétale	6	6
8 Anatomie et zoologie	6	6
9 Médecine et chirurgie	6	6
10 Économie rurale et art vétérinaire	6	6
	60	60
2e CLASSE. — SCIENCES MORALES ET POLITIQUES.		
1 Analyse des sensations et des idées	6	6
2 Morale	6	6
3 Science sociale et législation	6	6
4 Économie politique	6	6
5 Histoire	6	6
6 Géographie	6	6
	36	36
3e CLASSE. — LITTÉRATURE ET BEAUX-ARTS.		
1 Grammaire	6	6
2 Langues anciennes	6	6
3 Poésie	6	6
4 Antiquités et monuments	6	6
5 Peinture	6	6
6 Sculpture	6	6
7 Architecture	6	6
8 Musique et déclamation	6	6
	48	48

IV. — Chaque classe de l'Institut a un local où elle s'assemble en particulier.

Aucun membre ne peut appartenir à deux classes différentes ; mais il peut assister aux séances et concourir aux travaux d'une autre classe.

V. — Chaque classe de l'Institut publiera tous les ans ses découvertes et ses travaux.

VI. — L'Institut national aura quatre séances publiques par an. Les trois classes seront réunies dans ces séances.

Il rendra compte, tous les ans, au Corps législatif des progrès des sciences et des travaux de chacune de ses classes.

VII. — L'Institut publiera tous les ans, à une époque fixe, les programmes des prix que chaque classe devra distribuer.

VIII. — Le Corps législatif fixera tous les ans, sur l'état fourni par le Directoire exécutif, une somme pour l'entretien et les travaux de l'Institut national des sciences et des arts.

IX. — Pour la formation de l'Institut national, le Directoire exécutif nommera quarante-huit membres, qui éliront les quatre-vingt-seize autres.

Les cent quarante-quatre membres réunis nommeront les associés.

X. — L'Institut une fois organisé, les nominations aux places vacantes seront faites par l'Institut sur une liste, au moins triple, présentée par la classe où une place aura vaqué.

Il en sera de même pour la nomination des associés, soit français, soit étrangers.

XI. — Chaque classe de l'Institut aura dans son local une collection des productions de la nature et des arts, ainsi qu'une bibliothèque relative aux sciences ou aux arts dont elle s'occupe.

XII. — Les règlements relatifs à la tenue des séances et aux travaux de l'Institut seront rédigés par l'Institut lui-même et présentés au Corps législatif, qui les examinera dans la forme ordinaire de toutes les propositions qui doivent être transformées en lois.

TITRE V. — ENCOURAGEMENTS, RÉCOMPENSES ET HONNEURS PUBLICS.

I. — L'Institut national nommera tous les ans, au concours, vingt citoyens, qui seront chargés de voyager et de faire des observations relatives à l'agriculture, tant dans les départements de la République que dans les pays étrangers.

II. — Ne pourront être admis au concours mentionné dans l'article précédent que ceux qui réuniront les conditions suivantes :

1° Être âgé de vingt-cinq ans au moins ;

2° Être propriétaire ou fils de propriétaire d'un domaine rural formant un corps d'exploitation, ou fermier ou fils de fermier d'un corps de ferme d'une ou de plusieurs charrues, par bail de trente ans au moins;

3° Savoir la théorie et la pratique des principales opérations de l'agriculture;

4° Avoir des connaissances en arithmétique, en géométrie élémentaire, en économie politique, en histoire naturelle en général, mais particulièrement en botanique et en minéralogie.

III. — Les citoyens nommés par l'Institut national voyageront pendant trois ans aux frais de la République et moyennant un traitement que le Corps législatif déterminera.

Ils tiendront un journal de leurs observations, correspondront avec l'Institut et lui enverront, tous les trois mois, les résultats de leurs travaux, qui seront rendus publics.

Les sujets nommés seront successivement pris dans chacun des départements de la République.

IV. — L'Institut national nommera, tous les ans, six de ses membres pour voyager, soit ensemble, soit séparément, pour faire des recherches sur les diverses branches des connaissances humaines autres que l'agriculture.

V. — Le palais national à Rome, destiné jusqu'ici à des élèves français de peinture, sculpture et architecture, conservera cette destination.

VI. — Cet établissement sera dirigé par un peintre français ayant séjourné en Italie, lequel sera nommé par le Directoire exécutif pour six ans.

VII. — Les artistes français désignés à cet effet par l'Institut, et nommés par le Directoire exécutif, seront envoyés à Rome. Ils y résideront cinq ans dans le palais national, où ils seront logés et nourris aux frais de la République, comme par le passé; ils seront indemnisés de leurs frais de voyage.

VIII. — La nation accorde à vingt élèves, dans chacune des écoles mentionnées dans les titres II et III de la présente loi, des pensions temporaires, dont le *maximum* sera déterminé chaque année par le Corps législatif.

Les élèves auxquels ces pensions doivent être appliquées seront nommés par le Directoire exécutif, sur la présentation des professeurs et des administrations des départements.

IX. — Les instituteurs et professeurs publics établis par la présente loi, qui auront rempli leurs fonctions durant vingt-cinq années, recevront une pension de retraite égale à leur traitement fixe.

X. — L'Institut national, dans ses séances publiques, distribuera chaque année plusieurs prix.

E. MAINDRON.   10

XI. — Il sera, dans les fêtes publiques, décerné des récompenses aux élèves qui se seront distingués dans les écoles nationales.

XII. — Des récompenses seront également décernées, dans les mêmes fêtes, aux inventions et découvertes utiles, aux succès distingués dans les arts, aux belles actions et à la pratique constante des vertus domestiques et sociales.

XIII. — Le Corps législatif décerne les honneurs du Panthéon aux grands hommes, dix ans après leur mort.

Le ministre donne également lecture d'un arrêté du Directoire exécutif dont la teneur suit :

LIBERTÉ.   DIRECTOIRE EXÉCUTIF.   ÉGALITÉ.

Du 29 brumaire an IV de la République française une et indivisible.

Le Directoire exécutif, considérant qu'il est de son devoir d'ouvrir avec célérité toutes les sources de la prospérité publique ;

Profondément convaincu que le bonheur du peuple français est inséparable de la perfection des sciences et des arts et de l'accroissement de toutes les connaissances humaines, que leur puissance peut seule entretenir le feu sacré de la liberté qu'elle a allumé, maintenir dans toute sa pureté l'égalité qu'elle a révélée aux nations, forger de nouvelles foudres pour la victoire, couvrir les champs mieux cultivés de productions plus abondantes et plus utiles, seconder l'industrie, vivifier le commerce, donner, en épurant les mœurs, de nouveaux garants à la félicité domestique, diriger le zèle de l'administrateur, éclairer la conscience du juge et dévoiler à la prudence du législateur les destinées futures des peuples dans le tableau de leurs vertus et même de leurs erreurs passées ;

Voulant manifester solennellement à la France et à toutes les nations civilisées sa ferme résolution de concourir de tout son pouvoir aux progrès des lumières, et fournir une nouvelle preuve de son respect pour la Constitution, en lui donnant sans délai le complément qu'elle a déterminé elle-même, et qui doit à jamais assurer au talent son éclat, au génie son immortalité, aux inventions leur durée, aux connaissances humaines leur perfectionnement, au peuple français sa gloire, et aux vertus leur plus digne récompense ;

Arrête,

Sont membres de l'Institut national des sciences et des arts :

1re CLASSE. — SCIENCES PHYSIQUES ET MATHÉMATIQUES.

Mathématiques.................	Lagrange.
—	Laplace.
Arts mécaniques...............	Monge.
—	Prony.
Astronomie...................	Lalande.
—	Méchain.
Physique expérimentale.........	Charles.
—	Cousin.
Chimie......................	Guyton.
—	Berthollet.
Histoire naturelle et minéralogie.	Darcet.
—	Haüy.
Botanique et physique végétale...	Lamark.
—	Desfontaines.
Anatomie et zoologie...........	Daubenton.
—	Lacépède.
Médecine et chirurgie..........	Des Essarts.
—	Sabatier.
Économie rurale et art vétérinaire.	Thouin l'aîné.
—	Gilbert, d'Alfort.

2e CLASSE. — SCIENCES MORALES ET POLITIQUES.

Analyse des sensations et des idées.	Volney.
—	Lévesque de Pouilly (1).
Morale......................	Bernardin de Saint-Pierre.
—	Mercier.
Science sociale et législation.....	Daunou.
—	Cambacérès.
Économie politique.............	Sieyès.
—	Creuzé-Latouche.
Histoire.....................	Lévesque, auteur de l'*Histoire russe*.
—	Delisle, auteur de la *Philosophie de la nature* et de l'*Histoire des hommes*.
Géographie...................	Buache.
—	Mentelle.

(1) Lévesque de Pouilly, n'ayant pas accepté, a été remplacé par Garat.

3ᵉ CLASSE. — LITTÉRATURE ET BEAUX-ARTS.

Grammaire....................	Sicard.
—	Garat (1).
Langues anciennes.............	Dussaulx, de la ci-devant Académie des inscriptions.
—	Bitaubé.
Poésie.................. ...	Chénier.
—	Lebrun.
Antiquités et monuments........	Mongez.
—	Dupuis.
Peinture.....................	David.
—	Van Spaendonck.
Sculpture....................	Pajou.
—	Houdon.
Architecture..................	Gondouin.
—	Dewailly.
Musique et déclamation.........	Méhul.
—	Molé.

Le Ministre de l'intérieur notifiera à chacun des citoyens dont le nom est porté au présent tableau sa nomination à l'Institut national. Il est en outre chargé de les installer dans l'édifice du Louvre, en se conformant à cet égard à la loi du 30 vendémiaire an IVᵉ de la République.

Vu le grand âge du président, le ministre lit une lettre écrite à l'Institut national par les membres du Directoire exécutif.

Elle est ainsi conçue :

ÉGALITÉ. LIBERTÉ.

Paris, le 15 brumaire an IV de la République française une et indivisible (6 décembre 1795).

Le Directoire exécutif
Aux citoyens composant l'Institut national.

C'est avec une bien grande satisfaction que le Directoire exécutif voit se réunir aujourd'hui les hommes qui, suivant le vœu de la Constitution, doivent faire concourir les sciences et les arts au maintien de la liberté et du gouvernement républicain qui nous

(1) Garat a donné sa démission de membre de la section de grammaire; il a été remplacé par Andrieux, le 15 frimaire an IV.

l'assure. Si des objets également majeurs et pressants n'absorbaient tous ses moments, il aurait chargé quelqu'un de ses membres d'assister à votre première réunion, pour prouver combien il attache de prix à la formation de l'Institut national. Mais, s'il est privé, par les circonstances, de se trouver par quelqu'un de ses membres au milieu des hommes les plus renommés par leurs talents, il est au moins assuré que vous n'oublierez jamais que l'utilité publique est le but auquel doivent tendre tous vos travaux, que tout doit prendre un nouveau caractère dans le nouvel ordre de choses, et que les sciences et les arts, jadis trop souvent employés à favoriser le despotisme, ou à plonger les hommes dans tous les vices qu'enfantent l'oisiveté et la mollesse, doivent aujourd'hui se diriger de manière à embraser tous les citoyens de l'amour de la vertu, et leur inspirer un profond respect pour les mœurs, un enthousiasme soutenu pour tout ce qui est grand, la ferme volonté de maintenir la liberté et l'égalité, au prix de tout leur sang, une soumission entière aux lois de leur pays et la résolution immuable de consacrer toutes leurs facultés à éclairer leurs concitoyens et à agrandir de plus en plus toutes les sources de la prospérité publique.

Le Directoire exécutif sera toujours empressé de seconder vos travaux par tous les moyens qui lui sont délégués ; il compte que vous l'aiderez de votre côté par tout ce que vos connaissances et vos divers talents vous mettent à même d'employer. Nous sommes également assurés de l'appui du Corps législatif, et cet heureux concours de la législation, des moyens du gouvernement et des lumières, élèvera notre commune patrie au plus haut degré de prospérité.

Rewbell, président.

Par le Directoire exécutif,

Le secrétaire général, Lagarde.

L'Assemblée arrête que son président est chargé de répondre à cette lettre, au nom de l'Institut national, et que la réponse, avant d'être envoyée, sera soumise à son jugement.

Le ministre annonce la démission du citoyen Garat, nommé membre de l'Institut national pour la section de grammaire, et se retire après avoir prononcé le discours suivant :

Citoyens,

C'est un moment bien doux pour moi, que celui où je suis appelé par mes fonctions au milieu des savants, des littérateurs et des artistes. Ce n'est pas sans une émotion profonde que je rouvre aujourd'hui ce sanctuaire du génie et que je vous y vois rassemblés.

Nos législateurs ont voulu prouver aux détracteurs de la France qu'après six ans de révolutions, de guerres et de tourmentes politiques, après deux ans surtout qui ont été deux siècles de barbarie, c'est encore en France que se trouvent les noms les plus célèbres dans les sciences et dans les arts.

Le Directoire exécutif, en vous choisissant, a rempli le vœu de la loi; l'opinion publique a ratifié ses choix; l'Europe savante et littéraire y applaudira, et l'étranger va s'empresser de venir prendre la place qui lui est marquée parmi vous.

Vous avez à nommer ceux qui doivent être associés à vos travaux et à votre gloire. Après vos noms, il en reste d'assez illustres que la voix publique vous désigne, et je n'ai pas besoin sans doute de vous rappeler avec quelle attention, avec quel scrupule doit être conféré l'honneur de cette association.

Après vous être complétés par ces choix que la loi vous attribue, vous vous rendrez compte de l'état où l'Institut naissant trouve toutes les branches des connaissances humaines qu'il est destiné à étendre et à perfectionner; en jetant les yeux sur les progrès qu'elles ont faits presque toutes dans ces derniers temps, vous retracerez l'histoire de vos propres succès et ce souvenir deviendra un engagement d'en obtenir de nouveaux.

Il est des sciences qui semblent parvenues à leur plus haut degré de perfectionnement. Qui croirait en effet que les mathématiques, l'astronomie, la physique, la chimie, l'histoire naturelle, la botanique, l'anatomie, etc., eussent encore quelques pas à faire, après les travaux et les découvertes des Lagrange, des Laplace, des Lalande, des Méchain, des Charles, des Berthollet, des Darcet, des Lamark, des Desfontaines, des Daubenton et de tant d'autres? Mais ces bienfaiteurs des sciences, ils vivent, ils se rassemblent, ils vont de nouveau méditer et produire. Les sciences ont donc l'espoir ou plutôt la certitude de s'enrichir encore!

D'autres parties moins avancées peut-être, et en quelque sorte plus nouvelles, du moins parmi nous, attireront votre attention; telles sont les théories relatives aux arts mécaniques, l'agriculture, l'économie rurale et l'art vétérinaire qui en est une branche intéressante. L'Institut national trouvera dans le Directoire exécutif tout l'appui que doit le gouvernement d'une grande nation, agricole autant que commerçante, à ceux qui s'occupent d'étendre et d'affermir ces premières bases de la prospérité publique, et je serai porté par mon inclination particulière autant que par l'amour de mon devoir à remplir à cet égard les intentions du Directoire.

Permettez, citoyens, à un ami de l'agriculture et des arts de vous intéresser à leur sort. L'agriculture est si arriérée dans un grand nombre de départements, les arts utiles ont tant de conquêtes à faire, que, chargé de réparer leurs maux et de pourvoir à leurs besoins, je sollicite pour eux votre zèle et vos lumières.

La France est de tous les pays de l'Europe celui qui peut réparer le plus promptement ses maux. La nature, l'industrie, le génie du commerce se réunissent pour assurer sa prospérité; mais la nature est négligée, l'industrie est entravée, et le commerce presque anéanti.

Réunissez donc ces heureux moyens que vous offrent l'étude et l'expérience pour faire refleurir ces branches de la richesse nationale.

Déjà je me suis entouré des hommes qui honorent le plus l'agriculture, les arts et le commerce, et déjà j'ai fait adopter quelques établissements utiles.

Le Directoire, sur mon rapport, a réalisé cette belle idée des conservatoires de plantes et d'animaux ; dans ce local déjà préparé, on fera tous les essais qui pourront éclairer la pratique de l'économie rurale, vous assurerez le succès de ces établissements, et rapportez-vous-en à mon zèle pour les propager dans la République.

L'agriculture, la botanique et l'art des jardins ne désavoueront pas le projet que voici : les jardins du Luxembourg, qu'une plus vaste étendue va rendre plus dignes du palais auquel ils appartiennent, offriront bientôt, dans une triple division, le jardin d'ornement le plus majestueux, les bosquets les plus champêtres, où se trouvera réunie la totalité des arbres et arbustes indigènes ou exotiques acclimatés en France.

Une plantation distincte que l'on pourrait appeler le Calendrier de Flore, s'il n'eût mérité le nom de bosquet de *Daubenton* qui en a conçu l'idée, offrira les fleurs, fruits ou baies dont se parent les divers mois de l'année; des vergers isolés réuniront les espèces de fruits les plus précieuses, c'est au hasard que sont dues les variétés; ici l'art en fera naître de nouvelles.

On rendra aussi à sa destination cette pépinière des ci-devant Chartreux, si célèbre, si digne de l'être, dont les productions enrichissaient depuis longtemps les plus beaux jardins de l'Europe ; elles seront bientôt restituées à leur gloire primitive, et pour assurer encore davantage leur utilité, on a formé à Sceaux une pépinière importante qui leur servira de principal dépôt.

Ce projet, conçu et dirigé par quelques amis des sciences naturelles et des beaux-arts, ne serait pas complet si l'on n'y eût fait entrer la restauration de la science potagère introduite en France par La Quintinie. Versailles en a été le berceau; ses potagers étaient devenus une école de laquelle sortaient annuellement nos meilleurs jardiniers, cependant nous n'avions point encore atteint le degré de perfection de quelques contrées de l'Allemagne et de la Hollande. Il s'agit aujourd'hui d'y parvenir et les potagers du Luxembourg nous en offrent le moyen.

Je n'indiquerai point à l'Institut les vues particulières que j'ai conçues pour l'amélioration des différentes parties de l'économie rurale, pour le rétablissement des haras, pour le perfectionnement des races d'animaux et surtout celui des bêtes à laine ; je me réserve de le consulter lorsque le moment de l'exécution sera venu ; mais qu'il me soit encore permis d'appeler son attention sur un établissement qui honore à jamais la nation française et qui est une de ces créations presque miraculeuses nées au milieu des orages de la Révolution, je veux parler du Conservatoire des arts et métiers.

Depuis plus d'un an le décret de son institution existe, les hommes éclairés qui doivent le diriger et le surveiller sont nommés, cependant les machines se détériorent, dispersées dans plusieurs locaux différents où elles sont inutiles aux arts, et, malgré les efforts multipliés de l'administration qui m'a précédé, ce beau monument n'avait point encore d'asile.

Je me suis occupé des moyens de le mettre bientôt à portée de remplir le but de son institution, et j'espère enfin que dans un court délai le succès couronnera mes espérances ; son utilité sera même accrue par des additions que j'ai regardées comme très importantes pour le progrès des arts.

Les sciences et les arts utiles qui se tenaient isolés des arts d'imagination et d'agrément, devenus moins sévères, sollicitaient l'heureuse association que l'Institut national leur procure. Fontenelle, La Condamine, Bailly, Condorcet, Vicq d'Azyr ont parcouru avec gloire l'une et l'autre carrière. Du pain et du fer, voilà, nous disait-on naguère, voilà tout ce qu'il faut à un peuple libre, mais c'étaient des tyrans qui tenaient ce langage, et ils le tenaient à un peuple qu'ils voulaient asservir. Le génie du Français s'opposait à ce qu'il devînt un sévère Spartiate ; c'est au peuple d'Athènes qu'on l'a dès longtemps comparé ; mais que les fleurs de la littérature et des beaux-arts ne soient pas pour la République une parure vaine et stérile ; poésie, éloquence, peinture, sculpture, architecture, déclamation, musique, science des antiquités et des monuments, connaissance des langues anciennes et modernes, tout ce qui forme la troisième classe de l'Institut doit être animé d'un nouvel esprit, prendre un nouveau caractère, et concourir à la félicité générale et à l'affermissement de la liberté. Les poètes, les littérateurs, les artistes que je vois parmi vous, l'ont déjà célébrée, et ils continueront de diriger l'esprit public que tant d'autres ont cherché à corrompre dans ces temps d'agitation et de trouble.

Grâce aux efforts réunis de toutes les parties de l'Institut national, le peuple français, à la certitude des sciences mathématiques et naturelles, à la profondeur des connaissances politiques, à l'élévation, à la pureté de la morale, joindra ce goût du beau dans tous les genres, et cet amour éclairé des beaux-arts qui fit des habitants de l'Attique le peuple le plus célèbre et le plus aimable de l'univers.

Les époques les plus favorables au génie sont celles des révolutions ; le terme de la nôtre est arrivé ; que les esprits agités par les orages politiques reportent leur énergie vers les sciences et les arts, qui seuls peuvent nous consoler de nos longs malheurs.

Voilà, citoyens, ce que la patrie attend de vous. Quant à moi, toutes mes facultés, tous mes instants sont à la République ; cependant parmi les soins importants qui me sont confiés, je regarderai comme les plus intéressants et les plus honorables ceux que je prendrai pour un établissement mis au premier rang parmi les moyens de régénération et de prospérité publique.

L'assemblée procède par la voie du scrutin à la nomination d'un président et d'un secrétaire. Le citoyen Dussaulx, ayant obtenu la majorité absolue pour la présidence, est proclamé président. Le citoyen Chénier, ayant obtenu la majorité absolue pour la place de secrétaire, est proclamé secrétaire.

La discussion s'ouvre sur la question de savoir si les membres qui doivent compléter l'Institut national seront nommés à la majorité absolue, ou seulement à la pluralité ; après avoir entendu plusieurs opinions, l'assemblée arrête que les membres qui doivent compléter l'Institut national seront nommés à la majorité absolue.

Un membre propose d'inviter le Directoire exécutif à provoquer auprès du Corps législatif quelques changements à l'organisation même de l'Institut national ; le plus important consiste à former une classe entière pour les sciences militaires et navales, il désire cependant que le nombre des membres qui doivent composer l'Institut ne soit pas augmenté. La discussion est ajournée à la séance suivante. L'assemblée arrête qu'avant d'examiner cette question, elle procédera dans la même séance aux opérations du scrutin nécessaire pour compléter l'Institut. En conséquence, elle arrête encore que chaque classe s'assemblera le lendemain 16 frimaire, pour former le tableau des citoyens qu'elle croira les plus dignes d'être associés à ses travaux et de faire partie de l'Institut. Enfin, après avoir arrêté sur la proposition d'un membre que les titres IV et V de la loi rendue le 3 brumaire dernier par la Convention nationale, sur l'organisation de l'instruction publique, l'arrêté du Directoire exécutif relatif aux quarante-huit membres de l'Institut qui sont déjà nommés, la lettre écrite à l'Institut par les membres du Directoire exécutif et le discours prononcé par le ministre seront insérés au procès-verbal, l'assemblée s'ajourne au surlendemain 17 frimaire à cinq heures du soir.

Deuxième séance du 17 *frimaire an IV* (8 décembre 1795).

Le président rend compte de deux lettres qui lui ont été adressées ; l'une est du citoyen Lévesque de Pouilly qui remercie, en supposant qu'il n'y ait point de méprise sur la liste du Directoire exécutif ; l'autre lettre est du citoyen Larcher qu'on avait consulté pour savoir s'il accepterait une place à l'Institut national, au cas qu'il fût choisi par les électeurs. Il s'excuse et remercie de toutes fonctions, en raison de son âge, de ses travaux et de ses infirmités. Un membre obtient la parole pour une motion d'ordre. Il désire que l'assemblée se constitue en Institut national, supposé qu'elle ne crût pas encore avoir ce caractère. Il demande aussi qu'il soit formé une commission de cinq membres pour rectifier, s'il y a lieu, le code réglementaire présenté par le Directoire exécutif, et préparer un travail sur le mode, le nombre et l'époque des élections. Cette proposition n'a pas de suite.

On a demandé au président lecture de la réponse qu'il a été chargé de faire à la lettre du Directoire exécutif. Cette réponse a été adoptée et envoyée sur-le-champ à son adresse. Elle est ainsi conçue :

LIBERTÉ.   ÉGALITÉ.

Paris, le 16 frimaire an IV de la République (7 décembre 1795).

Le président de l'Institut national aux citoyens composant le Directoire exécutif.

Le Ministre de l'intérieur, citoyens, nous a communiqué votre lettre dans notre séance d'hier : que n'avez-vous pu voir la sensation qu'elle y a produite ! Le beau moment ! On eût dit que c'était la résurrection de la philosophie, des sciences, des lettres et des arts.

Après six années d'anxiétés, quel a été notre ravissement, lorsque nous avons entendu pour ainsi dire, vos éloquentes voix retentir dans l'un des premiers sanctuaires de toutes les connaissances humaines, nous rappeler à nos goûts primitifs ; que dis-je ? à nos goûts, à nos passions les plus ardentes, car ce n'est qu'à l'aide de leurs généreux élans que l'on peut agrandir la sphère des beaux-arts, perpétuer la gloire de sa patrie et s'immortaliser soi-même !

N'en doutez pas, citoyens, nous seconderons, autant qu'il est en nous, et le vœu du Sénat français et vos grandes intentions. Tout annonce déjà que l'Institut national se rendra digne de la protection du peuple souverain qui ne veut plus désormais obéir qu'aux lois qui prescrivent de bonnes mœurs, qui font respecter les droits de la raison et de l'humanité. Nos travaux antérieurs et nos inclinations habituelles vous sont garants du zèle que nous apporterons à tout ce qui peut affermir la liberté que nous avons conquise, cette sainte et sublime liberté sans laquelle l'homme dégradé serait privé du ressort le plus puissant que l'Être suprême ait placé dans nos cœurs.

Nous brûlons, citoyens, de répondre à vos encouragements ; déjà nous nous sommes organisés et nous aurons recours à votre sagesse ainsi qu'à vos lumières, si quelque obstacle retardait notre marche.

Amis de la gloire et de la liberté de notre chère partie, vous voulez le bien, nous le voulons aussi. Le bien s'opérera, gardez-vous d'en douter. En effet, sous quels auspices plus heureux pourrions-nous recommencer notre carrière ! Toutes les factions conspiratrices baissent la tête, en présence de la majesté nationale, qui les sur-veille, toujours prête à les faire rentrer dans le néant, et nous devons espérer que le vaisseau de la République, après tant de tempêtes, voguera fièrement sur le courant des siècles tant que le soleil conti-nuera d'éclairer ce bel Empire.

La nation française ne soupire plus qu'après le maintien de la con-stitution qu'elle vient de sanctionner. C'est au génie de l'Institut national, à ses orateurs, à ses poètes, à ses peintres, à la réunion de tous les talents, que le gouvernement y a rassemblés, qu'il convient spécialement de l'embellir, de la faire aimer, cette salutaire consti-tution, que nous regardons tous comme l'ancre sacrée de la Répu-blique.

Nous vous promettons donc, citoyens, et nous jurons de nous dé-vouer tout entiers et sans réserve aux sublimes fonctions qui nous sont déléguées.

J. Dussaulx, président.

On a fait lecture des listes dressées par chaque classe de l'Institut, pour remplir les places vacantes dans les différentes sections. Sur la proposition d'un membre, l'assemblée arrête que les élections commenceront dans la séance suivante : en conséquence, elle s'ajourne au lendemain 18 frimaire à six heures du soir.

Troisième séance du 18 frimaire an IV (9 décembre 1795).

L'ordre du jour étant sur les élections, après quelques propositions qui n'ont pas de suite, l'assemblée passe au scrutin individuel pour le premier membre de la section de mathématiques. Le citoyen Borda, ayant réuni la majorité absolue, est proclamé membre de l'Institut. Le citoyen Bossut obtient la majorité absolue des suffrages pour la seconde place de la même section. Il est également proclamé membre de l'Institut. Sur la proposition d'un membre, l'assemblée arrête qu'elle nommera successivement et au scrutin individuel, deux membres de chaque section.

Les deux membres de la section de mathématiques se trouvant nommés, elle passe aux autres sections. En conséquence, le président proclame dans l'ordre ci-après, membres de l'Institut national, les citoyens :

Le Roy	Section des arts mécaniques.
Perrier	— —
Lemonnier	Section d'astronomie.
Pingré	—
Brisson	Section de physique expérimentale.
Coulomb	— —
Fourcroy	Section de chimie.
Bayen	—
Desmarets	Section d'histoire naturelle et minéralogie.
Dolomieu	— —
Adanson	Section de botanique et physique végétale.
Jussieu	— —
Portal	Section de médecine et chirurgie.
Hallé	— —
Tenon	Section d'anatomie et zoologie.
Broussonet (1)	— —

On observe qu'il faut passer aux sections qui composent la

(1) Broussonet avait donné sa démission, mais il l'a retirée le 15 juin 1796, et la première classe lui a rendu sa place le 7 juillet suivant.

seconde classe. L'assemblée s'ajourne au lendemain à six heures du soir.

Quatrième séance du 19 *frimaire an IV* (10 décembre 1795).

L'assemblée procède aux opérations du scrutin.

Le président proclame successivement membres de l'Institut national des sciences et des arts, les citoyens :

Tessier...............	Section d'économie rurale et art vétéri-naire.
Huzard...............	— —
Garat (1).............	Section de l'analyse des sensations et des idées.
Ginguené.............	— —
Grégoire.............	Section de morale.
La Reveillère-Lepeaux..	—
Merlin, de Douai.......	Section des sciences sociales et législation.
Pastoret.............	— —
Dupont, de Nemours....	Section d'économie politique.
Lacuée..............	— —
Raynal (2)............	Section d'histoire.
Anquetil, auteur de l'*Esprit de la Ligue*.....	—
Reinhard.............	Section de géographie.
Fleurieu.............	—
Villars..............	Section de grammaire.
J.-B. Louvet..........	—

Ces nominations faites, l'assemblée s'ajourne au surlendemain 21 frimaire à six heures du soir.

Cinquième séance du 21 *frimaire an IV* (12 décembre 1795).

...... Le président, après le dépouillement des scrutins, a proclamé membres de l'Institut, les citoyens :

(1) Le Directoire ayant nommé Garat à la place de Lévesque de Pouilly, cette place est devenue vacante. Cabanis a été appelé à la remplir par un vote du 24 frimaire.

(2) Raynal, démissionnaire, a été remplacé seulement après son décès, le 5 thermidor an V, par Bouchaud.

Silvestre de Sacy (1)....   Section des langues anciennes.
Dutheil...............   —   —
Delille...............   Section de poésie.
Ducis...............   —
Leblond.............   Section des antiquités et monuments.
David Le Roy.........   —   —
Vien................   Section de peinture.
Vincent..............   —
Julien..............   Section de sculpture.
Moitte..............   —
Paris (2)............   Section d'architecture.
Boullée.............   —

Avant de procéder au dépouillement des scrutins pour la section de musique et de déclamation, un membre lit un discours important (3) et conclut en demandant pour la déclamation trois places des six accordées à la section qu'elle partage avec la musique.

L'assemblée, adoptant les conclusions de l'opinant, arrête que l'art de la déclamation aura trois places dans l'Institut.

On a continué les scrutins, et le président a proclamé membres de l'Institut, les citoyens :

Gossec...............   Section de musique et déclamation.
Préville (4)...........   —   —

L'assemblée s'ajourne au lendemain 22 frimaire à six heures du soir.

Sixième séance du 22 frimaire an IV (13 décembre 1795).

L'Institut a passé tout de suite au dépouillement des scrutins, et le président a proclamé membres de l'Institut national, les citoyens :

(1) Silvestre de Sacy, démissionnaire, a été remplacé par Larcher le 5 thermidor an V.

(2) Paris, démissionnaire, a été remplacé par Dufourny, le 5 thermidor an IV.

(3) Ce discours n'a pas été conservé et son auteur ne nous est pas connu.

(4) Préville, démissionnaire, a été remplacé par Grandménil, le 5 thermidor an IV.

Legendre ....   Section des mathématiques.
Delambre.............   —   —
Vandermonde (1).......   Section des arts mécaniques.
Ferdinand Berthoud....   —   —
Messier..............   Section d'astronomie.
Cassini (2)...........   —
Rochon..............   Section de physique expérimentale.
Lefèvre-Gineau ....   —   —
Pelletier.............   Section de chimie.
Vauquelin ....   —
Duhamel.............   Section d'histoire naturelle et minéra-
                         logie.
Lelièvre ....   —   —
Lhéritier.............   Section de botanique et physique végétale.
Ventenat.............   —   —
Cuvier..............   Section d'anatomie et zoologie.
Richard..............   —   —
Pelletan ....   Section de médecine et de chirurgie.
Lassus..............   —   —
Cels................   Section d'économie rurale et art vétéri-
                         naire.
Parmentier...........   —   —

L'assemblée s'ajourne au lendemain 23 frimaire à six heures
du soir.

Septième séance du 23 frimaire an IV (14 décembre 1795).

Le président a proclamé membres de l'Institut national, les
citoyens :

Deleyre..............   Section de l'analyse des sensations et des
                         idées.
Le Breton............   —   —
Lakanal.............   Section de morale.
Naigeon.............   —
Garan-Coulon ....   Section de science sociale et législation.
Baudin (des Ardennes)..   —   —
Talleyrand-Périgord....   Section d'économie politique.
Rœderer.............   —   —

(1) Vandermonde, décédé, a été remplacé par Carnot, le 5 thermidor an V.
(2) Cassini, démissionnaire, a été remplacé par Jeaurat, le 5 nivôse an V.

Dacier...............	Section d'histoire.
Gaillard (1)............	—
Gossellin.............	Section de géographie.
Bougainville	—
Domergue............	Section de grammaire.
De Wailly............	—

L'assemblée s'ajourne au lendemain 24 frimaire à six heures du soir pour terminer les opérations du scrutin.

Huitième séance du 24 frimaire an IV (15 décembre 1795).

Le citoyen Garat annonce à l'assemblée que le Directoire exécutif l'a nommé pour remplir la place donnée par erreur au citoyen Lévesque de Pouilly, mort depuis quelque temps. Il résulte qu'il reste une place à remplir dans la section de l'analyse des sensations.

On procède au scrutin, le président proclame le citoyen Cabanis, membre de l'Institut national pour la section de l'analyse des sensations.

On continue les opérations du scrutin nécessaire pour compléter l'Institut national. En conséquence, le président proclame successivement membres de l'Institut, les citoyens :

Langlès..............	Section des langues anciennes.
Sélis	— —
Collin d'Harleville......	Section de poésie.
Fontanes.............	—
Ameilhon............	Section des antiquités et monuments.
Camus...............	— —
Renaud..............	Section de peinture.
Taunay..............	—
Rolland..............	Section de sculpture.
Dejoux	—
Peyre...............	Section d'architecture.
Raymond............	—
Grétry..............	Section de musique et de déclamation.
Monvel	— —

. (1) Gaillard, démissionnaire, a été remplacé par Legrand d'Aussy, le 5 prairial an VI.

Les nominations achevées, l'assemblée arrête que son président adressera au Ministre de l'intérieur une liste de tous les membres de l'Institut, en le priant de faire parvenir aux quatre-vingt-seize membres nommés par elle la nouvelle de leur élection et l'invitation de se réunir, le 1er nivôse prochain à six heures du soir, dans le local qu'occupait l'Académie des sciences.

L'assemblée s'ajourne jusqu'à cette époque.

Neuvième séance du 1er nivôse an IV (22 décembre 1795).

Les cent quarante-quatre membres de l'Institut national des sciences et arts se sont rendus à six heures du soir dans le local qu'occupait l'Académie des sciences.

Le secrétaire a donné lecture de la correspondance.

.... Après un discours étendu, lu par un membre de l'Institut national (1), relativement au but et aux fonctions de cette Société, un autre membre propose de s'occuper à l'instant des règlements. Cette proposition donne lieu à une longue discussion qui se termine par les arrêtés suivants :

L'Institut national arrête :

1° Qu'il sera nommé douze commissaires, quatre de chaque classe pour rédiger et proposer un plan de règlement; 2° qu'il sera nommé une commission de trois membres, un de chaque classe, pour s'occuper de tout ce qui est nécessaire à l'établissement total et aux travaux de chaque classe, tels que les livres, machines, etc.; 3° que les classes de l'Institut s'assembleront chaque décade à six heures du soir, dans l'ordre suivant : la première classe, les primidi et sextidi; la seconde classe, les duodi et septidi; la troisième classe, les tridi et octidi; 4° que les douze commissaires chargés de présenter un plan de règlement s'assembleront pour la première fois quartidi prochain.

On passe au scrutin pour leur nomination.

Les douze commissaires sont les citoyens :

1re classe.	2e classe.	3e classe.
Laplace.	Daunou.	Chénier.
Fourcroy.	Sieyès.	Mongez.
Lacépède.	De Lisle de Sales.	Villars.
Borda.	Grégoire.	Boullée.

(1) Ce discours est resté inconnu.

E. MAINDRON.

On passe au scrutin pour former la seconde commission; les trois membres élus sont les citoyens Charles, Ginguéné et de Wailly.

Dixième séance du 15 nivôse an IV (5 janvier 1796).

Première lecture du projet de règlement de l'Institut...

L'Institut arrête que l'on fera trois copies du projet de règlement, que ces copies seront remises à chacune des classes pour qu'elles s'en occupent, qu'elles rédigent leurs observations dans les trois séances particulières et qu'elles les remettent ensuite à la commission des douze qui en fera l'examen et usage dans la séance de nonidi, afin que l'Institut, se rassemblant le décadi, puisse entendre la lecture du projet corrigé par la commission d'après les observations des trois classes.

Onzième séance du 25 nivôse an IV (15 janvier 1796).

Fin de la lecture et adoption du projet de règlement.

Discussion sur la manière de présenter ce projet au Corps législatif.

L'Institut décide que la commission réglementaire avec le Président et le Bureau présenteront au Corps législatif le projet de règlement et une adresse.

Il est décidé que la même commission présentera au Directoire exécutif le titre du règlement concernant les fonds et les dépenses.

L'Institut se rassemblera octidi pour entendre la lecture de l'adresse.

Douzième séance du 28 nivôse an IV (18 janvier 1796).

Lecture du projet d'adresse proposé par la commission des douze.

Lecture d'une lettre du Ministre de l'intérieur, du 28, annonçant les démissions des citoyens Raynal, Silvestre de Sacy, Paris, Cassini et Préville.

..... L'Institut arrête que la commission sera chargée de la dernière rédaction de l'adresse.

Il arrête, sur la proposition du citoyen Grégoire et de la commission des douze, que le Président de l'Institut écrira au Président du conseil des Cinq-Cents pour lui demander l'admission de cette commission à sa barre et lui proposer le projet de règlement.

Discours prononcé au conseil des Cinq-Cents, le 1ᵉʳ pluviôse an IV (21 janvier 1796), par Lacépède, au nom de l'Institut national.

Nous venons, au nom de l'Institut national, vous présenter les règlements qui, au terme de la loi, doivent diriger sa marche. Amants de la liberté, nous avons cherché à écarter toutes les formes serviles des institutions monarchiques; partisans déclarés de la République, nous lui devons une éternelle reconnoissance, car, en laissant aux lettres toute leur liberté et tout leur éclat, elle rétablit entre les différentes familles des sciences et des arts cette douce fraternité qui lie toutes les classes de la société.

Nous jurons fidélité à cette alliance éternelle, contractée entre la science et la liberté. La liberté fera fleurir la science, celle-ci donnera un nouvel éclat à la liberté.

Les membres de l'Institut national nous ont chargés de prêter en leur nom, dans votre sein, le serment qu'ils prêtent en ce moment au milieu de leurs concitoyens : *Nous jurons haine à la royauté.*

Réponse du Président du Conseil.

Le serment que vous venez de prêter comprimera à jamais les partisans de l'anarchie et de la royauté. Cette constitution méditée au sein des orages, les encouragements donnés aux sciences et aux arts, au milieu du chaos de la plus grande révolution ; ces découvertes utiles, qui, dans le court intervalle de quelques mois, nous ont fait franchir l'espace de plusieurs siècles, tout annonce à l'univers que les fondateurs de la République, en assurant d'une main l'édifice constitutionnel, en écrasant de l'autre toutes les factions, n'ont pas néanmoins négligé les sciences et les lettres.

Pour eux, la République a été assise sur deux bases indestructibles, la victoire et la loi ; une troisième base reste encore, l'instruction publique ; ils vous délèguent le soin de la poser. C'est à vous à propager les lumières, à inspirer par votre conduite et par vos écrits l'amour de la liberté, la haine de la royauté ; car les arts, les sciences et les lettres n'ont pas de plus grands ennemis que le sceptre qui courbe et qui avilit.

RÈGLEMENT DE L'INSTITUT NATIONAL

Loi du 15 germinal an IV (4 avril 1796).

Résolution du 25 ventôse an IV (15 mars 1796). — Le Conseil des Cinq-Cents, après avoir entendu le rapport de sa commission créée pour examiner le projet de règlement de l'Institut national des sciences et des arts, ainsi que les trois lectures faites les 19 pluviôse, 3 et 25 ventôse,

Déclare qu'il n'y a pas lieu à l'ajournement.

Le Conseil, après avoir déclaré qu'il n'y a pas lieu à l'ajournement, prend la résolution suivante :

SÉANCES

I. — Chaque classe de l'Institut s'assemblera deux fois par décade : la première classe, les *primidi* et *sextidi;* la seconde classe, les *duodi* et *septidi;* et la troisième classe, les *tridi* et *octidi.* La première séance de chaque décade sera publique.

II. — Le bureau de chaque classe sera formé d'un président et de deux secrétaires.

III. — Le président sera élu par chaque classe, pour six mois, au scrutin et à la pluralité absolue, dans les premières séances de vendémiaire et de germinal; il ne pourra être réélu qu'après six mois d'intervalle.

IV. — Le président sera remplacé, dans son absence, par le membre président sorti le plus nouvellement de la présidence.

V. — Dans la première séance de chaque semestre, chacune des classes procédera à l'élection d'un secrétaire, de la même manière que pour l'élection d'un président. Chaque secrétaire restera en fonctions pendant un an et ne pourra être réélu qu'une fois. La première fois, on nommera deux secrétaires, et l'un d'eux sortira six mois après par la voie du sort.

VI. — L'Institut s'assemblera le *quintidi* de la première décade de chaque mois, pour s'occuper de ses affaires générales, prendre connaissance des travaux des classes et procéder aux élections.

VII. — Il sera présidé alternativement par l'un des trois présidents des classes, et suivant leur ordre numérique. Le sort déterminera celui qui présidera dans la première séance.

VIII. — Le bureau de la classe du président sera celui de l'Institut pendant la séance et durant le mois qui la suit; il sera chargé, dans cet intervalle, de la correspondance et des affaires de l'Institut.

IX. — Les quatre séances publiques de l'Institut auront lieu les 15 vendémiaire, nivôse, germinal et messidor.

ÉLECTIONS

X. — Quand une place sera vacante dans une classe, un mois après la notification de cette vacance la classe délibérera, par la voie du scrutin, s'il y a lieu ou non de procéder à la remplir. Si la classe est d'avis qu'il n'y a pas lieu d'y procéder, elle délibérera de nouveau sur cet objet trois mois après et ainsi de suite.

XI. — Lorsqu'il sera décidé qu'il y a lieu de procéder à l'élection, la section dans laquelle la place sera vacante présentera à la classe une liste de cinq candidats au moins.

XII. — S'il s'agit d'un associé étranger, la liste sera présentée par une commission formée d'un membre de chaque section de la classe élu par cette section.

XIII. — Si deux membres de la classe demandent qu'un ou plusieurs autres candidats soient portés sur la liste, la classe délibérera par la voie du scrutin, et séparément, sur chacun de ses candidats.

XIV. — La liste étant ainsi formée et présentée à la classe, si les deux tiers des membres sont présents, chacun d'eux écrira sur un billet les noms des candidats portés sur la liste, suivant l'ordre du mérite qu'il leur attribue, en écrivant 1 vis-à-vis du dernier nom, 2 vis-à-vis de l'avant-dernier nom, 3 vis-à-vis du nom immédiatement supérieur, et ainsi du reste jusqu'au premier nom.

XV. — Le président fera à haute voix le dépouillement du scrutin, et les deux secrétaires écriront au-dessous des noms de chaque candidat les nombres qui leur correspondent dans chaque billet. Ils feront ensuite les sommes de tous ces nombres, et les trois noms auxquels répondront les trois plus grandes sommes formeront, dans le même ordre, la liste de présentation à l'Institut.

XVI. — S'il arrive qu'une ou plusieurs autres sommes soient égales à la plus petite de ces trois sommes, les noms correspondants seront portés sur la liste de présentation, dans laquelle on tiendra note de l'égalité des sommes.

XVII. — Si les deux tiers des membres ne sont pas présents à la séance, la formation de la liste de présentation à l'Institut sera renvoyée à la plus prochaine séance qui réunira les deux tiers des membres.

XVIII. — La liste portée par la classe sera présentée à l'Institut dans la séance suivante. Un mois après cette présentation, si les deux tiers des membres de l'Institut sont présents à la séance, on procédera à l'élection; autrement, l'élection sera renvoyée à la plus prochaine séance qui réunira la majorité des membres.

XIX. — L'élection aura lieu entre les candidats portés sur la liste de présentation de la classe, suivant le mode prescrit pour la formation de cette liste. Le candidat au nom duquel répondra la plus grande somme sera proclamé par le président, qui lui donnera avis de sa nomination.

XX. — Dans le cas de l'égalité des sommes les plus grandes, on procédera, un mois après, et suivant le mode précédent, à un nouveau scrutin entre les seuls candidats aux noms desquels ces sommes répondent.

XXI. — Si plusieurs candidats sont élus dans la même séance, l'âge déterminera leur rang d'ancienneté dans la liste des membres de l'Institut.

XXII. — Les citoyens qui, par la loi du 3 brumaire sur l'organisation de l'instruction publique, doivent être choisis par l'Institut pour voyager et faire des recherches sur l'agriculture, seront élus au scrutin, d'après une liste au moins triple du nombre des places à remplir. Cette liste sera présentée à l'Institut par une commission formée d'un membre de chaque section des deux premières classes élu par cette section.

XXIII. — Les candidats aux noms desquels répondront, dans le dépouillement du scrutin, les plus grandes sommes prises en nombre égal à celui des places à remplir seront élus ; et dans le cas d'égalité de suffrages, les plus âgés auront la préférence.

PUBLICATIONS DES TRAVAUX DE L'INSTITUT

XXIV. — Chaque classe publiera séparément les mémoires de ses membres et de ses associés : la première, sous le titre de *Mémoires de l'Institut national, sciences mathématiques et physiques;* la seconde, sous celui de *Mémoires de l'Institut national, sciences morales et politiques;* et la troisième, sous le titre de *Mémoires de l'Institut national, littérature et beaux-arts.* Les classes publieront de plus les pièces qui auront remporté les prix, les mémoires des savants étrangers qui leur seront présentés et la description des inventions nouvelles les plus utiles.

XXV. — L'Institut national continuera la description des arts commencée par l'Académie des sciences et l'extrait des manuscrits des bibliothèques nationales commencé par l'Académie des inscriptions et belles-lettres. Il sera chargé de toutes les opérations relatives à la fixation de l'unité des poids et mesures ; et, lorsqu'elles seront terminées, il sera dépositaire d'une mesure originale de cette unité, en platine.

XXVI. — Les associés correspondront avec la classe à laquelle ils appartiennent. Ils lui enverront leurs observations et lui feront part de tout ce qu'ils connaîtront de nouveau dans les sciences et les arts. Lorsqu'ils viendront à Paris, ils auront droit d'assister aux séances de l'Institut et de ses classes et de participer à leurs travaux, mais sans y avoir ni voix élective ni fonctions relatives au régime intérieur. Ils ne cesseront d'être associés qu'après un an de domicile à Paris ; et, dans ce cas, on procédera à leur remplacement.

XXVII. — Les six membres de l'Institut qui, par la loi du 3 brumaire sur l'organisation de l'instruction publique, doivent faire chaque année des voyages utiles aux progrès des arts et des sciences, seront choisis par tiers dans chacune des classes.

PRIX

XXVIII. — L'Institut national proposera six prix tous les ans. Chaque classe indiquera les sujets de deux de ces prix, qu'elle adjugera seule. Les prix seront distribués par l'Institut dans les séances publiques.

XXIX. — Lorsqu'il aura paru un ouvrage important dans les sciences, les lettres et les arts, l'Institut pourra proposer au Corps législatif de décerner à l'auteur une récompense nationale.

XXX. — Les trois sections réunies de peinture, de sculpture et d'architecture choisiront au concours les artistes qui, conformément à la loi du 3 brumaire sur l'instruction publique, seront désignés par l'Institut pour être envoyés à Rome.

FONDS DES DÉPENSES DE L'INSTITUT

XXXI. — Chaque classe nommera deux membres qui seront dépositaires de ses fonds et chargés, de concert avec le bureau, d'en faire la distribution, de surveiller l'impression des mémoires et toutes les dépenses de la classe.

XXXII. — Ces membres seront renouvelés tous les ans, savoir : le plus ancien, dans la première séance de chaque semestre. Ils seront élus au scrutin et à la pluralité absolue. La première fois, la classe en nommera deux, dont un sortira six mois après par la voie du sort.

XXXIII. — La commission formée des six membres dépositaires des fonds de chaque classe sera dépositaire des fonds de l'Institut et chargée d'en faire et d'en surveiller l'emploi : elle en rendra compte tous les ans à l'Institut.

EMPLACEMENTS ET BIBLIOTHÈQUES

XXXIV. — Les emplacements nécessaires à l'Institut pour ses séances et celles de ses classes, pour ses collections et ses bibliothèques, sont fixés conformément au plan annexé à ce règlement.

XXXV. — Ils sont exclusivement destinés à l'Institut, et aucun changement ne pourra y être fait que sur sa demande, et avec l'approbation du Directoire exécutif.

XXXVI. — Il sera attaché aux bibliothèques de l'Institut un bibliothécaire et deux sous-bibliothécaires.

XXXVII. — Le bibliothécaire sera élu par l'Institut, au scrutin et à la pluralité absolue.

XXXVIII. — Les sous-bibliothécaires seront nommés par l'Institut et choisis hors de son sein, sur la présentation du bibliothécaire.

XXXIX. — Les bibliothèques seront sous la surveillance de la commission des six membres chargés des fonds et des dépenses de l'Institut.

COMPTE A RENDRE AU CORPS LÉGISLATIF

XL. — Les secrétaires de chaque classe se réuniront pour rédiger le compte de ses travaux : ils le présenteront, dans la première séance de fructidor, à la classe, qui, après l'avoir discuté, le présentera à l'Institut dans sa séance du même mois.

XLI. — Le président de l'Institut écrira ensuite aux présidents des deux Conseils pour demander l'admission de la commission chargée de rendre compte au Corps législatif des travaux de l'Institut. Cette commission sera composée des bureaux des trois classes.

XLII. — L'Institut national est autorisé à faire tous les règlements de détails relatifs à la tenue de ses séances générales et particulières et à ses travaux, en se conformant aux dispositions du présent règlement.

La présente résolution sera imprimée.

A.-C. THIBAUDEAU, *président;* P.-J. AUDOUIN,
GIBERT-DESMOLIÈRES, *secrétaires.*

Lecture faite de la résolution ci-dessus dans les séances des 29 ventôse, 7 germinal et de ce jour, et après avoir entendu le rapport de la commission nommée le 29 ventôse, le Conseil des Anciens approuve la résolution ci-dessus.

Le 15 germinal an IV de la République française.

J.-A. CREUZÉ-LATOUCHE, *président;* D'ALPHONSE,
DE TORCY, MEILLAN, *secrétaires.*

Le Directoire exécutif ORDONNE, etc.

Le sceau de l'Institut est peu connu. Gravé en creux et destiné à être reproduit en cire rouge, nous croyons qu'on en cher-

cherait vainement aujourd'hui quelque épreuve autre que celle
sur laquelle nous avons pris le dessin que nous reproduisons
dans la grandeur de l'original.

C'est dans la séance générale du 15 ventôse an V (5 mars 1797),
que sa forme fut définitivement arrêtée. Le procès-verbal en
donne la description suivante, qui n'a pas été suivie de manière
exacte par le graveur :

Le sceau de l'Institut national.

1° Il est de forme circulaire ;

2° Le buste de Minerve, déesse des sciences et des arts, occupe le
centre ; il est placé dans un triangle équilatéral, emblème de l'unité
et de l'égalité des trois classes de l'Institut national. Minerve est
caractérisée par le casque grec surmonté d'une chouette, oiseau
consacré à cette déesse ;

3° Un cercle formé par un serpent dont la tête et la queue se
réunissent, entoure le triangle et présente le symbole de l'immortalité ;

4° Entre le cercle et celui qui forme l'extrémité du sceau est cette
inscription : INSTITUT NATIONAL DES SCIENCES ET DES ARTS ; au-dessous
de la base du triangle, on lit cette autre inscription :

CONSTITUTION FRANÇAISE art. CCLXXXXVIII.

CHAPITRE II

Dès le 15 ventôse an IV (5 mars 1796), l'Institut, conformément à l'article IV de son règlement, se préoccupait de sa première séance publique et la fixait au 15 germinal suivant (4 avril); une commission composée de Fourcroy, Lacépède, Baudin (des Ardennes), Rœderer, Fontanes et Leblond était chargée d'organiser cette séance à laquelle on désirait donner un éclat particulier. Le 25 ventôse, Daunou était élu au scrutin pour y prononcer le discours d'ouverture, et le 5 germinal, Gondoin, Mentelle et Cels étaient chargés de surveiller tous les détails d'exécution de la solennité qui se préparait.

Nous trouvons dans un ouvrage publié en l'an VII, sous le titre: *Annales de la République française*, et que nous croyons de toute rareté, quelques renseignements extrêmement intéressants sur la cérémonie qui nous occupe et sur la distribution de la salle dans laquelle elle eut lieu.

« Cette séance, dit l'auteur anonyme de l'ouvrage que nous citons, s'est tenue au Louvre dans la ci-devant salle des Antiques (1). Cette belle salle n'étoit jusqu'à présent d'aucun

(1) Cette salle est celle qui porte aujourd'hui le nom de *salle des Cariatides*.

PREMIÈRE SÉANCE DE L'INSTITUT NATIONAL
Le 15 Germinal, an IV de la République.

Girardet inv. & del.
Berthault Sculp

usage. Les antiques y étoient déposées ou plutôt entassées sans
ordre, et ne pouvoient servir ni pour la curiosité ni pour
l'étude. Elles ont été transportées dans une autre salle, où,
placées dans un beau jour et disposées dans un ordre favorable, elles pourront désormais servir et pour l'une et pour
l'autre.

« La salle de l'Institut est un carré long. A l'une des extrémités sont quatre cariatides du célèbre Goujon qui supportent
une tribune. Ces chefs-d'œuvre étoient presque ignorés; ils

RÉPUBLIQUE FRANÇAISE.

INSTITUT NATIONAL
DES SCIENCES ET ARTS.

*Séance publique du 15 Nivôse, an 6, commençant
à cinq heures très-précises du soir.*

Les portes s'ouvriront à quatre heures.

On entrera par la porte qui est dans l'angle
occidental de la cour du Louvre, à la gauche
du Télégraphe.

Carte d'admission à une séance publique tenue par l'Institut en l'an VI.

sont dignes, par leur beauté pure et sévère, d'orner le sanctuaire des sciences et des arts. L'architecture de la salle est du
meilleur goût. Entre les colonnes qui la décorent, on a placé
les statues en marbre de nos grands hommes, dont la collection
occupe depuis longtemps le ciseau de nos artistes, et qui ont
enfin trouvé un digne emplacement (1). L'extrémité opposée
aux cariatides forme un salon autour duquel sont rangées les
statues de nos grands poètes : Corneille, Racine, Molière, La
Fontaine, celle de Montesquieu et quelques autres (2). Au milieu
est une statue antique de Minerve, d'une proportion un peu
petite, mais d'un très bon style.

(1) Du côté du levant se trouvaient les statues de Bossuet, Duquesne,
L'Hospital, Luxembourg, Catinat, Vauban, Blaise Pascal. Au couchant :
D'Aguesseau, Turenne, Sully, Bayard, Descartes, Tourville, Condé et Rollin.

(2) Ce salon, qu'on appelait alors la *salle de Minerve*, renfermait les
statues de Corneille, Montausier, Duguesclin, Molé, Racine, Molière, Lafon-
taine et Montesquieu.

« Tout le pourtour de la salle est garni d'un double rang de banquettes pour le public, fermé par une cloison en bois, à hauteur d'appui. Au dedans de cette cloison sont deux autres rangs de banquettes pour les cent quarante-quatre membres de l'Institut, et ceux des associés qui, se trouvant à Paris, assisteront aux séances. Les tables, qui sont aussi sur deux rangs, sont en bois de chêne, avec des griffons bronzés pour supports (1), ce qui donne à cet intérieur de la salle un ton simple et grave tout à fait convenable. Cet ensemble offre un aspect très imposant qui, à la chute du jour, lorsque les lampes et les nombreuses bougies ont été allumées, avoit quelque chose de magique (2).

« Le Président de l'Institut et les Secrétaires étoient placés à l'une des extrémités, du côté du salon. Le Directoire est entré et s'est placé de l'autre. Tout le monde s'est levée à son arrivée; il est lui-même resté debout, tandis que son président (3), aussi debout, a prononcé le discours d'ouverture et d'installation. »

Ce discours était ainsi conçu :

Citoyens,

Parmi les nombreux devoirs que le vœu national impose au Directoire exécutif, un des plus importants, un des plus inhérents à la prospérité de la République, est de rendre leur gloire aux arts, aux sciences tout leur éclat; s'il est de leur essence d'élever la pensée jusqu'à l'enthousiasme de la liberté, il ne leur appartient pas moins de la faire chérir, en multipliant les moyens d'industrie qui rouvriront bientôt toutes les sources de l'abondance et du bonheur public.

Tour à tour en butte aux persécutions des dominateurs couronnés et des tyrans populaires, échappés par miracle au naufrage qui les menaçait, les arts recouvrent en ce jour un nouvel éclat, un nouvel être; ils se placent avec confiance sous l'égide du gouvernement républicain. L'esprit qui les console ne sera pas trompé. Des souvenirs douloureux, des parallèles avilissants, ne souilleront plus la pensée de leurs disciples. Les rois, il est vrai, les virent fleurir sous leur

---

(1) Ces tables sont encore en usage à la bibliothèque de l'Institut. Quelques-unes ont été conservées au Louvre, où on peut les voir dans le Musée égyptien.

(2) Une gravure de Berthault, d'après un dessin de Girardet, consacre le souvenir de la première séance de l'Institut national; elle appartient aux *Tableaux de la Révolution*. Nous la reproduisons ici.

(3) Letourneur.

empire : quelques-uns d'entre eux eurent même l'adresse de les
servir et l'honneur de les protéger; mais leur appui, prenant l'intérêt
pour base, ne pouvait avoir rien de généreux, leurs faveurs étaient
limitées, leur bienveillance conditionnelle. En effet, le talent s'iden-
tifiait-il à leur cause? Prenait-il à tâche de colorer leurs usurpa-
tions? Traitait-il même des sujets étrangers à leur tyrannie? Utile
au maintien de leurs droits par cela seul qu'il procurait des jouissances, qu'il prévenait les réflexions, les plaintes, les murmures,
qu'il retenait les Français dans leur nullité politique, qu'il façonnait
leurs âmes au joug, et couvrait leurs chaînes de fleurs, il recevait
d'eux quelques encouragements éphémères, quelques distinctions
chimériques, quelques hochets dont la philosophie a dispersé les
débris. Le génie, au contraire, se livrait-il à des conceptions plus
hardies? Prenait-il un élan plus audacieux? Analysait-il l'état d'op-
probre dans lequel le peuple était tombé? Lui rappelait-il son antique
gloire? Lui révélait-il quelques-unes de ces maximes gravées dans
tous les cœurs par le burin de la nature? Aussitôt la puissance du
trône se déployait contre lui dans son redoutable appareil; les inqui-
siteurs donnaient le signal aux tribunaux, les tribunaux à leurs
satellites, et le livre régénérateur était consumé par les flammes.
Amis du savoir et de la vertu, ils sont encore présents à votre
mémoire, les jours d'avilissement où l'auteur d'un drame inutile,
d'un roman dangereux, d'un conte immoral, obtenait, conservait des
pensions, des privilèges, des honneurs, tandis que tel publiciste
célèbre trouvait partout des pièges tendus, fuyait de cités en cités,
s'exilait loin de sa patrie adoptive, ne laissant après lui que de vains
regrets et de fugitives étincelles.

En conclurai-je cependant que la monarchie est le seul état funeste
aux arts utiles? La fausseté de cette assertion serait d'avance trop
bien démontrée. Les monarques n'existaient plus pour nous : la
justice nationale avait frappé leur tête orgueilleuse, leurs sceptres
roulaient dans la poussière; le vrai talent n'en avait pas moins à
gémir de ses destinées. Un monstre plus affreux que le despotisme
lui-même, puisqu'il y ramène infailliblement, après s'être nourri
d'agitations, de désordres, d'assassinats : l'anarchie, enveloppait le
mérite dans ses fers et suspendait sur lui ses couteaux. Aussi étran-
gère aux lois du goût qu'à celles de l'humanité, elle n'applaudissait
que ses féroces orateurs. L'éclat que répand un écrit sage aurait
blessé ses yeux jaloux; ses échafauds attendaient quiconque eût osé
peindre ses favoris sous leurs couleurs véritables. Les productions les
plus heureuses l'importunaient au lieu de l'intéresser. Lui présen-
tait-on des tableaux savants? Elle tremblait d'y voir revivre les Cali-
gula, les Néron, et d'y retrouver en traits fidèles la censure de son

règne abhorré. Des sons modulés et flatteurs retentissaient-ils à son oreille? Elle s'affligeait de ne plus entendre les sanglots, les cris lamentables de ses victimes. L'architecture lui montrait-elle ses monuments? Elle feignait de les regarder comme un outrage aux humbles chaumières; elle n'en mesurait la hauteur que pour mieux jouir, l'instant d'après, du spectacle de leurs ruines.

Grâce à la justice éternelle qui tôt ou tard reprend ses droits, les oppresseurs de ce bel empire ont tous subi le même destin : du faîte de la puissance ils sont tombés dans les abîmes du néant; s'ils ont frappé comme la foudre, ils ont passé comme l'éclair. Sciences, talents, vertus, génie, ralliez-vous sur leur tombeau. Que vos lumières, dissipant les fausses clartés qui l'égarèrent dans sa route, le conduisent enfin au bonheur. Ressuscitez au fond des âmes ces sentiments généreux dont la patrie a tant besoin. Que la raison affranchie de ses entraves, embellie des charmes de l'éloquence, discute les grands intérêts avec une sagacité nouvelle; qu'à sa voix se dissipent en même temps et les sophismes de l'ambition et les préjugés de la barbarie.

Citoyens, s'il est encore des méchants à punir, il est aussi des incrédules à convaincre, des erreurs à combattre, des haines à désarmer. Les chefs des partis abattus sont incorrigibles; il serait absurde de vouloir éclaircir des doutes qu'ils n'ont point. Mais cette tourbe qu'ils séduisirent pour l'entraîner sous leurs drapeaux, la philosophie ne se borne pas à la plaindre, elle la recommande aux conseils des hommes qui, comme vous, ont cultivé leur esprit et perfectionné leur raison. La loi qui vous protège compte à son tour sur votre influence. Nos soins la feront respecter, que vos écrits la fassent chérir, qu'ils rétablissent la morale sur de solides fondements, qu'ils rendent à l'État cette harmonie, source inépuisable de gloire et de prospérité, qu'ils rapprochent les cœurs puisque les intérêts se confondent, qu'ils triomphent de l'orgueil du riche, des alarmes du pauvre, des défiances de tous. La sagesse est si puissante lorsqu'elle s'exprime avec la grâce, avec la dignité qui lui conviennent! Que les muses exilées depuis trop longtemps reviennent nous prêter leurs secours, bientôt peut-être elles pinceront leur lyre à l'ombre de l'olivier; elles chanteront les vertus paisibles, elles attacheront leurs couronnes aux fronts de nos guerriers vainqueurs; qu'elles se signalent aujourd'hui par des accents plus mâles et plus rapides, qu'elles enflamment le courage, qu'elles sonnent l'heure des combats; qu'en expirant pour la patrie, nos héros soient sûrs de renaître sous la plume de nos Tyrtées, sous le ciseau de nos Phidias.

Le gouvernement, citoyens, est certain de vos intentions; il ne croit pas avoir besoin de vous rassurer sur les-siennes. Le rétablisse-

ment de l'ordre, l'anéantissement des partis, l'affermissement des
lois est le but de tous ses travaux; il ne se lassera pas d'y tendre.
Pour y parvenir, il renversera les obstacles, il franchira les précipices
au risque d'y être englouti; mais il ne poursuivra, il n'atteindra que
l'agitateur dangereux, le conspirateur véritable. La tolérance est à
ses yeux le premier lien de la société, ses sentiments philanthropiques
lui sont aussi chers que ses principes républicains. Juge des actions
publiques, il ne sondera pas les cœurs, il ne descendra point dans
la retraite des consciences, il protégera l'homme de bien, quels que
soient les préjugés ou les systèmes qui l'aient séduit. Cependant sa
sollicitude s'étendra particulièrement sur les écrivains estimables,
sur les artistes distingués; ils ont à sa bienveillance des droits qu'on
ne peut méconnaître. La Révolution fut le fruit de leurs longues
veilles; ils la prédirent, ils la commencèrent, ils auront la gloire de
l'achever. En rendant à la liberté ses doux attributs, ils lui rendront
ses innombrables amis. Les cannibales en avaient fait une impla-
cable Euménide couverte de haillons sanglants, couronnée de cyprès;
combien elle paraîtra plus aimable, combien elle sera plus chérie,
quand, ceinte de lauriers, chargée des dépouilles des rois vaincus,
souriant à tous les Français, même à ceux qui l'ont méconnue, elle
s'assoira radieuse sur le trône des beaux-arts!

Dussaulx, président de l'Institut, a fait au président du Directoire une réponse presque improvisée; il a félicité ceux qui gou-
vernent de sentir le prix des lumières. La République des
lettres, a-t-il dit, a précédé la République française, et les
hommes dont le principal emploi est de cultiver leur raison ne
peuvent jamais être infidèles à la liberté dont ils ont été les pré-
curseurs.

Daunou, qui avait été choisi par l'Institut pour exposer, dans
un discours d'ouverture, le but de son établissement, s'est
exprimé ainsi qu'il suit :

Citoyens,

A côté des premiers pouvoirs, organes ou instruments de la volonté
du peuple français, la Constitution a placé une société littéraire qui
doit travailler au progrès de toutes les connaissances humaines, et,
dans la vaste carrière des sciences, de la philosophie et des arts,
seconder par des soins assidus l'activité du génie républicain.

L'Institut national n'exerce sur les autres établissements d'instruction aucune surveillance administrative; il n'est chargé lui-même
d'aucun enseignement habituel. Pour le soustraire au péril de se
considérer jamais comme une sorte d'autorité publique, les lois ont

placé loin de lui tous les ressorts qui impriment des mouvements immédiats et ne lui ont laissé que cette lente et toujours utile influence qui consiste dans la propagation des lumières, et qui résulte, non de la manifestation soudaine d'une opinion ou d'une volonté, mais d'un développement successif d'une science, ou de l'insensible perfectionnement d'un art.

Borné à ce ministère, l'Institut national est appelé du moins à l'exercer avec plénitude, avec toute l'étendue de liberté dont le besoin peut être senti par des âmes républicaines. Ceux qui ont le droit de leur demander des travaux n'auraient pas le pouvoir de lui commander des opinions, et comme il ne possède aucun moyen de s'ériger en rival de l'autorité, il ne deviendrait pas non plus l'esclave ou l'instrument d'une tyrannie.

Par ce mélange même de tous les talents divers, par cette variété de travaux et d'habitudes, d'opinions et d'intérêts, par cette réunion d'hommes appliqués à toutes les sciences, consacrés à tous les arts, et entre lesquels on ne peut concevoir d'autre lien commun que l'amour de la patrie et des lettres; en un mot, par son organisation même, autant que par la nature de ses fonctions, l'Institut national est assez distingué de ces corporations dont les rois ont besoin de s'environner, et qui, prenant toujours deux caractères en apparence incompatibles, compriment la liberté des peuples et menacent aussi la puissance des gouvernements.

Mais l'intérêt des lettres, autant que l'intérêt politique, invoquait cette association de tous les genres de connaissances. Les arts, en effet, ne paraissent indépendants les uns des autres que lorsqu'ils n'ont fait que leurs premiers pas : plus ils s'agrandissent, plus ils s'aperçoivent de leurs relations naturelles et comprennent l'utilité du réciproque appui qu'ils se doivent. Dès lors les directions se croisent, les applications se multiplient, les alliances les plus imprévues surgissent entre les familles les plus éloignées; les genres s'identifient entre eux, pour ainsi dire, à mesure qu'ils se perfectionnent, et le progrès même des connaissances complique de jour en jour le problème de leur exacte classification.

Aussi, en partageant l'Institut national en classes et en sections particulières, l'on n'a pas prétendu sans doute offrir un système rigoureusement analytique de toutes les connaissances humaines, mais seulement réunir d'une manière plus spéciale les hommes qui, dans l'état présent des sciences et des arts, ayant un plus grand nombre d'idées et de méthodes communes, et parlant en quelque sorte la même langue, peuvent avoir entre eux des communications plus habituelles et plus immédiatement utiles. L'Institut n'en conserve pas moins l'unité qui le caractérise, ce sont ses travaux qui

sont divisés plutôt que ses membres, et cette répartition qui distribue
et ne sépare pas, qui ordonne tout et n'isole rien, n'est qu'un principe d'harmonie et un moyen d'activité.

Les sciences mathématiques et physiques, objets de l'une des
classes de l'Institut, ont triomphé de bonne heure des préjugés et
des tyrannies qui avaient entouré leur berceau, et comprimé leur
premier essor. Libres avant la fin du seizième siècle du joug des
traditions et des habitudes, guidées par le génie de l'analyse qui les
instruisait à refaire leurs idées et leur langage, environnées des arts
qu'elles éclairaient, et qui, fécondés par elle, devenaient de plus en
plus leurs tributaires et les instruments de leurs travaux, on les a
vues multiplier les moyens de sentir et de connaître, agrandir le
domaine de la pensée et s'avancer fièrement dans la voie de toutes
les découvertes et de tous les succès.

Loin d'interrompre le progrès des sciences mathématiques et physiques, la Révolution, les associant à ses triomphes, n'a fait qu'en-
flammer leur activité et manifester avec éclat leur puissance. Tantôt
les arts chimiques, préparant les exploits de nos légions formidables,
dégageaient la foudre du sein de toutes les substances pour en armer
les mains de la Liberté et de la Victoire; tantôt le génie des sciences,
se combinant avec le génie de la législation républicaine, rétablis-
sait dans les mesures commerciales cette uniformité simple et précise, qui doit être le gage de la fidélité des étrangers, et le symbole
de l'unité politique du peuple français. Au milieu même des plus
violents orages, lorsque ces sciences bienfaitrices essuyaient aussi
des pertes dont elles ne sont pas consolées, elles reprenaient un
nouvel essor, renaissaient dans des établissements nouveaux, fon-
daient sur plusieurs points de la République, et surtout dans cette
cité, des écoles déjà plus illustres, dès leur origine, que les institutions de ce genre n'ont coutume de le devenir aux jours de leur plus
parfaite maturité.

Il s'en faut bien que les sciences morales et politiques, dont la
seconde classe de l'Institut doit s'occuper, aient pu faire encore un
aussi grand progrès parmi nous : le despotisme dont la destinée était
de les persécuter et de ne pouvoir pas les asservir, avait suscité,
déchaîné contre elles l'intolérance de vingt corporations orgueil-
leuses, gardiennes de toutes les superstitions, protectrices de toutes
les immoralités. Au milieu de tant d'ennemis puissants, la philosophie n'était pas toujours, s'il est permis de le dire, bien vivement
défendue par ses plus naturels auxiliaires; trop souvent dédaignée
ou peu encouragée du moins, soit par des littérateurs qui la trouvaient trop abstraite, soit aussi par des savants qui se plaignaient de
rencontrer chez elle moins de démonstrations que de doutes, et plus

E. MAINDRON.   12

de tentatives que d'assertions. Cependant, isolées, presque sans appui, n'ayant ni écoles publiques ni livres élémentaires, privées de la plupart des moyens de propagation et d'influence, les sciences morales et politiques, fortes seulement de l'énergie que la compression provoque, employant tour à tour, pour tromper ou braver la tyrannie, les ressources diverses que l'instinct de la liberté suggère, ont préparé durant ce siècle l'imposante Révolution qui le termine, et qui rappelle vingt-cinq millions d'hommes à l'exercice de leurs droits, à l'étude de leurs intérêts et de leurs devoirs.

Si les premiers élans de la philosophie ont éveillé parmi nous le génie de la liberté, à son tour la Révolution vient d'ouvrir à la pensée une plus féconde carrière. Les orages même que nous venons de traverser, ce vaste ébranlement, ces désastres dont le souvenir doit être interdit à la vengeance et ne doit pas être perdu pour l'instruction, deviendront sans doute aussi une grande époque dans l'histoire de l'esprit humain. C'est après des troubles politiques que les sciences morales se sont enrichies, dans le cours des siècles, de plusieurs immortels ouvrages qui doivent nous sembler à la fois plus intéressants et plus clairs depuis qu'ils ont été commentés en quelque sorte par les trop mémorables événements, par les tragiques expériences auxquelles nous avons assisté. Dans les temps calmes, les passions humaines ne frappent que faiblement les regards du philosophe et ne lui donnent que des sensations plus ou moins obscures ; dans les révolutions, dans ce choc terrible, heureusement peu durable, de tous les intérêts, de toutes les vertus et de tous les vices, les caractères se développent, les traits moraux se grossissent, les facultés de l'homme apparaissent sous des formes plus prononcées, sous des couleurs plus distinctes.

C'est alors que l'observation, qui commence toutes les sciences en formant des recueils de faits, peut en apercevoir, en rassembler, en comparer un plus grand nombre ; c'est alors que la philosophie, placée plus que jamais en présence de la nature morale, peut en poursuivre l'analyse, en recréer la théorie et s'instruire à ce spectacle de bouleversements et de destruction, ainsi qu'on voit dans les sciences physiques les savants étendre chaque jour leurs découvertes, en déplaçant les éléments de toutes les substances, en s'environnant des débris de tous les corps et des ruines de la nature.

La troisième classe de l'Institut est dévouée à ces arts créateurs qui semblent les chefs-d'œuvre de l'industrie humaine, les derniers produits de toutes les connaissances, de toutes les méditations, et dont néanmoins la destinée, jusqu'à ce jour invariable, fut de commencer l'instruction de chaque peuple, de précéder partout les sciences physiques et morales, et d'en préparer le retour. Séduite elle-même par ces arts enchanteurs, la tyrannie ne s'aperçoit pas des écueils au milieu desquels ils l'entraînent; elle se croit couverte de l'éclat des talents et forte de leur gloire, tandis que, provoquant peu à peu l'audace de la pensée et l'énergie des sentiments, les lettres amènent la philosophie et appellent de loin la liberté.

La révolution cependant, alors même qu'elle consommait l'affranchissement des beaux-arts, parut d'abord peu favoriser leur progrès et un moment le ralentir; ce n'est pas qu'ils n'aient aussi, durant ces années de commotion et de troubles, offert à la liberté des tributs honorables. Souvent l'éloquence, la poésie, la musique ont pris avec un éclatant succès le noble accent du patriotisme; mais, lorsque de si grands intérêts occupaient tous les esprits, que de si pressants périls captivaient toutes les pensées, les arts de la paix pouvaient-ils se promettre, au sein de toutes les discordes, d'attirer et de fixer sur eux ces regards rémunérateurs, cet hommage de l'admiration publique, dont l'espoir est nécessaire au talent pour qu'il soit tout ce qu'il peut être? Que dis-je? distrait lui-même par tant d'événements, froissé par les partis, atteint par les malheurs communs, et partageant surtout avec un dévouement assidu les saints devoirs que la patrie imposait à tous les citoyens, le talent retrouvait-il assez pleinement pour ses travaux paisibles et solitaires ce loisir calme, ce recueillement religieux, cette attention immobile et profonde réclamés peut-être à un degré encore plus éminent dans les beaux-arts que dans les sciences, et sans lesquels il n'est pas donné au génie de perfectionner ses ouvrages.

Mais qui, mieux que la liberté, par qui tout s'agrandit et se régénère, peut rouvrir le temple du goût et recommencer un siècle de gloire? Ce peuple qui jadis brilla, dans la Grèce, de l'immortel éclat des arts, était un peuple républicain; et parmi nous sous l'empire même de la monarchie, c'étaient encore les leçons et les exemples des nations libres, leurs monuments et leur histoire, c'étaient les pensées, les sentiments et le génie de la République qui fécondaient les talents et leur inspiraient des chefs-d'œuvre. Quelle renaissance auguste est donc promise à ces arts sublimes, quand la France est devenue plus que jamais leur patrie, et qu'environnés d'institutions républicaines comme eux, ils se retrouvent dans leur antique et naturel élément?

Il est vrai que l'on a contesté quelquefois l'utilité politique des beaux-arts; des hommes qui les idolâtraient, ont feint de redouter leur influence; mais l'expérience que de grands événements ont donnée, et le progrès qui doit en résulter dans l'étude du cœur humain, mais l'établissement des fêtes publiques, et surtout cette alliance solennelle que contractent dans l'Institut le goût et la raison, la littérature et les sciences : tout annonce que, désormais plus éclairée et moins ingrate, la philosophie ne méconnaîtra plus dans les beaux-arts ses organes les plus éloquents et les interprètes qu'elle a besoin d'avoir auprès des nations. Elle sentira tout le prix de l'enthousiasme qu'ils propagent, et sans lequel il ne s'est opéré rien d'utile et de grand sur la terre. Si dans les sciences même les plus sévères, aucune vérité n'est éclose du génie des Archimède et des Newton sans une émotion poétique et je ne sais quel frémissement de la nature intelligente, comment, sans le bienfait de l'enthousiasme, les vérités morales saisiraient-elles le cœur des humains ? Comment circuleraient-elles privées de ce véhicule, comment, dénuées de cette chaleur animatrice, pourraient-elles au sein d'un grand peuple se transformer en des sentiments, en des habitudes, en des mœurs, en un caractère ? Que deviendraient tant de maximes sociales, tant de généralités abstraites, si les beaux-arts ne s'en emparaient pas pour les replonger dans la nature sensible, les rattacher aux sensations d'où elles dérivent et leur redonner ainsi des couleurs et de la puissance ?

Voilà, citoyens, quelles ont été jusqu'ici parmi nous, et quelles peuvent devenir sous les auspices de la liberté, les destinées des sciences, de la philosophie et des arts dont l'Institut national est appelé à seconder les progrès, rassembler et raccorder toutes les branches de l'instruction, reculer les limites des connaissances et rendre leurs éléments moins obscurs et plus accessibles, provoquer les efforts des talents et récompenser leurs succès, recueillir et manifester les découvertes, recevoir, renvoyer, répandre toutes les lumières de la pensée, tous les trésors du génie ; tels sont les devoirs que la loi impose à l'Institut et que ses membres, réunis dans cette enceinte, vont partager avec ceux qui, dispersés dans les diverses contrées de la République, forment avec nous une seule et même société, jusqu'à ce que, la liberté française ayant été garantie par des traités honorables, il soit donné à l'Institut de se rattacher, sous tous les points du globe, les hommes qui, par l'utilité et la gloire de leurs travaux, appartiennent à tous les pays comme à tous les siècles.

Aujourd'hui, citoyens, la paix la plus pressante à consommer est la paix de l'intérieur de la République. Ah ! s'il est une influence digne des arts et conforme à leur caractère, c'est de ramener au sein de l'État la concorde et la douce fraternité, de tourner l'attention nationale vers les méditations des sciences, vers les chefs-d'œuvre du génie, de substituer aux rivalités des partis l'émulation des talents, et à tant d'inquiétudes aveugles et meurtrières, la civique activité des industries réparatrices. Le temps est venu pour la philosophie et les lettres de se montrer envieuses de cette gloire immortelle dont resplendissent aux yeux de l'Europe épouvantée les triomphantes armées de la France républicaine. O vous, qui cultivez les arts et les sciences, des victoires non moins glorieuses peuvent être remportées par les lumières sur les préjugés de l'esclavage comme sur les délires de l'anarchie. La statue de la Liberté s'élève sur des trophées innombrables; hâtez-vous de la couronner des lauriers de tous les talents, que vos mains l'environnent de l'éclat de toutes les vérités, des bienfaits de tous les sentiments généreux, et que l'instruction, consommant l'ouvrage de la valeur, vienne à son tour illustrer, défendre et maintenir la République.

Après ce discours, Lacépède, secrétaire de la classe des sciences physiques et mathématiques; Lebreton, secrétaire de celle des sciences morales et politiques, et Fontanes, secrétaire de celle de la littérature et des beaux-arts, ont rendu successivement compte des travaux de ces trois classes, depuis l'ouverture de leurs séances.

Collin d'Harleville a lu une pièce de vers intitulée : *La grande famille réunie.*

Fourcroy a lu ensuite un mémoire *sur les détonations du muriate suroxygéné de potasse, lorsqu'il éprouve une pression ou un choc.*

Cabanis a donné l'extrait d'un mémoire *sur les rapports de l'homme physique et de l'homme moral.*

Lacépède a lu une *notice sur la vie et les ouvrages de Vandermonde,* membre de la première classe, décédé le 11 nivôse.

Prony a fait connaître les travaux et les *procédés employés par le bureau du cadastre pour déterminer avec précision la surface et la population du territoire de la République.*

Andrieux, craignant que la faiblesse de sa voix ne l'empêchât d'être entendu, a demandé à Monvel de lire une pièce de vers, intitulée : *Le procès du Sénat de Capoue.*

Lebreton a prononcé l'*éloge historique de G.-T. Raynal,* membre de la classe des sciences morales et politiques, décédé le 16 ventôse.

Grégoire a lu un discours *sur les moyens de perfectionner les sciences politiques.*

Cuvier a présenté un mémoire *sur différentes espèces d'éléphants.*

Dussaulx a lu une note destinée à servir d'introduction à un *voyage des Pyrénées.*

Enfin, Lebrun a récité une ode *sur l'enthousiasme*.

La séance s'est terminée par des *expériences sur les détonations et les pressions par le choc* se rapportant à la lecture de Fourcroy. Ces expériences, exécutées par Vauquelin, ont été répétées deux fois avec succès.

La séance avait duré quatre heures.

Cette solennité publique laissa derrière elle un souvenir ineffaçable ; popularisée par la gravure, elle assura rapidement et dans une large mesure l'influence que l'Institut national devait exercer sur les développements de l'esprit humain.

Sceau de l'Institut national, en l'an IV.

Peu de temps après, le gouvernement était appelé à compléter son œuvre et à porter ses regards sur l'organisation des travaux de la Compagnie et sur la fixation des indemnités pécuniaires qu'il convenait de réserver à ses membres.

Qu'il nous soit permis de compléter cette partie de notre travail en reproduisant ici, sans aucun commentaire, les documents qui fixent ces points importants :

LOI QUI ACCORDE UNE INDEMNITÉ AUX MEMBRES DE L'INSTITUT NATIONAL

Du 29 messidor an IV (17 juillet 1796).

Le Conseil des Anciens, adoptant les motifs de la déclaration d'urgence qui précède la résolution ci-après, approuve l'acte d'urgence.

Suit la teneur de la déclaration d'urgence et de la déclaration.

Du 19 messidor an IV (7 juillet 1796).

Le Conseil des Cinq-Cents, considérant que le progrès des sciences et la justice exigent qu'il soit accordé un traitement aux membres qui composent l'Institut national et qu'il est pressant de pourvoir aux dépenses de cet établissement,

Déclare qu'il y a urgence.

Le Conseil, après avoir déclaré l'urgence, prend la résolution suivante :

Article Ier. — Chaque membre de l'Institut national recevra une indemnité qui ne pourra être sujette à aucune réduction ni retenue, et qui sera répartie suivant les règlemens intérieurs de l'Institut.

Le total sera calculé sur le pied de 1500 francs pour chaque membre (1).

Article II. — Il sera pris, en conséquence, pour cet objet une somme de 216 000 francs sur les fonds destinés à l'encouragement des sciences et des arts, et mis à la disposition du Ministre de l'intérieur.

Article III. — Il sera pris sur les mêmes fonds la somme de 64 000 francs pour les dépenses ordinaires et extraordinaires de l'Institut, présentées par le Directoire exécutif dans son message du 14 de ce mois.

La présente résolution ne sera pas imprimée.

Signé : PELET, de la Lozère, président;

J.-V. DUMOLARD, J.-F. PHILIPPE DELLEVILLE, secrétaires.

Après une seconde lecture, le Conseil des Anciens approuve la résolution ci-dessus.

Du 29 messidor an IV.

Signé : PORTALIS, président;

M. DUMAS, RABAUT, MOYSSET, CRETET, secrétaires.

Le Directoire exécutif ordonne que la loi ci-dessus sera publiée, exécutée et qu'elle sera munie du sceau de la République.

Fait au palais national du Directoire exécutif, le 29 messidor an IV.

Pour expédition conforme :

Signé : CARNOT, président.

ARRÊTÉ DE L'INSTITUT NATIONAL POUR LA RÉPARTITION DES INDEMNITÉS ACCORDÉES A SES MEMBRES

Du 19 thermidor an IV (6 août 1796).

Chacun des membres de l'Institut recevra de la République une indemnité de la valeur de sept cent cinquante myriagrammes de froment.

____

(1) Cette indemnité n'a jamais été augmentée, elle est encore aujourd'hui la même.

Cette indemnité ne sera susceptible d'aucune réduction ni retenue, quelque modique qu'elle soit, même pour droit de quittance. Elle ne pourra être cédée, ni déléguée, ni saisie, en tout ou partie. L'abandon qu'on en voudrait faire à titre d'offrande patriotique ne sera point accepté.

Sur cette indemnité il sera distrait, à l'égard de chacun des membres de l'Institut, une somme égale à la valeur de cent cinquante myriagrammes de froment, pour être répartie, par forme de droit de présence, entre les assistans aux séances, tant générales que particulières à chaque classe.

Il sera tenu, en conséquence, un état de ceux qui assisteront à chaque séance particulière de leur classe, et aux séances générales. Leur présence ne sera constatée que par leur signature sur la feuille.

Le droit d'assistance des absens accroîtra à ceux qui seront présens à la séance : ce qui s'entend de la séance générale et de celles de chaque classe en particulier.

L'indemnité sera suspendue à l'égard des membres du Corps législatif, du Directoire, du Tribunal de cassation, de l'administration et du tribunal civil du département de la Seine, et des ministres, ambassadeurs et commissaires du Directoire exécutif; mais ils participeront au droit de présence pour les séances auxquelles ils auront assisté.

L'indemnité est compatible avec tout traitement ou pension de retraite dérivant de fonctions qui concernent l'instruction publique, telles que celles de professeur de diverses écoles, et de garde de bibliothèques et musées; et enfin avec tout autre traitement non excepté par l'article précédent, pourvu que le tout réuni n'excède pas huit fois la valeur de l'indemnité de l'Institut, ou six mille myriagrammes de froment.

Le montant des indemnités suspendues sera réparti entre les membres de l'Institut âgés de soixante ans et non compris dans la suspension.

Lorsque l'Institut sera réduit à quarante-huit membres de la formation primitive, il se divisera, quant à la distribution de l'indemnité, en trois degrés résultant de l'ancienneté d'admission.

Les membres du premier degré, ou les quarante-huit derniers reçus, toucheront 900 livres; ceux du second degré, à partir du quarante-neuvième membre jusqu'au quatre-vingt-seizième, par date de réception, seront portés à 1500 livres; ceux du troisième degré, ou les quarante-huit plus anciens, toucheront 2100 livres; le tout estimé en myriagrammes.

Sur ces diverses indemnités, il sera distrait, dans chaque degré indistinctement, 300 livres, d'après la même estimation, pour faire les fonds du droit de présence.

Les indemnités suspendues continueront, même alors, d'être réparties entre ceux qui seront âgés de soixante ans.

Les nouveaux membres qui seront élus à compter de ce jour, jusqu'à ce que la division en trois degrés s'établisse, ne toucheront que l'indemnité de 900 livres, ou du premier degré. Le surplus sera versé également sur tous les membres de l'Institut, en exceptant ceux qui sont dans le cas de la suspension (1).

La commission de six membres établie par le règlement (2) sera chargée de la répartition des indemnités, accroissements et droits de présence. Elle en dressera l'état à la fin de chaque trimestre, pour être transmis au Ministre dans le département duquel se trouvera l'Institut, et pour en suivre le paiement.

Signé à la minute : Grégoire, vice-président.
J. Lebreton, secrétaire.

RÈGLEMENT INTÉRIEUR DE L'INSTITUT NATIONAL DU 19 THERMIDOR AN IV (6 AOUT 1796).

DES SÉANCES DE L'INSTITUT

Dans les séances publiques, les bureaux des trois classes feront alternativement les fonctions de bureau de l'Institut.

Il sera remis à chacun des membres de l'Institut une carte portant son nom (3), et signée par le président de la commission des fonds. Elle lui servira pour entrer dans la salle des séances publiques, dans tous les lieux dépendans de l'Institut, et pour se faire reconnoître dans toutes les circonstances relatives au but de ses travaux.

Dans les séances générales, les bureaux des classes se placeront auprès du bureau de mois, pour donner les renseignements dont l'Institut pourra avoir besoin, et la commission des dépenses se placera auprès d'eux pour les mêmes raisons.

Les séances générales de l'Institut étant consacrées aux élections et à la discussion des affaires qui le concernent, si, lorsqu'il est ainsi réuni, quelque personne demandoit à être admise dans son sein pour une affaire qu'elle désire soumettre à sa décision, le président en rendra compte à l'Institut, qui prononcera si la personne doit être admise.

(1) Toutes ces dispositions relatives à l'indemnité ont été abrogées par le règlement des 10 et 17 germinal an XI.

(2) Règlement du 15 germinal an IV, art. 31, 32 et 33.

(3) Dans sa séance générale du 5 fructidor an VI, l'Institut a substitué à cette carte une médaille portant d'un côté la tête de Minerve et de l'autre le nom du membre de l'Institut à qui elle appartient.

Les séances générales et particulières des classes commenceront à cinq heures et demie, pendant le premier semestre de l'année, et à six heures pendant le second. Leur durée sera de deux heures. Les membres s'inscriront en entrant, et quand l'heure de commencer la séance aura sonné, le secrétaire tirera une ligne au-dessous des noms inscrits, afin de fixer le nombre des membres qui doivent participer au droit de présence.

DU SECRÉTARIAT

Le soin des papiers du secrétariat sera confié à un commis qui sera choisi par l'Institut, sur la présentation des bureaux réunis.

Il sera aux ordres des bureaux et des commissions, et ses travaux seront surveillés par le bureau de mois.

Dans le secrétariat seront déposés et classés séparément les papiers des trois classes, ainsi que ceux des académies et sociétés de sciences.

Tous les trimestres, les trois bureaux feront le choix des papiers qui devront être déposés dans la bibliothèque.

Il y aura un registre d'ordre portant cinq colonnes de front, sous les titres suivans :

Dates d'arrivée des pièces.

Numéros d'ordre.

Désignation des classes.

Titres des mémoires et objets des lettres.

Dates des décisions de l'Institut.

On inscrira dans le registre le titre des mémoires et l'objet des lettres adressées à l'Institut, avec indication de la classe à laquelle elles auront été renvoyées ; et lorsque la classe aura prononcé, sa décision sera notée à l'enregistrement de chaque pièce. Au moyen de numéros et d'un répertoire, on trouvera dans tous les temps et sur-le-champ les pièces dont on pourra avoir besoin.

Lorsque le bureau de mois ouvrira des lettres et paquets adressés à l'Institut, le secrétaire écrira sur chaque pièce le renvoi à la classe que l'objet concerne. Il renverra de suite ces pièces à l'enregistrement, pour être après remises par le commis au secrétaire de la classe à laquelle elles auront été renvoyées. Les lettres et paquets adressés directement aux classes seront ouverts au commencement de la séance. Incontinent après leur annonce, et la nomination de commissaires s'il y a lieu, le secrétaire les renverra au commis pour les enregistrer ; et ce dernier les remettra aussitôt à qui de droit, conformément à la note marginale qu'aura écrite le secrétaire de la classe.

Outre les plumitifs des trois classes et celui des assemblées générales, il y aura quatre registres dont un pour les travaux de chaque classe, et un pour les assemblées générales et publiques, dans lesquels on transcrira les plumitifs avec les rapports et lettres ministérielles.

Le commis se tiendra dans le secrétariat pendant toutes les séances de l'Institut. Avant chaque séance, il remettra sur le bureau les pièces relatives à la classe, qui seront parvenues au secrétariat, et il recueillera ensuite les papiers qui devront rester au secrétariat.

Aux trois premières séances du mois, il remettra sur le bureau de chaque classe la liste des rapports qui resteront à faire, et le nom des commissaires qui en auront été chargés.

Il tiendra : 1° une liste des places qui viendront à vaquer, tant dans l'Institut que parmi les associés;

2° Une liste des mémoires lus par les membres, ainsi qu'une autre liste des ouvrages présentés, et qui seront jugés dignes d'être imprimés parmi ceux de l'Institut;

3° Une liste de toutes les commissions relatives à l'administration intérieure, aux prix, etc.;

4° Une liste des pièces destinées à composer le volume;

5° Une liste des mémoires envoyés au concours des prix; et une autre liste des noms de ceux qui auront déposé au secrétariat des paquets cachetés et renfermant des découvertes pour n'être ouverts que sur leur réquisition.

Il inscrira sur un registre particulier le nom de tous les membres de l'Institut. Les noms de ceux qui auront signé la feuille de présence de leur classe seront reportés sur ce livre, et marqués I à l'article qui les concerne : ainsi il ne restera qu'une addition à faire pour savoir le compte particulier de chacun, lorsqu'il s'agira de répartir le droit de présence.

Les copies des rapports qu'il délivrera seront signées par un des secrétaires du bureau de mois : il tiendra note, à côté des rapports, des copies qu'il en délivrera, des dates et des personnes auxquelles il les aura délivrées.

DE LA BIBLIOTHÈQUE

La bibliothèque sera ouverte aux membres et associés de l'Institut tous les jours, les décadis exceptés, depuis neuf heures du matin jusqu'à deux heures, et les soirs des jours de séance depuis quatre jusqu'à dix (1).

(1) Le 5 thermidor an VI, l'Institut a arrêté que la bibliothèque serait ouverte tous les jours, le matin et le soir, excepté pendant la matinée du 4, du 5 et du 9 de chaque décade.

Chaque membre aura droit d'y faire entrer une personne.

Il y aura près de la bibliothèque un cabinet particulier à l'usage des seuls membres.

Les quintidis de chaque décade, la bibliothèque sera ouverte au public depuis neuf heures jusqu'à deux.

Les bibliothécaire et sous-bibliothécaires seront tenus d'y être présens.

Le bibliothécaire est autorisé à prendre toutes les mesures convenables pour assurer la conservation des livres.

Le bibliothécaire sera responsable des objets confiés à sa garde, livres, objets d'histoire naturelle, machines, etc., et il n'en laissera sortir aucun.

L'un des sous-bibliothécaires sera chargé, sous l'inspection du bibliothécaire, du soin des collections des classes (1).

AGENCE DE L'INSTITUT

Un agent fera exécuter le service de l'Institut et de chacune de ses classes, sous l'inspection de la commission des dépenses.

Il sera choisi par l'Institut, à la pluralité des membres présens, sur la présentation de cette commission.

Ses fonctions seront d'assister aux séances générales, publiques et particulières de l'Institut, et à celles des classes, pour veiller à ce que l'entrée en soit interdite à ceux qui n'en seront pas membres ou associés, ou qui n'auront pas obtenu l'agrément des présidens (2) ; de faire tenir en ordre les meubles et salles de l'Institut, et de remplir toutes les fonctions dont il sera chargé par la commission des fonds.

Il y aura un garçon de salle ; il sera sous la surveillance de l'agent, et choisi sur sa présentation, par la commission des fonds.

DES DÉPENSES

Lorsqu'une dépense aura été arrêtée par une des classes, le bureau de la classe se concertera, pour la faire exécuter, avec les commissaires des fonds élus dans sa classe. Le bureau rendra compte ensuite à sa classe des mesures prises pour effectuer cette dépense.

La commission des fonds rendra compte à l'Institut des dépenses ordonnées par l'Institut.

(1) Voy. l'arrêté du 5 fructidor an IX.

(2) Les 6, 7 et 8 nivôse an IX, l'Institut régla l'admission des étrangers à ses séances particulières ; le 1er et le 3 floréal an IX il décida que quelques fonctionnaires publics seraient admis aux séances particulières sur la présentation de leurs médailles.

Tous les ans, les classes nommeront chacune deux commissaires, qui se réuniront pour recevoir les comptes de la commission des fonds et qui feront sur cet objet un rapport à l'Institut.

COMMISSION DES FONDS

Chacun des membres de cette commission remplira à son tour les fonctions de président ou de secrétaire, suivant un tableau semblable à celui qui suit.

	Présidens.	*Secrétaires.*
Premier mois........	Lebreton.	Lelièvre.
Second mois.........	Lebreton.	Peyre.
Troisième mois.......	Cels.	Peyre.
Quatrième mois.......	Cels.	Lévesque.
Cinquième mois.......	Camus.	Lévesque.
Sixième mois.........	Camus.	Lebreton.
Septième mois........	Lelièvre.	Lebreton.
Huitième mois........	Lelièvre.	Camus.
Neuvième mois........	Peyre.	Camus.
Dixième mois.........	Peyre.	Cels.
Onzième mois.........	Lévesque.	Cels.
Douzième mois........	Lévesque.	Lelièvre.

La commission des fonds s'assemblera le 2 de chaque mois, dans une pièce qui lui sera affectée; elle arrêtera les recettes et dépenses qui auront été faites pendant le mois échu, et assurera celles du mois courant.

S'il y a lieu, elle indiquera une ou plusieurs assemblées dans le courant du mois.

Le président et le secrétaire de la commission se réuniront au moins une fois par décade, pour faire recevoir et distribuer les sommes arrêtées pour le service de l'Institut et des classes. Les autres commissaires sont invités à se rendre à ses séances le plus exactement qu'il leur sera possible.

Les président et secrétaire de la commission feront recevoir par l'agent le montant des sommes payables à l'Institut; les sommes reçues seront déposées par eux dans une caisse à deux clefs; l'entrée et la sortie de ces sommes seront portées sur un journal tenu et signé par eux. L'état de la caisse sera constaté et reçu, au commencement de chaque mois, par les commissaires sortant et entrant.

Les indemnités et droits de présence, qui reviennent à chaque membre de l'Institut, leur seront payés chaque mois, d'après les états qu'ils émargeront.

Les bureaux de chaque classe feront passer à la commission, à la fin de chaque mois, les feuilles de présence arrêtées par eux.

L'agent seul touchera les fonds de la recette sur les acquits du président et du secrétaire de la commission. Ces fonds seront versés en leur présence dans la caisse, et il en sera fait registre. L'agent seul acquittera, sur les ordonnances des président et secrétaire réunis, les dépenses qu'ils auront déterminées; la recette et la dépense seront vérifiées tous les mois par la commission.

La commission des fonds s'assurera de l'emploi des sommes fixées pour les achats concernant les bibliothèques et collections. Elle vérifiera tous les objets achetés, et visera tous les catalogues.

Les membres de la commission des fonds surveilleront, de concert avec les bureaux, les impressions, soit de l'Institut en général, soit de chaque classe en particulier; ils prendront les mesures nécessaires pour hâter la publication des découvertes généralement utiles.

La commission des fonds fera les dispositions nécessaires pour la tenue et l'ordre des séances générales, tant intérieures que publiques, d'après le mode qui sera approuvé par l'Institut.

La commission des fonds, à l'expiration de chaque année, rendra compte à l'Institut des recettes et dépenses qu'elle aura faites.

Ces comptes distingueront par chapitre les recettes et dépenses de nature différente.

La commission fournira des comptes particuliers pour les objets dont la dépense auroit été provoquée par le gouvernement.

La commission des fonds présentera à l'Institut, au commencement de chaque année, le tableau de ses dépenses fixes et extraordinaires, d'après les lois qui ont déterminé les travaux de l'Institut.

Signé à la minute : BORDA, président de l'Institut;
LACÉPÈDE, PRONY, secrétaires.

ARRÊTÉ DE L'INSTITUT RELATIF A L'ORGANISATION
DES SÉANCES PUBLIQUES

Du 5 prairial an IX.

L'Institut national des sciences et des arts arrête :

Article I. Les bureaux des trois classes sont chargés de l'organisation des séances publiques. Ils règleront le nombre, l'ordre et la durée des lectures.

Article II. Chaque classe désignera, comme par le passé, les mémoires qui devront être lus dans les séances publiques.

Article III. Les Notices historiques des membres décédés seront faites dans l'année par les Secrétaires.

Article IV. Les Notices des travaux des classes seront rédigées par les Secrétaires, imprimées et distribuées dans les séances publiques; il n'en sera point donné lecture.

Article V. La durée des séances publiques est fixée à deux heures.

Signé à la minute : Le Brun, président;

Lévesque et Champagne, secrétaires.

LE RÉTABLISSEMENT DES ACADÉMIES

ORDONNANCE DU ROI

du 21 mars 1816.

Au château des Tuileries, le 21 mars 1816.

LOUIS, par la grâce de Dieu, Roi de France et de Navarre, à tous ceux qui ces présentes verront, salut.

La protection que les Rois nos aïeux ont constamment accordée aux sciences et aux lettres nous a toujours fait considérer avec un intérêt particulier les divers établissements qu'ils ont fondés pour honorer ceux qui les cultivent : aussi n'avons-nous pu voir sans douleur la chute de ces Académies qui avaient si puissamment contribué à la prospérité des lettres, et dont la fondation a été un titre de gloire pour nos augustes prédécesseurs. Depuis l'époque où elles ont été rétablies sous une dénomination nouvelle, nous avons vu avec une vive satisfaction la considération et la renommée que l'Institut a méritées en Europe. Aussitôt que la divine Providence nous a rappelé sur le trône de nos pères, notre intention a été de maintenir et de protéger cette savante compagnie; mais nous avons jugé convenable de rendre à chacune de ses classes son nom primitif, afin de rattacher leur gloire passée à celle qu'elles ont acquise, et afin de leur rappeler à la fois ce qu'elles ont pu faire dans des temps difficiles et ce que nous devons en attendre dans des jours plus heureux.

Enfin nous nous sommes proposé de donner aux Académies une marque de notre royale bienveillance, en associant leur établissement à la restauration de la monarchie et en mettant leur composition et leurs statuts en accord avec l'ordre actuel de notre gouvernement.

A ces causes, et sur le rapport de notre Ministre secrétaire d'État au département de l'Intérieur,

Notre conseil d'État entendu,

Nous avons ordonné et ordonnons ce qui suit :

ARTICLE 1er.

L'Institut sera composé de quatre Académies, dénommées ainsi qu'il suit, et selon l'ordre de leur fondation, savoir :

L'Académie Française ;

J. B. J. DELAMBRE,
Secrétaire perpétuel de l'Académie des sciences (1803-1822),
d'après le portrait lithographié par J. Boilly.

L'Académie royale des Inscriptions et Belles-Lettres ;
L'Académie royale des Sciences ;
L'Académie royale des Beaux-Arts.

ART. 2.

Les Académies sont sous notre protection directe et spéciale.

ART. 3.

Chaque Académie aura son régime indépendant et la libre disposition des fonds qui lui sont ou lui seront spécialement affectés.

ART. 4.

Toutefois l'agence, le secrétariat, la bibliothèque et les autres collections de l'Institut demeureront communs aux quatre Académies.

ART. 5.

Les propriétés communes aux quatre Académies et les fonds y affectés seront régis et administrés, sous l'autorité de notre Ministre secrétaire d'État au département de l'Intérieur, par une commission de huit membres, dont deux seront pris dans chaque Académie.

Ces commissaires seront élus chacun pour un an, et seront toujours rééligibles.

ART. 6.

Les propriétés et fonds particuliers de chaque Académie seront régis en son nom par les bureaux ou commissions institués ou à instituer, et dans les formalités établies par les règlements.

ART. 7.

Chaque Académie disposera, selon ses convenances, du local affecté aux séances publiques.

ART. 8.

Elles tiendront une séance publique commune le 24 avril, jour de notre rentrée dans notre royaume.

ART. 9.

Les membres de chaque Académie pourront être élus aux trois autres Académies.

ART. 10.

L'Académie Française reprendra ses anciens statuts, sauf les modifications que nous pourrions juger nécessaires, et qui nous seront présentées, s'il y a lieu, par notre Ministre secrétaire d'État au département de l'Intérieur.

ART. 11.

L'Académie Française est et demeure composée ainsi qu'il suit : (Voyez l'*Annuaire* de 1817.)

E. MAINDRON. 13

ART. 12.

L'Académie royale des Inscriptions et Belles-Lettres conservera l'organisation et les règlements actuels de la troisième classe de l'Institut.

ART. 13.

L'Académie royale des Inscriptions et Belles-Lettres est et demeure composée ainsi qu'il suit :

(Voyez l'*Annuaire* de 1817.)

ART. 14.

L'Académie royale des Sciences conservera l'organisation et la distribution en sections de la première classe de l'Institut.

ART. 15.

L'Académie royale des Sciences est et demeure composée ainsi qu'il suit :

(Voyez l'*Annuaire* de 1817.)

ART. 16.

L'Académie royale des Beaux-Arts conservera l'organisation et la distribution en sections de la quatrième classe de l'Institut.

ART. 17.

L'Académie royale des Beaux-Arts est et demeure composée ainsi qu'il suit :

(Voyez l'*Annuaire* de 1817.)

ART. 18.

Il sera ajouté, tant à l'Académie royale des Inscriptions et Belles-Lettres qu'à l'Académie royale des Sciences, une classe d'académiciens libres, au nombre de dix pour chacune de ces deux Académies.

ART. 19.

Les académiciens libres n'auront d'autre indemnité que celle du droit de présence.

Ils jouiront des mêmes droits que les autres académiciens, et seront élus selon les formes accoutumées.

ART. 20.

Les anciens honoraires et académiciens, tant de l'Académie royale des Sciences que de l'Académie royale des Inscriptions et Belles-Lettres, seront, de droit, académiciens libres de l'Académie à laquelle ls ont appartenu.

Ces Académies feront les élections nécessaires pour compléter le nombre de dix académiciens libres dans chacune d'elles.

GEORGES CUVIER,
Secrétaire perpétuel de l'Académie des sciences (1803-1832),
d'après le portrait de Jacques.

ART. 21.

L'Académie royale des Beaux-Arts aura également une classe d'académiciens libres, dont le nombre sera déterminé par un règlement particulier, sur la proposition de l'Académie elle-même.

ART. 22.

Notre Ministre secrétaire d'État au département de l'Intérieur soumettra à notre approbation les modifications qui pourraient être jugées nécessaires dans les règlements de la seconde, de la troisième et de la quatrième classe de l'Institut, pour adapter lesdits règlements à l'Académie royale des Inscriptions et Belles-Lettres, à l'Académie royale des Sciences et à l'Académie royale des Beaux-Arts.

ART. 23.

Il sera, chaque année, alloué au budget de notre Ministre secrétaire d'État de l'Intérieur un fonds général et suffisant pour payer les traitements conservés et indemnités aux membres, secrétaires perpétuels et employés des quatre classes de l'Institut, ainsi que pour les divers travaux littéraires, les expériences, impressions, prix et autres objets.

Le fonds sera réparti entre chacune des quatre Académies qui composent l'Institut, selon la nature de leurs travaux, et de manière à ce que chacune d'elles ait la libre jouissance de ce qui sera assigné pour son service.

ART. 24.

Tous les membres qui ont appartenu jusqu'à ce jour à l'une des quatre classes de l'Institut conserveront la totalité de leur traitement.

ART. 25.

Sont maintenus les décrets et règlements qui ne contiennent aucune disposition contraire à celles de la présente ordonnance.

ART. 26.

Notre Ministre secrétaire d'État au département de l'Intérieur est chargé de l'exécution de la présente ordonnance.

Donné au château des Tuileries, le 21 mars de l'an de grâce 1816, et de notre règne le vingt et unième.

Signé : LOUIS.

Par le Roi :

Le Ministre secrétaire d'État de l'Intérieur,

Signé : VAUBLANC.

Certifié conforme par nous,

Garde des sceaux de France, Ministre secrétaire d'État au département de la Justice,

Signé : BARBÉ-MARBOIS.

Institut . . . de France

Académie Royale

des Sciences

Paris, le   1824

Tête de lettre de l'Académie royale des sciences, en 1824.

RÈGLEMENT POUR LES RÉUNIONS GÉNÉRALES DE L'INSTITUT

ADOPTÉ DANS LA SÉANCE TENUE PAR LES CINQ ACADÉMIES

le 19 juillet 1848.

ARTICLE PREMIER.

Il y aura des réunions périodiques des cinq Académies, où seront traitées toutes les questions d'intérêt général pour l'Institut.

Ces réunions ne seront pas publiques.

ART. 2.

Ces réunions générales seront trimestrielles. Si la discussion n'est pas terminée, elle pourra être continuée dans une séance supplémentaire dont l'Assemblée déterminera le jour.

ART. 3.

En outre, chaque Académie a le droit de provoquer une réunion générale extraordinaire en s'adressant au Président de l'Institut.

ART. 4.

Le Bureau de l'Institut se compose de cinq membres, un président et quatre vice-présidents.

Ces cinq membres sont choisis respectivement par les cinq Académies. La durée du Bureau est d'une année.

ART. 5.

Le Bureau est présidé par un des cinq membres, selon le tour qui appartient à chacune des Académies.

ART. 6.

Le procès-verbal des séances sera rédigé par le Secrétaire perpétuel de l'Académie à laquelle appartient le Président.

ART. 7.

La réunion générale de l'Institut aura lieu le premier mercredi de chaque trimestre.

ART. 8.

Le Bureau est chargé de préparer l'ordre du jour.

Cet ordre du jour se composera des matières qui auront été désignées par la dernière assemblée générale, par une des cinq Académies, ou par le Bureau.

Cet ordre du jour sera indiqué dans les lettres de convocation.

L'Assemblée se réserve le droit de fixer l'ordre de priorité entre les propositions.

Art. 9.

Le Bureau des séances trimestrielles présidera la séance publique annuelle de l'Institut.

Art. 10.

La séance publique annuelle aura lieu le 25 octobre, jour anniversaire de l'organisation de l'Institut (1).

(1) Cet article avait été abrogé par le décret du 14 avril 1855 fixant la séance publique annuelle des cinq Académies au 15 août. Depuis la chute de l'Empire il a été remis en vigueur.

III

BONAPARTE

MEMBRE DE L'INSTITUT NATIONAL

CHAPITRE PREMIER

LE GÉNÉRAL BONAPARTE

Le coup d'État de fructidor. — Barthélemy, Pastoret, Sicard, Fontanes et Carnot sont exilés. — La première classe de l'Institut est mise en demeure de remplacer Carnot. — Les candidats présentés par la section de mécanique. — La liste de présentation. — Dillon. — Montalembert. — Les titres de Bonaparte. — Ouvrages qu'il a publiés. — Sa lettre à l'abbé Oriani. — Le mémoire présenté à l'Académie de Lyon. — Nomination de Bonaparte. — Le rapport sur le cachet typographique de Hanin. — Lettre de remerciements de Bonaparte à l'Institut. — La voiture à vapeur de Cugnot. — Les travaux académiques de Bonaparte. — Lettre d'Andrieux à Bonaparte. — Organisation de l'expédition d'Égypte. — Harangue aux troupes réunies à Toulon. — Composition des armées de terre et de mer. — La Commission des sciences et arts. — Proclamation à l'armée. — Formation de l'Institut d'Égypte. — Ses membres. — Questions proposées par Bonaparte. — Bonaparte abandonne l'Égypte. — Proclamation à l'armée. — Retour à Paris. — La séance du 5 brumaire an VIII à l'Institut de France. — Médaille offerte à Bonaparte.

Les faits qui se rattachent à la nomination de Napoléon Bonaparte comme membre de l'Institut national sont peu connus; l'influence qu'il a exercée en cette qualité sur la marche et le progrès des sciences, délaissée par ses historiens, paraît avoir été considérée comme n'ayant qu'une importance très secondaire. C'est là, en effet, la plus modeste page d'une vie féconde en grands événements, mais il nous a paru intéressant de la mettre en lumière et d'en faire l'objet d'une courte notice.

Nous offrons le résultat de ces recherches à ceux qui pensent que les petits côtés de l'histoire peuvent aussi présenter d'utiles enseignements.

A la fin du siècle dernier, la France, violemment secouée par des guerres successives, devait déjà à Bonaparte des succès dont elle pouvait se montrer reconnaissante ; le siège de Toulon avait mis en relief les hautes facultés militaires du général, la journée du 13 vendémiaire avait considérablement accru sa popularité, dont il prenait d'ailleurs quelque soin ; un peu plus tard, la soumission du Piémont, la conquête de la Lombardie, Arcole, Rivoli, tant d'autres brillants faits d'armes, la signature à Leoben des préliminaires d'un traité de paix impatiemment désiré, avaient jeté sur sa personne un lustre incomparable.

Quelques mois après ce dernier événement, le Directoire accomplissait le coup d'État de l'an V ; les décrets de proscription des 19 et 22 fructidor (5 et 8 septembre 1797) frappaient l'Institut national dans de chères affections et le privaient de cinq de ses membres : Barthélemy, Pastoret, Sicard, Fontanes et Carnot. Ce dernier, visé spécialement par les décrets, avait échappé aux recherches actives dont il était l'objet et n'avait pu encore fuir le territoire de la République, que l'Institut était mis en demeure de pourvoir au remplacement de ceux de ses membres que le coup d'État dépossédait.

C'est sous cette impression particulièrement douloureuse que la *section des arts mécaniques* de la première classe, à laquelle appartenait l'illustre exilé, dut se préoccuper d'élire à sa place ainsi déclarée vacante. Le 21 brumaire an VI (11 novembre 1797), conformément aux dispositions de la loi du 15 germinal an IV (4 avril 1796) (1), il fut procédé à un scrutin préparatoire où les candidats obtinrent les nombres suivants :

Bonaparte	411	Callet	265
Dillon	371	Bréguet	206
Montalembert	367	Lenoir	191
Lamblardy	348	Janvier	157
Molard	303	Grobert	124
Louis Berthoud	267	Servières	106

(1) 10. Quand une place sera vacante dans une classe, un mois après la notification de cette vacance la classe délibérera, par la voie du scrutin, s'il y a lieu ou non de procéder à la remplir. Si la classe est d'avis qu'il

En conséquence de ce vote, la première classe, sur le rapport
de la section des arts mécaniques, proposa dans la séance générale du 5 frimaire an VI (25 novembre 1797) une liste formée
ainsi qu'il suit :

> Bonaparte.
> Dillon.
> Montalembert.

Les candidats présentés en même temps que Bonaparte étaient
deux savants remarquables.

DILLON (Jacques-Vincent-Marie, DE LACROIX), né à Capoue
en 1760, avait fait ses premières études à l'École militaire de
Naples et était rapidement parvenu au grade de capitaine dans
le corps des ingénieurs hydrauliciens, récemment formé ; chargé
par son gouvernement d'une mission qui l'avait appelé à Paris,
il s'y était fixé et avait publié plusieurs mémoires importants
sur les constructions hydrauliques ; le *Bureau de consultation*
avait décerné à ses travaux la somme la plus élevée des récompenses accordées aux plus utiles découvertes ; sa nomination

n'y a point lieu d'y procéder, elle délibérera de nouveau sur cet objet trois
mois après, et ainsi de suite.

11. Lorsqu'il sera arrêté qu'il y a lieu de procéder à l'élection, la section dans laquelle la place sera vacante présentera à la classe une liste de
cinq candidats au moins.

12. S'il s'agit d'un associé étranger, la liste sera présentée par une commission formée d'un membre de chaque section de la classe, élu par cette
section.

13. Si deux membres de la classe demandent qu'un ou plusieurs autres
candidats soient portés sur la liste, la classe délibérera par la voie du scrutin, et séparément, sur chacun de ces candidats.

14. La liste étant ainsi formée et présentée à la classe, si les deux tiers
des membres sont présents, chacun d'eux écrira sur un billet les noms
des candidats portés sur la liste, suivant l'ordre du mérite qu'il leur attribue, en écrivant 1 vis-à-vis du dernier nom, 2 vis-à-vis de l'avant-dernier
nom, 3 vis-à-vis du nom immédiatement supérieur, et ainsi du reste jusqu'au premier nom.

15. Le président fera à haute voix le dépouillement du scrutin, et les
deux secrétaires écriront au-dessous des noms de chaque candidat les
nombres qui leur correspondent dans chaque billet. Ils feront ensuite les
sommes de tous ces nombres, et les trois noms auxquels répondront les
trois plus grandes sommes formeront, dans le même ordre, la liste de présentation à l'Institut.

de vérificateur général du système nouveau des poids et mesures avait précédé de peu son élévation à la place enviée de professeur d'arts et métiers aux Écoles centrales.

MONTALEMBERT (Marc-René, marquis DE), ingénieur distingué, était bien connu de l'Institut tout entier; il avait appartenu à l'ancienne Académie des sciences, dès l'année 1747, au titre d'associé libre. Ses travaux étaient nombreux, on lui devait notamment les ouvrages dont les titres suivent : *Mémoire historique sur la fonte des canons en fer* (1758), *La fortification perpendiculaire, ou essai sur plusieurs manières de fortifier la ligne droite, le triangle, le carré et tous les polygones, de quelque étendue qu'en soient les côtés, en donnant à leur défense une direction perpendiculaire* (1776-1786), 11 vol. in-4°.

Les recucils de l'Académie renferment plusieurs mémoires de ce savant : *Sur les salines* (1748); *Sur la rotation des boulets dans les pièces de canon* (1755); *Sur la qualité de fonte la plus convenable à l'artillerie* (1759).

Sceau de la classe des sciences physiques et mathématiques

Les titres scientifiques de Bonaparte étaient moins sûrement établis; sa vie, jusque-là prodigieusement occupée, ne lui avait pas laissé le loisir de publier aucun travail qui parût de nature à lui assurer le suffrage des savants.

Les résultats de la brillante campagne d'Italie étaient présents à l'esprit de tous. Chacun connaissait la liste des œuvres d'art ou de science que Parme, Modène, Bologne, Pavie, Rome, Trévise, Fano, Milan, Crémone, Cento, Mantoue, Pesaro, Lorette, Pérouse, Foligno, Vérone, Venise, Monza, Ferrare, Livourne et Massa nous avaient abandonnées, non sans regrets. L'astronome Barthélemy Oriani avait reçu du général en chef la lettre suivante, qu'on voulut bien alors considérer comme l'un de ses meilleurs titres académiques :

Au quartier général, à Milan, le 5 prairial an V.

Les sciences qui honorent l'esprit humain, les arts qui embellissent la vie et transmettent les grandes actions à la postérité, doivent être spécialement honorés dans les gouvernements libres. Tous les hommes de génie, tous ceux qui ont obtenu un rang distingué dans la république des lettres, sont Français, quel que soit le pays qui les ait vus naître.

Les savans, dans Milan, n'y jouissoient pas de la considération qu'ils doivent avoir; retirés dans le fond de leur laboratoire, ils s'estimoient heureux que les rois et les prêtres voulussent bien ne pas leur faire de mal : il n'en est pas ainsi aujourd'hui, la pensée est devenue libre dans l'Italie, il n'y a plus ni inquisition, ni intolérance, ni despotes. J'invite les savans à se réunir et à me proposer leurs vues sur les moyens qu'il y auroit à prendre, où les besoins qu'ils auroient, pour donner aux sciences et aux beaux-arts, une nouvelle vie et une nouvelle existence. Tous ceux qui voudront aller en France, seront accueillis avec distinction par le Gouvernement. Le peuple français ajoute plus de prix à l'acquisition d'un savant mathématicien, d'un peintre de réputation, d'un homme distingué, quel que soit l'état qu'il professe, que de la ville la plus riche et la plus abondante. Soyez donc, citoyen, l'organe de ces sentimens auprès des savans distingués qui se trouvent dans le Milanais.

BUONAPARTE.

Mais tout cela paraissait insuffisant à quelques esprits éclairés ne connaissant des travaux personnels du général que quelques fragments d'une *Histoire de Corse*, dont il adressait en 1786 les premiers chapitres à l'abbé Raynal (1); un *Mémoire sur la culture du mûrier* (2); une *Lettre à Matteo Buttafoco*, député de la Corse, violent écrit tout en faveur de Paoli (3); le mémoire

(1) Ces fragments ont été publiés, en 1843, dans le journal l'*Illustration*, sous le titre de : *Lettres sur la Corse à l'abbé Raynal*.

Le manuscrit de ce document existe encore. Il a été vendu au mois de mai 1887, à l'hôtel Drouot, pour la somme de 5500 francs. C'est, tout naturellement, un Anglais qui l'a acheté. Il se compose de huit pages pleines, in-folio, à deux colonnes, d'une écriture fine et serrée.

(2) Ce mémoire paraît avoir été publié en 1789, la Bibliothèque nationale ne le possède pas.

(3) *Lettre de M. Buonaparte à M. Matteo Buttafoco, député de la Corse à l'Assemblée nationale*. Joly, à Dôle, 1790. Opuscule in-8° de 21 pages. Cette brochure est signée : « Buonaparte. De mon cabinet Demillelli, le 23 janvier, l'an second. » Son impression a été votée par le club patriotique d'Ajaccio. Elle a été réimprimée en 1821.

présenté au concours institué par l'abbé Raynal à l'Académie de Lyon (1) et auquel le *Mémorial de Sainte-Hélène* a attribué une valeur qu'il n'avait pas ; le célèbre *Souper de Beaucaire* (2) ; enfin un opuscule intitulé : *Politique militaire de la Corse* (3).

Cependant, les trois classes composant l'Institut national concourant alors à la nomination des membres de chacune d'entre

(1) L'Académie de Lyon avait proposé en 1791, pour sujet d'un prix qu'elle avait à décerner, au nom de l'abbé Raynal, la question suivante : « Quelles vérités et quels sentiments importe-t-il d'inculquer aux hommes pour leur bonheur ? »

Dumas, secrétaire perpétuel de l'Académie de Lyon, donne sur ce mémoire quelques renseignements que nous croyons bien peu connus ; il y a loin de ce qu'on va lire à l'assertion du *Mémorial de Sainte-Hélène*, qui dit que le mémoire de Bonaparte « fut fort remarqué ».

« Seize mémoires furent envoyés au concours, dit Dumas, celui de Bonaparte était inscrit sous le numéro 15. La Commission d'examen se composait de MM. de Campigueules, Jacquet, Matton de la Cour, Vasselier et de Savy, qui fut le premier maire de Lyon. Après un mûr examen, aucun des ouvrages ne parut mériter la couronne. Quant au travail du jeune Bonaparte, il fut jugé d'une très grande médiocrité, d'après les extraits qui en furent faits par MM. Vasselier et de Campigueules. Vasselier se bornait à dire : « Le numéro 15 est un songe très prolongé. » M. de Campigueules entrait dans de plus grands détails : « Le numéro 15 n'arrêtera pas longtemps, « disait-il, les regards des commissaires ; c'est peut-être l'ouvrage d'un « homme sensible, mais il est trop mal ordonné, trop disparate, trop « décousu et trop mal écrit pour fixer l'attention. »

Le prix fut proposé de nouveau pour 1793 et décerné à Daunou.

Le manuscrit de Bonaparte disparut des archives de l'Académie de Lyon et fut détruit plus tard par son auteur, mais une copie en ayant été conservée par l'un des frères de l'empereur, il put être publié en 1826, par le général Gourgaud, sous le titre suivant : *Discours de Napoléon sur les vérités et les sentiments qu'il importe d'inculquer aux hommes pour leur bonheur, ou ses idées sur le droit d'aînesse et le morcellement de la propriété, suivies de pièces sur son administration et ses projets en faveur des Grecs.* Paris, Baudouin frères, libraires, rue de Vaugirard, nº 17. 1826, in-8º de III-170 pages.

(2) L'édition originale du *Souper de Beaucaire* n'existe pas à la Bibliothèque nationale. Cet opuscule a été imprimé chez Sabin-Tournal, rédacteur et imprimeur du *Courrier d'Avignon*. Il a été réimprimé en 1821, par Frédéric Royou et publié chez Terry, au Palais-Royal ; une autre édition en a été donnée, la même année, par Chaumerot aîné. Ces deux éditions renferment également une réimpression de la *Lettre à Matteo Buttafoco*.

(3) Nous n'avons pas trouvé trace de cet opuscule à la Bibliothèque nationale.

elles, il fut procédé au scrutin dans la séance générale du
5 nivôse an VI (25 décembre 1797). Cent quatre membres étaient
présents; Bonaparte obtint 305 votes, Dillon 166, Montalembert 123. C'était l'unanimité moins sept voix.

Camus, président de l'Institut, proclama le citoyen Bonaparte
l'un des membres de la Compagnie dans la section des arts
mécaniques de la première classe.

A une époque où l'Institut, composé d'hommes illustres parmi
lesquels on comptait Laplace, Cuvier, Lagrange, Darcet, Monge,
Prony, Lalande, de Jussieu, Vauquelin, Delambre, Berthollet,
avait pris la tête du mouvement scientifique et lui avait imprimé
une irrésistible impulsion, au moment même où la savante
assemblée fixait l'attention du monde entier par les découvertes
et les travaux qui l'ont immortalisée, elle eût pu peut-être se
montrer plus sévère et n'accueillir qu'avec quelque réserve une
candidature qui n'était pas exclusivement scientifique; mais il
est juste de le dire : en s'adjoignant le général tant de fois victo-
rieux déjà, la première classe de l'Institut, imitant en cela la
majorité du pays, obéissait à des sympathies aussi vives qu'elles
étaient explicables.

En recherchant le titre de membre de l'Institut que peu de
temps après il plaçait en tête de ses proclamations, Bonaparte
suivait avec persévérance la voie qu'il s'était tracée et mon-
trait l'importance attachée par lui à la haute situation qu'il
avait conquise.

Et pourtant, comme l'a dit d'ailleurs avec tant d'autorité
F. Arago : « Est-il aucune considération au monde qui doive
faire accepter la dépouille académique d'un savant victime de
la rage des partis, et cela surtout lorsqu'on se nomme le général
Bonaparte? Je me suis souvent abandonné, dit l'illustre secrétaire perpétuel, à un juste sentiment d'orgueil en voyant les
admirables proclamations de l'armée d'Orient, signées : *Le
membre de l'Institut, Général en chef;* mais un serrement de
cœur suivait ce premier mouvement lorsqu'il me revenait à la
pensée que le membre de l'Institut se parait d'un titre qui avait
été enlevé à son premier protecteur et à son ami (1). »

Dans le précieux ouvrage de MM. Bourquelot et Louandre sur
la littérature contemporaine, il est dit que, lors de la réception

____

(1) *Éloge de Carnot.*

de Bonaparte comme membre de l'Institut, plusieurs discours furent prononcés par Prony, Monge, Lassus, Fourcroy, Toulongeon et Garat. Nous n'avons aucun moyen de vérifier cette assertion, mais nous la croyons de tous points erronée ; les procès-verbaux ne font pas mention de cette particularité, et il est bon d'ailleurs de faire remarquer qu'elle eût été contraire aux usages académiques. Les journaux du temps que nous avons consultés ne relatent pas le fait, qui, nous semble-t-il, n'aurait pas dû passer inaperçu.

Dès le lendemain de sa nomination, le 6 nivôse, le nouvel élu prenait place au milieu de ses confrères, et la classe le chargeait, conjointement avec Monge et Prony, d'examiner un cachet typographique que lui avait soumis un nommé Hanin.

On lit à ce sujet dans le *Courrier de Paris* du 16 nivôse an VI (5 janvier 1798) un article ainsi conçu : « A la séance de l'Institut du 11 nivôse, le général Bonaparte a lu un rapport dont il avait été chargé, sur le cachet typographique du citoyen Hanin, connu par l'invention de plusieurs pesons ingénieux. Le rapporteur a été clair et concis ; il a fait sentir tous les avantages de cette machine, à l'aide de laquelle un particulier, quoique peu exercé dans l'art typographique, peut composer et imprimer rapidement des circulaires dont l'étendue n'excéderait pas celle d'une page in-4°. »

Cette erreur a été plusieurs fois reproduite, notamment dans l'ouvrage que nous citions tout à l'heure, et il nous a semblé d'autant plus intéressant de la rectifier, que c'est à l'aide de ce cachet typographique que s'imprimaient plus tard les *Bulletins de la grande armée*.

Le rapport dont il est question ici, et dont la première classe a en effet entendu la lecture dans sa séance du 11 nivôse, ne doit pas être attribué à Bonaparte. La minute en a été conservée et figure aux archives de l'Académie des sciences ; elle est tout entière de la main de Prony, qui l'a signée, et elle est seulement revêtue des signatures de Monge et de Bonaparte.

On ne peut même pas supposer que ce dernier ait lu le rapport que Prony avait rédigé, les trois commissaires assistant à la séance.

Pour donner une entière certitude à cet égard, nous citerons les premières lignes du rapport précédées de quelques mots

Ont assisté à la séance du 6 Nivose an 6 de la république les citoyens membres de l'Institut National ci après dénommé

Citoyen   1ère Classe

LA PREMIÈRE FEUILLE DE PRÉSENCE SIGNÉE PAR BONAPARTE

Le lendemain de sa nomination à l'Institut.

extraits du procès-verbal : « Le citoyen Prony *lit*, en son nom et en celui des citoyens Monge et Bonaparte, le rapport suivant sur un instrument nommé cachet typographique de l'invention du citoyen Hanin. »

« Nous avons été chargés par la classe, les citoyens Monge, Bonaparte et *moi*, de lui faire un rapport sur un instrument perfectionné par le citoyen Hanin. »

Il est donc possible que le rapporteur ait été clair et concis, cela même est certain puisque le document existe et peut être utilement consulté; mais ce rapporteur n'est point Bonaparte.

C'est dans cette même séance du 11 nivôse que Camus, alors président, donnait lecture de la lettre suivante qui lui était adressée; cette lettre, tout entière de la main de Bourrienne, est seulement signée de Bonaparte :

Paris, le 6 nivôse an VI de la République française
une et indivisible.

Citoyen Président, le suffrage des hommes distingués qui com-, posent l'Institut m'honore.

Je sens bien qu'avant d'être leur égal, je serai longtemps leur écolier.

S'il était une manière plus expressive de leur faire connaître l'estime que j'ai pour eux, je m'en servirais.

Les vraies conquêtes, les seules qui ne donnent aucun regret, sont celles que l'on fait sur l'ignorance.

L'occupation la plus honorable comme la plus utile pour les nations, c'est de contribuer à l'extension des idées humaines.

La vraie puissance de la République française doit consister désormais à ne pas permettre qu'il existe une seule idée nouvelle qu'elle ne lui appartienne.

BONAPARTE.

La classe ayant reçu le même jour un mémoire et un instrument relatifs à la tactique militaire, Borda, Coulomb, Laplace et Bonaparte furent chargés de lui en rendre compte. Les commissaires déclarèrent dans la séance suivante, celle du 16 nivôse, qu'il ne leur paraissait pas qu'il pût être fait de rapport sur cet objet.

Le 11 pluviôse an VI (30 janvier 1798), la classe recevait un mémoire important dont la présentation est consignée au procès-verbal dans les termes suivants :

E. MAINDRON.   14

« Le secrétaire lit une note remise par le citoyen Bonaparte qui la tient du citoyen Rolland, relative à une voiture mue par la vapeur. Les citoyens Coulomb, Perrier, Bonaparte et Prony sont chargés de faire un rapport sur cette machine et d'engager le citoyen Cugnot, qui en est l'auteur, à assister à l'expérience qu'on en fera et de présenter en même temps des vues sur la meilleure manière d'appliquer l'action de la vapeur au transport des fardeaux. »

Aucun rapport ne fut fait à l'occasion de cette grande découverte, et ce ne fut qu'incidemment que deux ans et demi plus tard, le nom de Cugnot, célèbre aujourd'hui, appela de nouveau l'attention de la première classe de l'Institut. En effet, le 13 thermidor an VIII (1er août 1800), le Ministre de l'intérieur adressait au président de l'Institut national la lettre qui suit :

Il vient, citoyen, de m'être adressé, par le liquidateur général de la dette publique, une lettre dans laquelle il m'informe que le C. Nicolas Joseph Cugnot demande le rétablissement d'une pension de 600 fr. qu'il avoit obtenue en considération des inventions utiles qu'il a faites pour le service de l'artillerie. Il ajoute que cet artiste paroît avoir fait plusieurs découvertes en mécanique et composé des ouvrages dont l'art militaire doit avoir recueilli les plus grands avantages ; qu'il a imaginé des fusils que le Mal de Saxe s'empressa d'adopter pour ses houlans ; une planchette et une alidade que tous les ingénieurs ont admises ; enfin qu'il est l'auteur des Élémens d'artillerie ancienne et moderne et d'un Traité sur les fortifications.

Le liquidateur général, avant de faire statuer sur la demande du C. Cugnot, désire connoître l'avis de l'Institut national sur le mérite des ouvrages de cet artiste.

Je vous invite, citoyen, à soumettre ces ouvrages à l'examen et à me faire passer les rapports qui auront été approuvés.

Je vous salue.   L. BONAPARTE.

La première classe de l'Institut s'empressa de satisfaire au désir exprimé par Lucien Bonaparte, et le 21 thermidor an VIII (9 août 1800), Lalande, au nom d'une commission dont il faisait partie avec Messier et Prony, donnait lecture du rapport suivant, qui, par suite d'un oubli regrettable, ne figure pas au procès-verbal de la séance, mais se trouve cependant aux archives de l'Académie des sciences.

Le Ministre de l'Intérieur, par sa lettre du 13 thermidor, demande, d'après le désir du Liquidateur général de la dette publique, l'avis de l'Institut sur le mérite des ouvrages du cit. Cugnot. En conséquence, nous avons examiné ses ouvrages, ses élémens de l'art militaire ancien et moderne, 1766, 2 vol.; sa fortification de campagne théorique et pratique, 1769; sa théorie de la fortification avec des observations sur les différens systèmes qui ont paru depuis l'invention de l'artillerie et une nouvelle manière de construire des places. On y voit le talent et les idées d'un très habile ingénieur. Dans le même volume on trouve la description de sa nouvelle planchette, avec la manière de s'en servir, et des planches. Sa machine à feu pour le service de l'artillerie et qui fut éprouvée avec succès à l'Arsenal; son fusil de nouvelle construction qui avoit été adopté par le maréchal de Saxe étoient connus du général de Gribeauval sous lequel il avoit servi en Allemagne, et qui lui fit donner une pension de 600⁺⁺ par Brevet du 6 nov. 1779, *en considération des découvertes utiles qu'il a faites pour le service de l'artillerie, ce sont les termes du brevet.*

Le général Bonaparte communiqua, le 11 pluviôse de l'an VI à l'Institut un mémoire relatif à la machine à feu; on nomma pour Commissaires les cit. Bonaparte, Périer, Coulomb et Prony et quoique le voyage d'Égypte ait empêché le rapport d'être fait par écrit, nous avons eu connoissance du mérite de cette voiture à feu.

Depuis 1763 que le cit. Cugnot quitta le service, il n'a cessé d'instruire dans l'art de la guerre de jeunes militaires qui ont rendu témoignage de son talent.

Le maréchal d'Estrées fut très-satisfait de sa fortification de campagne, comme l'un de nous l'a su du marquis de Courtanvaux, son neveu.

Parvenu à l'âge de 75 ans, Cugnot ne peut plus faire usage de ses talens et il manque du nécessaire. En conséquence nous croyons que l'Institut doit opiner pour la conservation de la petite pension sur laquelle il est consulté par le Ministre.

Fait à l'Institut, le 21 thermidor an VIII.

Signé : LALANDE, MESSIER, PRONY.

Le modèle de la voiture à vapeur de Cugnot a été recueilli au Conservatoire des arts et métiers, et M. le général Morin a donné à son sujet, dans les *Comptes rendus des séances de l'Académie* (t. XXXII, p. 524, 14 avril 1854), une notice accompagnée de pièces officielles établissant les droits de Cugnot à la priorité de l'application de la vapeur à la locomotion.

Malgré la publication de ces derniers documents, malgré l'importance capitale de la découverte dont il s'agit, le nom de l'habile ingénieur était resté oublié, le pays devait à Cugnot une juste réparation.

Elle paraît lui être assurée. Un monument doit lui être élevé dans le département de la Meuse, à Void, son pays natal. On ne pourrait qu'applaudir à cette généreuse initiative prise par quelques amis des sciences, sympathiques à la mémoire du savant ingénieur.

Voiture à vapeur de N.-J. Cugnot.

L'occasion se présentant ici de faire connaître l'intervention directe de Bonaparte dans les travaux académiques, disons tout de suite les circonstances dans lesquelles il fut chargé, conjointement avec quelques-uns de ses confrères, de l'examen de différents mémoires soumis à la haute appréciation de la savante assemblée.

Le 1er germinal an VI (21 mars 1798), Bonaparte présentait une carte géographique que Guillaume Haas, de Bâle, venait de publier ; Bonaparte et Leroy furent nommés commissaires, mais ils ne firent point de rapport.

Le 16 pluviôse an VII (4 février 1799), le Ministre de la marine ayant transmis un échantillon de papier paraissant propre à faire des gargousses, la classe nomma Desmarctz, Deyeux, Darcet et Labergerie, qui donnèrent un premier rapport le 21 germinal (10 avril) ; mais la question parut susceptible d'un examen plus approfondi, car le 11 brumaire an VIII (2 novembre 1799), Bonaparte, alors de retour de sa campagne d'Égypte, fut adjoint à la première commission qui, après avoir procédé à de nouvelles expériences, fit un second rapport le 6 frimaire (27 novembre).

Peu de jours auparavant, le 1er brumaire (23 octobre), Biot ayant présenté un mémoire portant pour titre : *Considérations sur les équations aux différences mêlées*, Laplace, Bonaparte et Lacroix furent chargés de l'examiner.

Le 21 du même mois (12 novembre), la Commission conclut à l'impression du travail de Biot au *Recueil des savants étrangers*.

C'est à l'examen des divers mémoires que nous venons de citer que s'est bornée la coopération du général aux travaux de la première classe de l'Institut; encore devons-nous faire remarquer qu'il n'est l'auteur d'aucun des rapports auxquels ces mémoires ont donné lieu.

Il n'était pas indispensable d'ailleurs que Bonaparte fît œuvre d'académicien, l'influence considérable qu'il exerçait autour de lui par des succès admirables et ininterrompus, les sentiments de déférence qu'il manifestait en toute circonstance à l'égard de la classe, lui avaient assuré de la part de l'Institut tout entier un attachement vif et sincère.

Le 8 floréal an VI (27 avril 1798), il recevait la lettre suivante, qu'il nous a paru intéressant de reproduire :

> Au citoyen Bonaparte,
>
> Un compositeur étranger a envoyé à l'Institut national différents morceaux de musique qu'il vous dédie. Le rapport de notre collègue Gossec vous en fera connaître le mérite.
>
> Comme l'Institut ne chante guère, il a cru que ces morceaux seraient mieux placés au Conservatoire de musique qui ne demandera pas mieux que de vous les faire entendre quand vous en aurez le loisir. Je vous fais passer copie du rapport et l'épître dédicatoire de l'auteur.
>
> Je salue le héros que j'ai l'honneur d'avoir pour collègue.
>
> ANDRIEUX.
>
> *P.-S.* — L'auteur est M. Reicha, de Berlin; il n'a pas jugé à propos de signer sa lettre; mais il paraît cependant avoir voulu se faire connaître, car son nom est en tête de chaque cahier de sa composition.

Bonaparte recevait cette lettre, au moment même où le Directoire, jaloux et justement préoccupé de l'autorité qu'il avait acquise, acceptait avec une joie mal dissimulée le projet que lui soumettait le général de coloniser l'Égypte après en avoir opéré la conquête.

« Éloigner de Paris le vainqueur de l'Italie, mettre ainsi un terme aux éclatantes démonstrations populaires dont sa présence était partout l'objet, et qui, tôt ou tard, seraient devenues un véritable danger, c'était tout ce que voulaient alors les cinq chefs de la République (1). »

Fort de l'appui qu'il rencontra dans cette occasion, Bonaparte, avec la puissante activité dont il avait le secret, surveilla lui-même la prompte exécution de ses desseins; le soin qu'il prit de s'entourer, sur les conseils de Monge et de Berthollet, de savants et d'artistes parmi lesquels on pouvait compter de grands talents, devait, pensait-il, assurer le succès de cette vaste entreprise.

Arrivé à Toulon le 19 floréal an VI (8 mai 1798), Bonaparte adressait le surlendemain aux troupes qu'il y avait réunies, la harangue qui suit :

> Officiers et soldats,
>
> Il y a deux ans que je vins vous commander. A cette époque vous étiez dans la rivière de Gênes, dans la plus grande misère, manquant de tout, ayant sacrifié jusqu'à vos montres pour votre subsistance réciproque. Je vous promis de faire cesser vos misères, je vous conduisis en Italie, là, tout vous fut accordé..... Ne vous ai-je pas tenu parole? (Cri général : Oui! oui!)
>
> Eh bien! apprenez que vous n'avez point encore assez fait pour la patrie et que la patrie n'a point encore assez fait pour vous!
>
> Je vais actuellement vous mener dans un pays où par vos exploits futurs, vous surpasserez ceux qui étonnent aujourd'hui vos admirateurs, et rendrez à la patrie les services qu'elle a le droit d'attendre d'une armée d'*invincibles*.
>
> Je promets à chaque soldat qu'au retour de cette expédition il aura à sa disposition de quoi acheter six arpens de terre.

L'armée de mer était constituée de la manière suivante :

Brueys, vice-amiral, commandant l'escadre ;
Villeneuve, Blanquet-Duchayla, Decrès, contre-amiraux ;
Ganteaume, chef d'État-major ;
Dumanoir Le Peley, chef de division, commandant le convoi ;
Leroy, commissaire ordonnateur en chef de la marine.

Treize vaisseaux :

L'Orient	armé de 120 canons,		capitaine	Casa Bianca.
Le Guillaume Tell.	—	80 —	—	Saunier.
Le Tonnant	—	80 —	—	Du Petit Thouars.

(1) Arago, *Éloge historique de Fourier.*

Le Franklin...... armé de 80 canons capitaine Gillet.
L'Aquilon........   —   74 —   —   Thévenard fils.
Le Généreux...... —   74 —   —   Lejoille.
Le Mercure ...... —   74 —   —   Lalonde.
L'Heureux .... —   74 —   —   Étienne jeune.
Le Guerrier ...... —   74 —   —   Trullet aîné.
Le Timoléon...... —   74 —   —   Trullet jeune.
Le Peuple souve -
  rain..........   —   74 —   —   Racord.
Le Conquérant.... —   74 —   —   Dalbarade.
Le Spartiate...... —   74 —   —   Emeriau.

    Deux vaisseaux non armés :

Le Dubois, vénitien, commandant le convoi —   Lelong.
Le Causse, vénitien, servant d'hôpital.... —   Lallement.

    Huit frégates :

La Diane........ armée de 40 canons, —   Soleil.
La Justice........ —   40 —   —   Villeneuve.
La Junon........ —   40 —   —   Pourquier.
L'Arthémise...... —   40 —   —   Standeley.
L'Alceste. .... —   40 —   —   Barrey.
La Fortune...... —   36 —   —   Marchand.
La Sérieuse ...... —   36 —   —   Martin.
La Courageuse.... —   36 —   —   Eydoux.

    Six frégates non armées :

La Sensible .... —   Bourdet.
Le Muiron...................... —   Maillet.
Le Carrère...................... —   Fichet.
La Léoben . ... —   Colette.
La Mantoue .... —   Goïens.
La Montenotte.................. —   Tempier.

    Deux bricks :

Le Coreyre........ armé de 14 canons, —   Renauld.
Le Lodi ....   —   12 —   —   Sennequier.

Deux bricks non armés, corvettes, cutters, avisos, chaloupes canonnières au nombre d'environ 72.

Le nombre des bâtiments de transport était d'environ 400 et la force totale de l'armée de mer était de 10 000 hommes.

L'armée de terre, bien plus considérable, était forte d'environ 36 000 hommes.

Bonaparte en était le général en chef.

Il avait sous ses ordres :

Berthier, chef d'État-major général ;

Caffarelli Dufalga, commandant le génie ;

Dommartin, commandant l'artillerie ;

Kléber, Desaix, Menou, Dumuy, Vaubois, Bon, Dugua, Reynier et Baraguey-d'Hilliers, généraux de division ;

Lannes, Rampon, Damas, Murat, Lanusse, Andréossy, Dumas, Vial, Leclerc, Verdier, Fugières, Zayonchek, Dupuy, Davout, Belliard, Vaux, Marmont, Muireur, Manscourt, Friant, Donzelot et Lagrange, généraux de brigade ;

Duroc, Shulkowsky, Lavalette, Louis Bonaparte, Julien, Merlin fils, Junot, Croisier, Eugène Beauharnais et Guibert, aides de camp.

Les troupes étaient composées ainsi qu'il suit :

Quatre demi-brigades d'infanterie légère : les 2e, 4e, 21e et 22e ;

Dix demi-brigades d'infanterie de bataille : les 9e, 13e, 18e, 25e, 32e, 61e, 69e, 75e, 85e et 88e ;

Deux régiments de hussards : les 7e et 22e ;

Cinq régiments de dragons : les 3e, 14e, 15e, 18e et 20e ;

Un escadron à cheval et un bataillon à pied de guides ;

Un bataillon d'artillerie à cheval ;

Quatre compagnies d'artillerie à pied ;

Les 2e et 5e compagnies de mineurs ;

Un bataillon de sapeurs.

L'administration était confiée à Sucy, commissaire ordonnateur en chef et après lui à H. d'Aure ; à Poussielgue, contrôleur général des dépenses et à Estève, payeur général.

Le service de santé était entre les mains de Desgenettes, médecin en chef, Larrey, chirurgien en chef et Royer, pharmacien en chef; Boudet lui succéda un peu plus tard.

La Commission des sciences et arts, constituée par les soins de Monge et de Berthollet, était divisée de la manière suivante :

Géométrie. — Monge, Malus, Charbaud, Moret, Fourier, Costaz, Corancez, Say, Fuseau, Bringuet et Bouchard.

Astronomie. — Nouet, Quesnot, Méchain fils, Beauchamp.

Mécanique et aérostats. — Hassenfratz jeune, Sirop, Adnès père, Adnès fils, Conté, Couvreur, J.-M.-J. Coutelle, L'Homont, Aimé, Collin, Hérault, Plazanet.

Chimie. — Berthollet, Potier, Champy père, Champy fils, Descotils, Samuel Bernard, Regnault.

Minéralogie. —Dolomieu, Cordier, de Rozières, Victor Dupuy.

Botanique. — Nectoux, Delile, Coquebert.

Zoologie. — Et. Geoffroy Saint-Hilaire, J.-C. Savigny, Alex. Gérard.

Chirurgie. — Dubois père, Labate, Lacipière, Pouqueville, Dubois fils, Bessières, Daburon, Dewèvre.

Pharmacie. — Boudet, Rouyer, Roguin.

Horlogerie. — Lemaître.

Économie politique. — Fauvelet-Bourrienne, Regnaud de Saint-Jean d'Angély, Gloutier, Tallien.

Antiquités. — Pourlier, Ripault, Panuzen.

Architectes. — Norry, Balzac, Protain, Hyacinthe Lepère, Demoulin.

Peintres. — Redouté, Rigo, Joly.

Dessinateurs. — Dutertre, Denon, Portal, Caquet, Peré.

Ingénieurs des ponts et chaussées.—Lepère aîné et P. S. Girard, ingénieurs en chef; Bodart, Faye, Martin, Duval, Gratien Lepère, Saint-Génis, Lancret, Fèvre, Devilliers, Jollois, Favier, Thévenot, Chabrol, Raffeneau-Delisle, Arnollet, Du Bois-Aymé, Moline.

Ingénieurs géographes. — Testevuide et Jacotin, ingénieurs en chef; Lafeuillade, Bertre, Lecesne, Bourgeois, Leduc, Dulion, Faurie, Lévêque, Laroche, Jomard aîné, Corabœuf, Simonel, Schouani, Lathuille.

Ingénieurs de marine. — Boucher, Chaumont, Greslé, Vincent, Bonjean.

Ingénieur mécanicien hydraulique. — Cécile.

Ingénieur en instruments de mathématiques.—Lenoir fils.

Sculpteur.— Casteix.

Graveur. — Fouquet.

Littérateurs. — Parceval-Grandmaison, Lerouge, Arnault, Bénaben.

Musiciens. — Villoteau, Rigel.

Élèves de l'École polytechnique. — Vincent, Viard, Alibert, Caristie, Duchanoy, Pottier, Jomard jeune.

Interprètes. — Venture, Magallon, Amédée Jaubert, Raige, Belleteste, de Laporte, L'Homaca, Bracevich.

Imprimerie orientale et française.—Marcel, directeur; Puntis et Gallant, protes et sous-chefs; Bauduin et Besson, directeurs divisionnaires.

Au moment de mettre à la voile, le 30 floréal an VI (19 mai 1798), Bonaparte adressa à l'armée tout entière la belle proclamation qui suit :

Soldats, vous êtes une des ailes de l'armée d'Angleterre. Vous avez fait la guerre des montagnes, des plaines et des sièges; il vous reste à faire la guerre maritime.

Les légions romaines que vous avez quelquefois imitées, mais pas encore égalées, combattaient Carthage tour à tour sur cette même mer et aux plaines de Zama. La victoire ne les abandonna jamais, parce que constamment elles furent braves, patientes à supporter la fatigue, disciplinées et unies entre elles.

Soldats, l'Europe a les yeux sur vous. Vous avez de grandes destinées à remplir, des batailles à livrer, des fatigues à vaincre; vous ferez plus que vous n'avez fait pour la prospérité de la patrie, le bonheur des hommes et votre propre gloire.

Soldats, matelots, fantassins, canonniers, soyez unis. Souvenez-vous que le jour d'une bataille, vous avez tous besoin les uns des autres.

Soldats, matelots, vous avez été jusqu'ici négligés. Aujourd'hui la plus grande sollicitude de la République est pour vous; vous serez dignes de l'armée dont vous faites partie.

Le génie de la liberté qui a rendu, dès sa naissance, la République l'arbitre de l'Europe veut qu'elle le soit des mers et des nations les plus lointaines.

On sait comment, pendant son trajet, Bonaparte put s'emparer de l'île de Malte. Parvenu au terme de son voyage, il signala son arrivée par la prise d'Alexandrie et la victoire des Pyramides qui lui donna libre accès au Caire, où il fit son entrée le 6 thermidor an VI (24 juillet). « Ce grand projet, médité dans le silence, fut préparé avec tant d'activité et de secret, que la vigilance inquiète de nos ennemis fut trompée; ils apprirent presque dans le même temps qu'il avait été conçu, entrepris et exécuté (1). »

C'est arrivé au terme de cette prestigieuse campagne qu'il se préoccupa, le 3 fructidor an VI (20 août 1798), de l'une de ses plus utiles fondations : l'Institut du Caire, qu'il divisa en quatre classes, celles de mathématiques, de physique, d'économie politique et de littérature et arts.

(1) Fourier, *Description de l'Égypte*. Préface historique.

Cet Institut, dont Monge avait accepté la présidence et dont la vice-présidence avait été attribuée à Bonaparte lui-même, dont Fourier avait été élu secrétaire perpétuel et Costaz secrétaire adjoint, devait jeter les lumières les plus vives sur l'histoire de l'Égypte et sur les antiquités qu'elle renfermait.

Il était composé de la manière suivante :

Mathématiques.

Andréossy, Bonaparte, Costaz, Fourier, Girard, Lepère, Leroy, Malus, Monge, Nouet, Quesnot, H. Say (1).

Physique.

Berthollet, Champy, Conté, Raffeneau-Delisle, Descotils, Desgenettes, Dolomieu, Dubois (2), E. Geoffroy Saint-Hilaire, Savigny.

Économie politique.

Caffarelli (3), Gloutier, Poussielgue, Sulkowski, Sucy (4), Tallien.

Littérature et arts.

Denon, Dutertre, Norry, Parseval, Redouté, Rigel, Venture (5), dom Raphaël, prêtre grec.

La première classe de l'Institut, vivement préoccupée des intérêts de la science, vit avec joie la création de l'Institut d'Égypte ; dans sa séance du 26 frimaire an VII (16 décembre 1798) elle s'empressait de désigner trois commissaires : Laplace, Fourcroy et Lacépède, pour préparer une série de questions qui devaient être adressées au Caire.

La deuxième classe nommait, dans le même but, Fleurieu, Volney et Grégoire ; la troisième classe, Dupuis, Mongez et Langlès.

Grégoire fit à ce sujet un rapport qui, immédiatement transmis en Égypte, fut imprimé dans le tome III des Mémoires de l'Institut (sciences morales et politiques).

(1) Say a été remplacé par Lancret.
(2) Dubois a été remplacé par Larrey.
(3) Caffarelli a été remplacé par Corancez.
(4) Sucy a été remplacé par Fauvelet-Bourrienne.
(5) Venture a été remplacé par Ripault.

De son côté, l'Institut d'Égypte constituait son bureau dès le lendemain de sa fondation et Bonaparte y proposait les questions suivantes :

1° Les fours employés pour la cuisson du pain de l'armée sont-ils susceptibles de quelques améliorations sous le rapport de la dépense du combustible, et quelles sont ces améliorations?

L'examen de cette question fut renvoyé à une commission composée de Berthollet, Caffarelli, Say et Monge.

2° Existe-t-il en Égypte des moyens de remplacer le houblon dans la fabrication de la bière?

L'examen de cette question fut renvoyé à Berthollet, Malus, Costaz, Gloutier et Desgenettes.

3° Quels sont les moyens de clarifier et de rafraîchir l'eau du Nil?

Les commissaires nommés furent Monge, Berthollet, Costaz et Venture.

4° Dans l'état actuel des choses au Caire, lequel est le plus convenable à construire, du moulin à eau ou du moulin à vent?

Commissaires : Caffarelli, Andréossy, Malus, Say et Costaz.

5° L'Égypte présente-t-elle des ressources pour la fabrication de la poudre? Quelles sont ces ressources?

Commissaires : Monge, Berthollet, Malus, Andréossy et Venture.

6° Quelle est en Égypte la situation de la jurisprudence, de l'ordre judiciaire, civil et criminel, et de l'enseignement? Quelles sont les améliorations possibles dans ces parties, et désirées par les gens du pays?

Commissaires : Sucy, Sulkowski, Tallien et Costaz.

Une correspondance active s'était établie entre la première classe de l'Institut national et l'Institut d'Égypte. Bonaparte, heureux de ce résultat qu'il avait fait naître, donnait des ordres pour que les procès-verbaux des séances fussent adressés à la première classe, qui les reçut du 6 fructidor an VI (23 août 1798) au 26 frimaire an VII (16 décembre 1798) et en ordonna l'impression.

Deux rapports furent faits à l'occasion de ces procès-verbaux, l'un à la première classe le 1er nivôse (21 décembre 1798), l'autre à la seconde classe le 12 du même mois (1er janvier 1799).

A l'envoi de ces documents bien connus, l'Institut répondait par la lettre suivante :

Paris, le 21 nivôse an VII (10 janvier 1799).

Au Président de l'Institut du Caire.

J'ai l'honneur de vous adresser, de la part de l'Institut national de France, les trois premiers volumes de ses Mémoires qu'il vient de publier. Je vous prie de les présenter en son nom à l'Institut d'Égypte comme un hommage qu'il lui est bien doux de faire à ses intéressants compatriotes, dont la position pour l'avancement des sciences et des arts inspire à tous les amis de la raison, le désir de les voir longtems contribuer à la prospérité de la République et au bonheur de l'humanité.

JUSSIEU, président.

Bien des événements s'étaient accomplis au delà des mers, quand, adressant à l'armée la proclamation suivante, Bonaparte abandonnait l'Égypte après avoir confié à Kléber l'achèvement de la mission qu'il s'était donnée.

Alexandrie, 5 fructidor an VII (22 août 1799).

Les nouvelles d'Europe m'ont décidé à partir pour la France. Je laisse le commandement de l'armée au général Kléber. L'armée aura bientôt de mes nouvelles. Il me coûte de quitter des soldats auxquels je me suis le plus attaché ; ce ne sera que momentanément, et le général que je leur laisse a la confiance du gouvernement et la mienne.

Accompagné de Berthier, de Monge et de Berthollet, Bonaparte reparaissait inopinément à Paris, le 24 vendémiaire an VIII (16 octobre 1799). Le *Moniteur* mentionne ce fait important dans les termes qui suivent :

« Le général Bonaparte est arrivé ce matin à six heures au Directoire, avec le général Berthier et les citoyens Berthollet et Monge. Les autres Français venus d'Égypte sont arrivés dans deux autres voitures, dans le courant de la journée. »

Le 1er brumaire an VIII (23 octobre 1799), Bonaparte prenait place, à l'Institut, au milieu de ses confrères ; le procès-verbal est sobre de renseignements au sujet de sa présence ; on n'y trouve que les mots suivants :

« La classe arrête qu'il sera fait mention au procès-verbal de la satisfaction qu'elle éprouve de voir notre confrère Bonaparte dans son sein. »

Quatre jours plus tard, le 5 brumaire (27 octobre), l'Institut tenant une séance générale, Bonaparte y prenait la parole et communiquait à la Compagnie quelques détails touchant le voyage qu'il venait d'accomplir; il ne paraît rester des observations importantes qu'il présenta dans cette séance que les quelques mots suivants qui sont extraits du procès-verbal :

Le citoyen Bonaparte annonce qu'il a donné les ordres nécessaires pour le transport en France d'une table en pierre trouvée dans les fondations du château de Rosette, sur laquelle se trouve une inscription en langue grecque, copte et en hiéroglyphe. Cette inscription porte que sous tel règne d'un Ptolémée, tous les canaux d'Égypte ont été curés et la somme que ce travail a coûtée. Il ajoute que dans la fouille des fossés d'Alexandrie on a trouvé, dans une des tombes qui sont là fort nombreuses, une petite statue de femme dont la coiffure est presque la même que celles que nous voyons aujourd'hui. Cette statue nous vient. Il rend compte ensuite du voyage entrepris pour découvrir le canal de Suez. Il entre dans des détails assez étendus sur l'état actuel du canal, sur la différence des niveaux entre les deux mers, entre la mer Rouge et l'Égypte. Des ingénieurs sont présentement occupés à lever le plan de ce canal si important au commerce de l'Europe.

Le même jour, l'Institut adressait à Bonaparte une médaille frappée à son effigie et y joignait la lettre qu'on va lire :

Au citoyen Bonaparte,

La médaille, citoyen confrère, que l'Institut national nous charge de vous faire passer doit, par la nature du métal dont elle est formée, durer presque autant que votre gloire.

Elle transmettra vos traits à la postérité la plus reculée et vous rendra pour ainsi dire présent à toutes les générations dont vos victoires auront fixé le bonheur.

Nous sommes très heureux de nous trouver aujourd'hui les organes de l'Institut national et d'avoir cette occasion de vous témoigner tout notre dévouement.

Sabatier, Lefèvre-Gineau,
Cuvier, secrétaire.

Cette médaille, gravée par Benjamin Duvivier à l'occasion de la signature du traité de Campo-Formio et frappée en pla-

tine, ne fut reproduite qu'à quatre exemplaires ; l'un fut envoyé
à Bonaparte, un autre fut remis aux Archives de la République,
le troisième au Cabinet des médailles, enfin le dernier fut conservé aux Archives de l'Institut.

Ce dernier exemplaire existe encore dans le médaillier de
l'Académie des sciences ; nous avons pu voir aussi celui du *Cabinet des médailles* où sa réception est constatée sur les registres
de la manière suivante :

Médaille offerte par l'Institut au général Bonaparte.

« Envoi au *Cabinet des antiques* de la médaille gravée par
Duvivier en l'honneur de Bonaparte, frappée sur platine à
2000 coups de balancier (21 brumaire) (1). »

Cette médaille est fort belle ; elle représente, sur son *avers*,
le buste à droite de Bonaparte en costume de général en chef et
porte pour légende : « BONAPARTE, GÉN^AL EN CHEF DE L'ARMÉE
FRANÇ^SE EN ITALIE » et pour exergue : « OFFERT A L'INSTITUT
NATIONAL PAR B. DUVIVIER A PARIS. »

Le *revers* est occupé par un sujet allégorique représentant
Bonaparte à cheval, une branche d'olivier à la main, précédé
de Bellone qui tient les rênes du cheval, et de la Prudence qui
porte un miroir dans lequel se regarde un serpent. La Victoire

____

(1) Sous l'effort de la frappe, le coin dont il s'agit ici s'est fendu ; il a
été gravé de nouveau, à une époque que nous ne saurions fixer.

plane derrière ; elle place de la main droite une couronne sur la tête du général et tient de la main gauche l'Apollon du Belvédère et un rouleau de papiers.

Ce revers porte pour légende : « LES SCIENCES ET LES ARTS RECONNAISSANTS. »

En exergue, les mots : PAIX SIGNÉE L'AN VI. RÉP. FR.

Paris, le ... Nivôse an 6 de la
République française une et indivisible

Citoyen président,

Le suffrage des hommes distingués qui composent
l'Institut, m'honore.

Je sens bien qu'avant d'être leur égal, je serai long=
temps leur écolier.

S'il était une manière plus expressive de leur faire
connaître l'estime que j'ai pour eux, je m'en servirais.

Les vraies conquêtes, les seules qui ne donnent aucun
regret, sont celles que l'on fait sur l'ignorance.

L'occupation la plus honorable, comme la plus
utile pour les nations, c'est de contribuer à l'extension
des idées humaines.

La vraie puissance de la République française, doit
consister désormais à ne pas permettre qu'il existe
une seule idée nouvelle qu'elle ne lui appartienne

Bonaparte

Le C.en Camus Président de l'Institut National

CHAPITRE II

Le 18 brumaire an VIII (9 novembre 1799), moins d'un mois après sa rentrée en France, Bonaparte renversait le Directoire, et, s'emparant du pouvoir, se faisait proclamer Premier Consul pour dix années. Tranquille alors sur l'issue de ses actes et sur l'importance du rôle que l'avenir lui réservait, résolu d'ailleurs à suivre la voie dans laquelle il entrait et à précipiter les événements dont il voulait s'assurer le bénéfice, il s'adjoignait Cambacérès et Lebrun, tout en s'attribuant les prérogatives d'un roi constitutionnel.

Cette révolution, grâce à l'énergie déployée par son auteur, s'était accomplie sans protestations. Bonaparte allait régner et préparait déjà l'œuvre d'organisation de l'an VIII ; rien n'échappait à sa pénétration ni à son activité créatrice, les détails eux-mêmes n'étaient pas négligés et l'impression des Mémoires sur l'Égypte, auxquels il attachait une grande importance, avait été poussée avec vigueur. La première classe en ayant reçu un exemplaire, Cuvier, alors secrétaire, remerciait le donateur, le 6 ventôse an VIII (25 février 1800), dans les termes suivants :

L'Institut national nous charge de vous remercier de l'exemplaire des Mémoires sur l'Égypte que le citoyen Didot lui a adressé de votre part. L'amour des sciences et le soin de les propager vous ont toujours occupé, même au sein des plus brillantes victoires, et l'Europe entière attendait les fruits qu'ils produiraient dans cette antique patrie des connaissances humaines que vous venez d'ajouter à vos conquêtes. C'est avec le plus vif intérêt que l'Institut national en a reçu les prémices.

On le voit, l'Institut saisissait avec empressement toutes les occasions qui lui étaient offertes de manifester les sentiments d'affection qu'il professait pour Bonaparte ; mais ce dernier, emporté, il est vrai, par des préoccupations d'un ordre véritablement supérieur, délaissait quelque peu ses confrères, qui ne recevaient même plus d'une manière régulière les indemnités attribuées par la loi du 29 messidor an IV (17 juillet 1796) aux membres de l'Institut.

Creuzé-Latouche, interprète de la savante Compagnie, lui écrivait à ce sujet, le 1er germinal an VIII (22 mars 1800) :

L'Institut national représente au Premier Consul qu'un très grand nombre de ses membres n'a pour subsister que les indemnités modiques qui leur sont attribuées, et que ces indemnités sont arriérées de onze mois. Ce retard en a réduit plusieurs à la plus grande détresse et à des expédients désespérés.

L'Institut a nommé une commission qu'il a chargée de faire connaître cet état de choses au Premier Consul. La commission prie le premier magistrat de la république de prendre en considération les besoins de ces vétérans des sciences et de leur assurer régulièrement tant pour le passé que pour l'avenir une rétribution à laquelle l'existence d'un grand nombre d'entre eux est attachée.

L'Institut prie le Premier Consul d'ordonner le payement régulier des indemnités, pour le courant et le rapprochement des payements de l'arriéré.

CREUZÉ-LATOUCHE.

Le jour même où cette réclamation était adressée à Bonaparte, la classe des sciences physiques et mathématiques, réorganisant son bureau, l'appelait à présider à ses délibérations. Par une lettre qui paraît ne plus exister et dont lecture fut donnée dans la séance suivante, celle du 6 germinal, le Premier Consul accusa réception du procès-verbal lui notifiant sa nomination, remercia la classe, et, arrivant quelques instants après, prit place au fauteuil.

Son désir de laisser là, comme partout, une trace de son passage le porta ce jour même à critiquer vivement, dans des termes qui ne nous sont pas connus, le mode d'élection alors en usage et à agiter la question de savoir s'il ne conviendrait pas de le réformer.

La classe discuta longuement cette proposition et se rallia à l'opinion exprimée par son président. Elle arrêta qu'elle communiquerait, dans le plus bref délai, sa décision aux deux autres classes, et chargea Monge, Laplace et Delambre de se concerter avec les commissaires que ces deux classes, ainsi saisies de la question, seraient appelées à élire.

La deuxième classe nomma Legrand, Dacier et Buache; la troisième, Camus, Leblond et Vincent.

Dans la séance générale du 5 floréal an VIII (25 avril 1800), Delambre, au nom de la Commission tout entière, donna lecture d'un rapport dont les conclusions étaient conformes aux vues de Bonaparte.

A cette proposition, qui ne reçut son plein effet qu'à la suite du décret du 3 pluviôse an XI (23 janvier 1803) réorganisant l'Institut en quatre classes, se borna le rôle du président de la première classe, pendant les six mois qu'il conserva ses fonctions. Des travaux autrement importants l'appelaient ailleurs et le mirent dans la nécessité de n'assister qu'à quatre séances, celles des 6 et 11 germinal, 16 messidor et 11 thermidor an VIII; encore n'arrivait-il que fort tard, ainsi que les feuilles de présence permettent de le constater.

Nous disions plus haut que le rôle de Bonaparte, président de la première classe, s'était borné à introduire des modifications dans le mode d'élection des membres de l'Institut; il convient cependant d'ajouter quelques mots à ce sujet et de montrer jusqu'à quel point les concours institués au sein de la classe par la loi du 15 germinal an IV (4 avril 1796) avaient sollicité son attention.

Le 15 germinal an VIII (5 avril 1800), il signait avec Cuvier et Delambre la circulaire suivante qu'il faisait envoyer à toutes les Sociétés savantes avec lesquelles la première classe de l'Institut se trouvait en relations :

Nous vous adressons le programme des questions de physique que l'Institut national propose aux savants de toutes les nations; les prix qu'il doit décerner aux solutions qu'il jugera les meilleures seront sans doute, pour les personnes capables de travailler sur ces sujets, des motifs beaucoup moins puissants que l'honneur d'avoir contribué aux progrès des connaissances humaines. Persuadé que tout ce qui peut hâter ces progrès est regardé par les hommes éclairés de tous les pays comme un devoir sacré, l'Institut national espère que vous voudrez bien donner à ce programme toute la publicité possible, soit en le faisant insérer dans les journaux qui paraissent dans votre pays, soit de toute autre manière.

Fait au palais national des sciences et des arts, à Paris, le 15 germinal de l'an VIII.

BONAPARTE, président.
DELAMBRE et CUVIER, secrétaires.

Nous ignorons l'effet produit à l'étranger par cette circulaire, mais nous croyons pourtant qu'à partir de cette époque, les concours de l'Académie des sciences devinrent à la fois et plus suivis et plus importants dans leurs résultats.

Peut-être conviendrait-il également d'attribuer au président de la première classe de l'Institut l'heureuse initiative de missions scientifiques lointaines qui devaient presque immédiatement accroître dans de très grandes proportions l'influence de la Compagnie tout entière. Le 26 floréal an VIII (16 mai 1800), l'Institut adressait au chevalier Banks, président de la Société royale de Londres, la lettre suivante.

Que cette lettre fût inspirée par Bonaparte ou qu'elle fût l'œuvre de ses confrères, elle n'en reste pas moins la preuve irrécusable d'une sage préoccupation qui fait le plus grand honneur aux Académies et qui suffirait seule à leur assurer la reconnaissance du pays :

Paris, le 26 floréal an VIII.

A sir Joseph Banks, Président de la Société royale de Londres.

L'Institut national de France a désiré de voir commencer très promptement plusieurs voyages lointains utiles au progrès des con-

naissances humaines. Son vœu a été accueilli par notre Gouvernement, qui vient de donner les ordres nécessaires pour faire préparer
le plus tôt possible des expéditions dirigées par d'habiles marins
ainsi que par des savans éclairés, et qui va faire faire auprès du
Gouvernement de votre pays les démarches propres à obtenir pour
nos bâtimens des passeports ou sauf-conduits. L'Institut national
a pensé que c'était précisément dans le moment où la guerre pèse
encore sur le globe, que les amis de l'humanité devaient travailler
pour elle, en reculant les limites des sciences et des arts utiles, par
des entreprises semblables à celles qui ont immortalisé les grands
navigateurs de nos deux nations, et les savans illustres qui, comme
vous, Monsieur, ont parcouru les terres ou les mers pour étudier la
nature avec plus de succès.

Notre haute estime pour vous, Monsieur le Chevalier, et pour vos
Confrères, les membres de la Société royale, ne nous a pas permis
de douter que vous ne partageassiez nos sentiments à cet égard. Nous
nous empressons donc de vous prier de vouloir bien, comme membres des plus distingués de la république des lettres, vous intéresser
auprès de votre Gouvernement, et avec le zèle que vous ont toujours
inspiré les travaux utiles à l'espèce humaine, pour le renouvellement
de ces marques de respect envers les sciences que nos deux nations
ont données plus d'une fois et par conséquent pour la prompte expédition des passeports qui vont être demandés (1).

Nous ne pouvons nous entretenir avec vous de sciences et d'humanité, sans recommander de nouveau et le plus vivement possible
à toute votre sollicitude, notre célèbre confrère Dolomieu, qui depuis
plus d'un an languit, contre le droit des gens, dans une captivité
d'autant plus affreuse qu'il est privé de tout moyen d'écrire, de lire,
et de connaître le grand intérêt qu'il fait éprouver à l'Europe savante
et à presque tous les gouvernemens. Nous ne doutons pas que vous
ne renouvelliez vos instances en faveur de ce naturaliste si recom-
mandable à tous égards, et nous attendons le plus heureux succès
de la juste influence dont vous jouissez.

Nous vous prions, Monsieur le Chevalier, d'agréer le témoignage
de la haute considération et de tous les sentimens que vous inspirez.

JUSSIEU, CAMUS, LAPLACE, BOUGAINVILLE,
FLEURIEU, DUTHEIL, LACÉPÈDE.

La lettre qui précède nous a donné la pensée de voir si les

(1) Le premier voyage scientifique organisé par l'Institut de France fut
celui du capitaine Nicolas Baudin, qui reçut le commandement des corvettes
le Géographe et *le Naturaliste*, et se rendit sur les côtes de la Nouvelle-
Hollande.

Archives de l'Académie des sciences ne renfermaient pas quelque document pouvant éclairer l'histoire de la captivité de Dolomieu.

On nous excusera donc si, ouvrant ici une vaste parenthèse, nous reproduisons, au risque d'interrompre le cours de notre

D. G. S. T. DE GRATET, CHEVALIER DE DOLOMIEU,
d'après le portrait gravé par A. Tardieu.

récit, les pièces précieuses que nous avons recueillies et qui sont absolument inédites.

On se souvient que Dolomieu avait fait partie de l'expédition d'Égypte. Contraint de rentrer en France, à la suite d'une maladie d'une extrême gravité, le bâtiment qui le portait ayant dû relâcher dans le golfe de Tarente, il fut violemment saisi et incarcéré, brutalement dépouillé de ses collections et transporté sur les côtes de Sicile. L'Institut national, les corps savants du pays et de l'Europe entière, protestèrent contre cette violation du droit des gens et firent de nombreuses et vaines tentatives pour obtenir sa mise en liberté. Ce ne fut qu'après la conclusion de la paix entre la France et Naples qu'ils obtinrent justice. L'emprisonnement de Dolomieu avait duré vingt et un mois.

Par ce qui suit, on verra que Banks n'avait pas attendu la réception de la lettre que l'Institut lui adressait le 26 floréal an VIII (16 mai 1800) pour conduire et précipiter les démarches qui, finalement, devaient amener le résultat ardemment souhaité par le monde savant.

6e DIV^{on}, 3e SECTION.

BUREAU
des prisonniers
de guerre.

N° 1689.

Une pièce à joindre.

LIBERTÉ. — ÉGALITÉ.

Paris, le 19 pluviose an 8e de la République une et indivisible.

LE MINISTRE de la Marine et des Colonies au Président de l'Institut national.

Je m'empresse, citoyen Président, de vous adresser copie de la lettre que M. le Chevalier Banks a écrite au C^{en} Nion pour l'informer des démarches qu'il a faites en faveur du C^{en} Dolomieu. Vous verrés avec plaisir que cette affaire prend une tournure qui donne lieu d'espérer que la captivité de ce savant aura un terme et que l'Institut le reverra dans son sein. Le C^{en} Nion m'observe que si les moyens employés par M. le Chevalier Banks n'avoient pas le succès qu'on a droit d'en attendre, il y auroit lieu d'espérer que le ministère anglais y ajouteroit bientôt sa médiation.

FORFAIT.

COPIE.

Copie de la lettre écrite par M. le Chev^{er} Banks, Président de la Société royale de Londres.

Soho Square, 8 janvier 1800.

Au C^{en} Nion, Commissaire du Gouvernement français, en Angleterre.

Mr Ayant été retenu au lit depuis très longtemps, je n'ai pu vous informer qu'après avoir eu le plaisir de vous voir, je n'ai point perdu de temps pour écrire à Naples et que j'ai été assez heureux pour que mes lettres fussent envoyées avec les dépêches du Gouvernement peu de jours après qu'elles ont été écrites. J'ai tout lieu de croire qu'elles sont en ce moment parvenues à leur destination.

J'ai écrit en même temps à Sir William et à Lady Hamilton avec l'énergie et le zèle dont je suis capable en les priant d'intercéder le roy de Naples en faveur de Dolomieu et d'engager lord Nelson, s'il est possible, de se joindre à cette demande auprès de sa majesté Sicilienne.

Je ne puis assurer quel sera le résultat : des personnes de peu de conséquence ont quelquefois amené à leur fin des événements importans. Tout ce que je puis vous dire, c'est qu'aucuns moïens imaginables n'ont été ni ne seront omis de ma part tant qu'il y aura la moindre apparence de pouvoir être utile à Dolomieu et de remplir les désirs de mes amis de l'Institut. Ils seront bien aise d'apprendre que M. Horreman, voyageur de l'Association africaine qui a reçu le traitement le plus doux de votre Premier Consul Bonaparte, au Caire, a réussi de se rendre de cette Place à Fezzan. Il a passé la Sierva et s'est assuré en suivant les traces des Ruines des murailles qui ont entouré le petit batiment observé par M. Brown pour avoir été réellement le temple de Jupiter Hammon. Horreman est retourné de Fezzam à Tripoly, d'où il a renvoyé son journal que nous sommes impatients de voir. Il se disposoit à partir en novembre pour le sud et avoit l'espoir de visiter Tombouctou, Housa, Ashna, ainsi que toutes les grandes villes d'Afrique, au nord de la rivière Joliba ou Gulbi, qu'il considère être le département de son voyage et où il a l'intention de rester 3 ou 5 ans.

Quand vous croirez pouvoir envoyer à Paris les Transactions philosophiques et autres livres de littérature que j'ai pour l'Institut, je vous les adresserai : il y a, je pense, plus d'un an qu'il n'en a été expédié d'ici pour eux.

Je suis, M^r, avec égard et respect votre, etc.

JOSEPH BANKS.

Pour traduction, signé GUILLAUME.

Pour copie conforme,

Le chef de la 6e division du Ministère de la Marine et des Colonies,

BONJOUR.

6ᵉ Divᵒⁿ, 3ᵉ Section.

BUREAU
des prisonniers
de guerre.

Nᵒ 2977.

(Sur la détention du
Cᵉⁿ Dolomieu à Mes-
sine.)

3 pièces jointes.

Liberté. — Égalité.

Paris, le 29 floréal an 8 de la République
une et indivisible.

Le Ministre de la Marine et des Colonies au
Président de l'Institut national.

Quelque peu satisfaisantes que soient, Citoyen Président,
les nouvelles que j'ai reçues sur la situation du célèbre
Dolomieu, je ne puis me dispenser de vous les transmettre;
vous verrez par les trois lettres dont je vous adresse ci-
joint des copies, que la position de ce savant est toujours
la même. Je m'empresse d'en instruire le Commissaire
français à Londres, et je l'engage à voir M.ʳ le Chevᵉʳ Banck,
qui n'apprendra pas, sans le plus vif intérêt, que la République des Lettres est menacée de la perte du Cᵉⁿ Dolomieu,
s'il faut que sa détention dans les cachots de Messine soit
encore prolongée.

Je rappelle au Cᵉⁿ Otto que son prédécesseur m'avoit
mandé que si les moïens qu'a employés M. le Chevᵉʳ Banck
en faveur du Cᵉⁿ Dolomieu n'avoient pas le succès qu'on
en espéroit, on se flattoit que le ministère Anglais y ajouteroit bientôt sa médiation.

Je vous préviens aussi que j'ai instruit le Ministre des
relations extérieures de l'état des choses.

Veuillez bien, Citoyen Président, être auprès de l'Institut, l'interprète de mes sentiments et du désir que j'ai
de contribuer au retour d'un de ses plus célèbres membres.

Forfait.

1 -- 2977.

Messine, le 14 ventôse an 8 de la République.

Au Citoyen Dolomieu, le Lieutenant de vaisseau Feuillet.

Je viens d'apprendre, cher compatriote, avec la plus affreuse douleur le traitement inouï que vous éprouviez de la part des napoli-
tains. Je viens de réclamer au Gouvernement votre élargissement
basé sur le Cartel d'Échange qui a eu lieu pour vous contre le général Anglais Knox. Je désire du plus profond de mon cœur que
mes démarches reçoivent la plus grande efficacité et sous peu nous
passerions ensemble sur le Parlementaire Anglais qui est destiné à

porter les prisonniers français dans leur patrie, et nos maux cesseront du moment où nous marcherons encore une fois sur la terre sacrée de la Liberté.

Je vous embrasse fraternellement.

Signé : FEUILLET.

N. B. Ayant perdu la copie du mémoire Cels, il m'est impossible d'en donner un double.

Pour copie conforme,
Le Chef de la 6e division,
BONJOUR.

2 — 2977.

D. DOLOMIEU, membre de l'Institut national, au Lieutenant de
vaisseau Feuillet.

Je suis extrêmement reconnaissant, mon Cher Citoyen, de l'intérêt que vous voulez bien prendre à mon sort; il est vraiment affreux, et j'ai été traité avec une barbarie dont on n'a point d'exemple parmi les nations policées.

Vous m'avez donné une nouvelle tellement au dessus de mes espérances que j'ai besoin de détails pour me livrer à la joie avec quelque sécurité.

Il y a donc eu un Cartel d'Échange où j'ai été compris. Dites-moi : 1° de quelle époque est ce Cartel, est-ce bien mon nom avec ma qualité qui y est porté ? 2° Comment vous en avez connoissance. 3° Entre les mains de qui il se trouve. 4° Quelle demande vous a faite le Gouverneur sur ma mise en liberté. Quels moyens vous employerez en cas de dénégation.

Vous voudrez donc bien me répondre avec détail à ces questions, il s'agit ici pour moi de la vie ou de la mort, et vous pouvez concevoir quelle doit être mon impatience et quelles doivent être mes craintes. J'attendrai votre réponse en comptant les heures jusqu'au moment où elle m'arrive, j'espère qu'elle sera prompte.

Recevez mes remercîments et les Saluts de la fraternité.

Signé : D. DOLOMIEU, membre de
l'Institut national.

Je suis encore bien malade, on m'a changé aujourd'hui de prison.

Pour Copie exactement conforme à l'original,

Signé : FEUILLET.

Pour Copie conforme,
Le chef de la 6e division,
BONJOUR.

3 — 2977.

Le 1ᵉʳ avril 1800.

12 germinal an 8.

J'ai été très-affecté de votre maladie, mon cher compatriote, et je
prends beaucoup de part à votre rétablissement, j'espère que votre
santé sera assez bonne pour que vous puissiez partir avec les premiers prisonniers que l'on expédie pour France, vous aurez le bonheur de revoir votre Patrie et de vous trouver parmi vos parents et
vos amis; pendant que moi je suis condamné à rester ici entre quatre
murs, livré à tous les besoins, éprouvant toutes les privations et
dévoré par le chagrin et l'ennui. Vous saurez que le Gouvernement
n'a reçu aucune instruction qui soit relative à ma liberté, ainsi, il
faut ou que la nouvelle de mon échange ne soit pas fondée, ou que
la cour de Palerme ne veuille pas consentir à son exécution, dans
l'un ou l'autre cas, je suis privé de tout l'espoir que m'avoit donné
la lettre que vous avez eu l'obligeance de m'écrire, et me voilà plus
que jamais indécis sur mon sort ou plustot je suis presque certain
que mes infortunes ne doivent pas finir de longtemps sans prévoir
quand et comment elles se termineront.

En arrivant en France, faites-moi le plaisir de rendre compte au
Gouvernement de la situation où j'étais en arrivant ici, du traitement
rigoureux que j'éprouve, de la barbarie avec laquelle on m'a tenu
enfermé pendant neuf mois dans une sorte de cachot très étroit qui
ne recevoit presque ni air ni jour. Dites que je manque de tout, que
ma santé est mauvaise et que si on ne vient promptement à mon
secours, je suis un homme perdu. Écrivez cela au Ministre de la
Marine, au Ministre des relations extérieures et à celui de l'intérieur,
et instruisez-les de la démarche que vous avez faite pour moi auprès
du Gouverneur de cette ville; vous pourrez faire la même relation
au Commandant de la marine à Toulon pour qu'il en rende compte
au Gouvernement.

Dites-moi précisément l'état de votre santé, si vous croyez partir
pour la première occasion et le jour à peu près où vous pourrez
mettre à la voile, afin que si j'ai quelqu'autre chose à vous faire
savoir ou à vous envoyer je puisse m'arranger en conséquence.

Je n'oublierai jamais, mon cher Concitoyen, l'intérêt que vous
avez pris à moi et le désir que vous avez eu de m'obliger, je désire
que l'occasion se présente de vous témoigner ma reconnaissance.

Salut et fraternité.   D. DOLOMIEU,
                                    Membre de l'Institut national.

Je sais que le Commandant Anglais prend part à ma triste situation, faites-lui en mes sincères remercîments et dites-lui bien que j'en suis extrêmement reconnaissant.

Mandez-moi s'il y a quelque apparence de paix, si vous y croyez, ce qu'en pense le Commandant anglais, et ce qu'en disent les papiers anglais; car mes dernières espérances sont dans cette paix désirée depuis si longtemps et que le Gouvernement français a offert à toutes les puissances.

Malgré la démarche faite hier de vive voix, je crois qu'il seroit avantageux que vous écrivissiez toujours votre lettre au Gouverneur motivant la demande de ma liberté sur la notoriété publique qui annonce mon échange, ainsi que sur les papiers anglais qui en ont parlé. Le Gouverneur devra vous répondre et envoyer votre lettre à Palerme, ce qui produiroit au moins quelques éclaircissements.

Pour Copie conforme,

FEUILLET.

Pour Copie conforme,
Le Chef de la six^e division,

BONJOUR.

6e DIVISION.

BUREAU
des prisonniers
de guerre.

(Renseignements sur
le C^{en} Dolomieu.)

2 *pièces à joindre.*

LIBERTÉ. — ÉGALITÉ.

Paris, le 19 messidor an 8 de la République une et indivisible.

LE MINISTRE de la Marine et des Colonies au Président de l'Institut national.

Je présume, citoyen Président, que vous aurés reçu la lettre que je vous ai écrite le 29 floréal dernier pour vous transmettre les nouvelles qui m'étoient parvenues sur la situation du C^{en} Dolomieu, je vous mandois que je les faisois passer au Commissaire du Gouvernement français à Londres avec invitation de les communiquer à M. le Chev^{er} Banck.

Je vous adresse ci-joint, avec la copie de la réponse que m'a faite le C^{en} Otto, la traduction de celle qu'il a reçue de M. le Chev^{er} Banck. Croyés, Citoyen Président, que je partage bien véritablement l'impatience que doit éprouver l'Institut, en attendant aussi longtemps le retour de l'homme célèbre qu'aucunes démarches n'ont encore pu faire sortir de l'affreux cachot où son existence reste toujours compromise.

FORFAIT.

MARINE.

6e D^{ivon}, 3e Section.

—

Prisonniers de guerre.

Copie.

Copie d'une lettre écrite au Ministre de la Marine et des Colonies, le 8 messidor an 8 par le
C^{en} *Otto*, Commissaire du gouvernement français
à Londres.

Citoyen Ministre,

J'ai communiqué à M. le Chev^{er} Banks les lettres que
vous m'avez fait l'honneur de m'adresser par votre dépêche
n° 167 touchant la situation déplorable du C^{en} Dolomieu.
Vous verrez par la réponse ci-jointe combien M. Banks en
a été affecté et combien il désire de rendre service à notre
infortuné compatriote. Je crois pouvoir compter sur la continuation de ses efforts, mais je n'ose espérer que le Gouvernement anglais veuille compromettre son influence à
Naples, en insistant sur une mesure qui doit paraître étran-
gère à ses relations avec cette cour. Il est plus vraisem-
blable que les événements glorieux de la campagne d'Italie,
donneront bientôt au Premier Consul la facilité d'agir
directement en faveur du C^{en} Dolomieu.

Vous verrés par la même lettre de M. Banks, qu'il espère
que le Gouvernement anglais accordera les saufs-conduits
que le Ministre des relations extérieures m'a chargé de
demander pour le Cap^{ne} Baudin. Je viens de recevoir ces
saufs-conduits et je les adresse au Ministre des relations
extérieures par le courrier de ce jour.

Salut et respect,

Signé : OTTO.

Pour Copie conforme,

Le Chef de la 6e division,

BONJOUR.

N° 3622.

*Traduction de la lettre de Sir Joseph Banks, Président de la
Société royale de Londres, au C^{en} Otto, commissaire de la
République française en Angleterre.*

Soho Square, le 13 juin 1800.

M^r, conformément à la demande de mes amis de l'Institut national,
chargés par leur Gouvernement de faire connaître les voyages de
découvertes propres à reculer les limites des sciences, je me suis de
suite adressé aux Ministres de S. M. et c'est avec plaisir que je puis
dire que je les ai trouvés très disposés à faciliter (ainsi que le doivent
les hommes instruits) l'acquisition des connoissances humaines

quelque soit la nation qui s'en occupe. Je ne me ferai donc pas un mérite d'avoir procuré un assentiment qu'ils ont donné de leur propre mouvement. Si cependant il s'élevoit quelques difficultés dans la rédaction des passeports, je ferai tous mes efforts pour que les arrangements qui seront pris soient conformes aux intentions de l'Institut national; pourvu toutefois qu'elles s'accordent avec les précautions que chaque nation doit prendre pour la sûreté de ses colonies et pour l'intérêt de son Gouvernement.

Relativement à la malheureuse situation dans laquelle l'habile et respectable Dolomieu se trouve en ce moment, je prie mes amis d'être bien convaincus que j'ai employé et employerai tous les moïens qui me paraîtront pouvoir lui procurer sa liberté ou au moins quelque soulagement dans son infortune. Je suis fâché d'avoir à ajouter que jusqu'à présent mes démarches ont été infructueuses : je n'en suis pas surpris en considérant le peu de succès qu'on doit attendre des efforts d'un individu qui est absolument hors de la carrière politique. D'ailleurs quelques soient l'intention et le désir des ministres de S. M. Britannique d'être utiles à un homme qui a si bien mérité de la République des lettres (et je crois qu'à cet égard leur désir est sincère) et quelque fût leur empressement de le faire mettre en liberté s'il étoit prisonnier en Angleterre, ce n'est qu'avec beaucoup de circonspection et de ménagement qu'ils peuvent faire usage de leur médiation près d'une cour éloignée, et ils n'en peuvent presser l'effet avec vigueur, dans la crainte que leur entremise dans une affaire qui ne les concerne pas directement, ne déplaise à une puissance dont ils cultivent en ce moment l'amitié avec beaucoup d'attention. Je prie cependant mes respectables amis de l'Institut national d'être assurés que je continuerai sans relâche et avec le même zèle à diriger mes efforts vers tous les points d'où je pourrai espérer quelque succès, tant que l'homme de mérite qui en est l'objet sera dans une situation où les bons offices de ses amis pourront lui être utiles.

J'ai l'honneur d'être avec considération et respect, etc.

BANKS.

Pour copie conforme,
Le chef de la 6e division du ministère
de la marine et des colonies,

BONJOUR.

17 fructidor an VIII.

A M. Musquitz, ambassadeur d'Espagne.

M. le Ministre des relations extérieures n'a pas laissé ignorer à l'Institut, l'intérêt que vous inspire le sort de notre malheureux

confrère Dolomieu, les soins que vous avez pris pour en obtenir
l'adoucissement, et le bonheur que vous avez eu de réussir, non
suivant toute l'étendue des souhaits que formait votre cœur généreux,
mais assez du moins pour rendre sa détention moins sévère et pour
lui procurer d'utiles secours et la consolante correspondance de ses
amis. Le plaisir de faire du bien à un homme qui mérite d'en recevoir était, sans doute, la seule récompense que vous en désiriez :
vous l'avez reçue ; mais vous n'en avez pas moins de droits, Monsieur,
à la reconnaissance de l'Institut. Elle est vive et sincère et il me
charge de vous en adresser le témoignage.

Salut respectueux,

LÉVESQUE,
Secrétaire de l'Institut.

Extrait du Procès-verbal de la séance du 11 vendémiaire an VIII

(3 octobre 1800).

Le Cit. Lacépède fait part à la classe d'une lettre qu'il a reçue
de notre confrère Dolomieu, prisonnier de guerre à Messine, où il
est étroitement resserré ; menacé de malheurs plus graves encore,
il demande que l'Institut emploie le plus promptement les moyens
qu'il peut avoir de lui rendre la liberté. Le Cit. Lacépède rend
compte des démarches faites auprès du Directoire par l'Institut et
auprès de M. Banks, au nom de plusieurs membres des trois classes, et
de l'espoir que nous avons de faire rendre notre confrère aux sciences.

Le Cit. Lacépède communique ensuite un fait observé par le Cit.
Dolomieu et rapporté dans sa lettre. Le vaisseau qui le portait, battu
par la tempête, faisait eau de toutes parts sans que néanmoins il se
trouvât aucune ouverture considérable, les vagues avaient seulement
desserré les jointures et néanmoins les pompes ne suffisaient plus
aux épuisemens. De la paille hachée, jetée à la surface de la mer,
entraînée ensuite par les petits courans jusque dans les fissures
entr'ouvertes, a suffi pour rallentir l'entrée de l'eau dans le navire,
assez pour user des pompes avec avantage et sauver le navire.

Plusieurs membres observent que ce fait n'est pas nouveau et
rapportent divers moyens analogues à celui-cy employés par les
marins dans de semblables circonstances.

Paris, le 22 frimaire an IX de la République française,
une et indivisible.

Le Ministre de l'intérieur au Président de l'Institut national.

Citoyen président, une précieuse collection d'objets d'histoire
naturelle, formée par les soins du célèbre Dolomieu, vient d'arriver

de Malthe à Marseille. J'ai aussitôt donné des ordres pour qu'elle fût expédiée à Paris.

Lorsqu'il saura que sa patrie possède la plus chère de ses propriétés, les fruits de ses longs et pénibles travaux, Dolomieu, dans les fers, éprouvera quelque consolation.

J'ai pensé que l'Institut apprendrait cette nouvelle avec intérêt. Puisse notre infortuné confrère venir bientôt jouir lui-même du dépôt que lui conserve le gouvernement.

Je vous salue,

CHAPTAL.

Extrait du procès-verbal de la séance du 16 germinal an IX
(6 avril 1801).

Le citoyen Dolomieu écrit à l'Institut pour lui annoncer sa mise en liberté et remercier du soin que l'Institut a pris pour l'obtenir.

Cette lettre sera communiquée aux trois classes (1).

Le même jour Berthollet, Cuvier et Delambre adressaient à Dolomieu, au nom de l'Institut tout entier, la lettre qu'on va lire :

Paris, le 16 germinal an IX.

Au citoyen Dolomieu.

Notre cher confrère, il n'est pas en notre pouvoir de vous rendre tout le plaisir que l'Institut national a éprouvé lorsqu'il a appris la nouvelle de votre mise en liberté ; il suffit de vous dire qu'il égale la peine que votre malheur lui avait causée et qui avait été partagée par l'Europe entière. Vos lettres étant arrivées un jour de séance publique, l'Institut en a fait donner communication, et l'enthousiasme général qu'elles ont excité, a montré qu'il n'est aucun de nos concitoyens qui ne soit pénétré pour vous des mêmes sentimens d'estime et d'intérêt que vous ont depuis longtems voués vos confrères. Venez bien vite jouir des embrassemens de vos amis ; venez vous consoler par le tendre attachement de tous les hommes éclairés et généreux, des maux dont vous ont accablé l'ignorance et la cruauté. Heureux si leurs sentimens pouvaient vous dédommager de deux années de souffrance ; jamais ils ne pourront dédommager les sciences de deux années d'inactivité de votre part.

Recevez, notre cher confrère, l'expression du bonheur que nous cause en particulier la certitude de vous revoir bientôt au milieu de

____

(1) Elle ne se trouve pas aux Archives de l'Académie.

vos compatriotes et de vos admirateurs, et surtout celle de pouvoir
vous serrer bientôt dans nos bras, de vous dire tout ce que nous
avons souffert pour vous et de pouvoir par nos efforts vous faire
oublier tout ce que vous avez souffert vous-même.

BERTHOLLET, président.

CUVIER et DELAMBRE, secrétaires.

Dolomieu, de retour à Paris, assistait à la séance générale du
5 floréal an IX (25 avril 1801), et le lendemain même reprenait
sa place au sein de la première classe de l'Institut.

Ce qui précède montre jusqu'à quel point la situation restait
grave et troublée.

Bonaparte avait tenté inutilement d'obtenir de l'Angleterre et
de l'Autriche une paix honorable. Portant alors son attention sur
l'Italie où Masséna luttait contre les forces autrichiennes trois
fois plus fortes que les siennes, le Premier Consul faisait franchir à son armée le Saint-Bernard, le Simplon et le mont Cenis,
surmontait tous les obstacles qui s'opposaient à son passage,
entrait à Milan et remportait le 25 prairial an VIII (14 juin 1800)
la victoire de Marengo ; il obligeait ainsi Mélas à conclure un
armistice par lequel l'Italie tout entière était abandonnée à la
France. Cette campagne n'avait pas duré trois semaines.

Elle ajoutait encore à l'admiration et à l'enthousiasme du
pays pour la personne du Premier Consul, mais elle n'anéan-
tissait pas les partis qui s'agitaient dans l'ombre et y tramaient
avec persévérance des complots redoutables.

Au sein des travaux les plus élevés, le Premier Consul avait
toujours les yeux fixés sur Paris et manifestait l'intérêt le plus
sérieux relativement aux événements, même les moins importants qui s'y accomplissaient. Le 18 prairial, sept jours avant
Marengo, il adressait de Milan, aux Consuls de la République,
une lettre dont l'Institut faisait l'objet principal ; Bonaparte
apparaît dans cette lettre comme le défenseur résolu de la
liberté d'écrire et de penser.

Nous en extrayons le passage qui suit :

Milan, 18 prairial an VIII (1).

..... Le rapport du ministre pour la suppression de l'*Ami des
lois* ne me paraît pas du tout fondé en raison. Il me semble que

(1) *Correspondance de Napoléon*, t. VI, p. 432, pièce 4890.

E. MAINDRON.   16

c'est rendre l'Institut odieux que de supprimer un journal parce qu'il a lâché quelques quolibets sur cette Société, qui est tellement respectée en Europe qu'elle est au-dessus de pareilles misères. Je vous assure que, comme Président de l'Institut, il s'en faut peu que je ne proteste. Qu'on dise si l'on veut que le soleil tourne, que c'est la fonte des glaces qui produit le flux et le reflux et que nous sommes des charlatans ; il doit régner la plus grande liberté.....

BONAPARTE.

L'*Ami des lois*, dans son numéro du 7 prairial an VIII, avait rendu compte, de manière quelque peu mouvementée, d'une séance tenue par l'Institut le 5 du même mois. Lecture ayant été donnée d'une lettre par laquelle les membres fructidorisés : Barthélemy, Pastoret, Fontanes, Carnot et Sicard, sollicitaient leur réintégration, l'Institut, après une discussion vive et confuse, avait répondu à cette réclamation par la question préalable. Cette attitude avait été sévèrement jugée par l'auteur de l'article condamné.

Le 3 nivôse an IX (24 décembre 1800), Bonaparte n'échappait que par le plus grand des hasards à l'explosion de la machine infernale ; les classes de l'Institut, réunies en séance générale, le 5 du même mois, prenaient la résolution de se transporter à sa résidence afin de lui témoigner une fois de plus leur vif attachement.

Le procès-verbal s'exprime ainsi à ce sujet :

Le Président, informé que l'Institut national pourra être admis chez le Premier Consul à sept heures, lève la séance et se transporte avec tous les membres de l'Institut au palais du gouvernement. L'Institut national est introduit chez le Premier Consul. Le Président lui exprime les sentiments dont tous les membres de l'Institut sont pénétrés par un double motif : le premier magistrat de la République accueille l'Institut de la manière la plus honorable, le membre de l'Institut donne à ses confrères toutes les marques possibles de sensibilité et d'amitié.

« Citoyen Consul, avait dit le Président, collègue infiniment cher à tous les membres de l'Institut national, il nous est difficile d'exprimer les sentiments divers, joie, indignation, intérêt, inquiétude, dont nous sommes agités lorsque nous venons vous féliciter de n'avoir pas été la victime d'un horrible attentat. Vous féliciter, citoyen Consul, oui ! c'est le premier élan de notre cœur, mais il n'est pas le seul ni le plus vif. C'est l'Europe entière, c'est la France, c'est chacun de nous que nous proclamons heureux de ce que vos jours ont été conservés, parce que c'est à chacun de nous et à notre bonheur individuel, c'est à la France et à sa tranquillité, c'est à l'Europe et à la paix que votre existence est nécessaire. L'élévation de votre âme vous met au-dessus de la crainte des dangers ; vous vous êtes fait une habitude de les affronter ; mais les Français, chacun des Français, les redoute pour votre personne et réclame la vengeance de la loi contre les êtres abominables qui immolent à leurs passions effrénées la République, lorsqu'ils dévouent à une machine infernale la tête du Premier Consul.

« Ils ignorent, ces hommes aveuglés par le crime, que chaque attentat de leur part est un motif nouveau de resserrer les liens qui attachent les Français à leur premier magistrat. Un Consul dont le génie ne serait pas la sauvegarde de la France ne serait pas le but de si cruelles conspirations. Diriger des attaques contre vous, c'est appeler auprès de vous, presser autour de vous, quiconque s'intéresse à la conservation et à la gloire de la République. »

Deux jours avant cet événement, le 1ᵉʳ nivôse, Bonaparte assistait à une séance de la première classe de l'Institut ; il y annonçait que le gouvernement avait reçu le même jour des nouvelles d'Égypte, en date du 1ᵉʳ frimaire an IX (23 novembre 1800) ; que l'établissement français dans ce pays continuait à prospérer et que l'Institut d'Égypte avait nommé deux commissions, dont l'une s'était portée au mont Sinaï et espérait pénétrer beaucoup plus loin ; l'autre avait remonté le Nil au delà des cataractes, conduites par des Mamelouks, et devait se rendre à un lieu encore inconnu, situé à environ deux cents lieues, où sont des ruines très considérables. L'*Héliopolis*, porteur de ces nouvelles, était arrivé avec un chargement de sucre.

Le 26 pluviôse an IX (15 février 1801), Bonaparte présentait à la classe deux manuscrits sur papyrus qui avaient été trouvés dans les caveaux de Thèbes.

Ces manuscrits furent renvoyés à la classe de *littérature et beaux-arts* avec l'invitation de s'en occuper aussitôt qu'ils seraient mis sous verre.

Peu de jours après, le 5 ventôse an IX (24 février 1801), le traité de Lunéville, qui consacrait les résultats obtenus par Bonaparte lors de sa dernière campagne en Italie, ayant été signé le 9 février, « un membre proposait à l'assemblée de se rendre chez le Premier Consul, pour le féliciter de la paix glorieuse à laquelle il avait tant contribué par ses travaux et ses victoires ».

Trois mois plus tard, le 23 floréal (13 mai 1801), Bonaparte donnait à son tour un témoignage de sympathie à l'Institut et décidait que ses membres, ayant place dans les grands corps de l'État, recevraient, suivant le désir qu'ils en avaient exprimé, le costume qu'ils portent encore aujourd'hui.

L'arrêté consulaire qu'il prit à cet égard est conçu de la manière suivante :

Les Consuls de la République, sur le rapport du Ministre de l'intérieur et sur la proposition de l'Institut national,

Le Conseil d'État entendu, arrêtent :

I. — Il y aura pour les membres de l'Institut national un grand et un petit costume.

II. — Les costumes seront réglés ainsi qu'il suit :

Grand costume. — Habit, gilet ou veste, culotte ou pantalon noirs, brodés en plein d'une branche d'olivier, en soie, vert foncé ; chapeau à la française.

Petit costume. — Mêmes forme et couleur, mais n'ayant de broderie qu'au collet et aux parements de la manche, avec une baguette sur le bord de l'habit (1).

III. — Le Ministre de l'intérieur est chargé de l'exécution du présent arrêté, qui sera inséré au *Bulletin des lois*.

Le Premier Consul, BONAPARTE.

Par le Premier Consul, H.-B. MARET.

Contresigné par le Ministre de l'intérieur, CHAPTAL.

Le 13 vendémiaire an X (5 octobre 1801), la signature des préliminaires de la paix avec la Grande-Bretagne avait eu lieu ; Bonaparte recevait à cette occasion la lettre suivante qui lui était écrite au nom de ses confrères :

Citoyen Premier Consul, l'Institut national partage la vive allégresse que la signature des préliminaires de la paix vient de répandre dans toute la République française. Il voudrait vous témoigner l'intérêt particulier qu'il prend à cet heureux événement et me charge de vous demander si vous pourrez le recevoir le 15 de ce mois, à l'issue de la séance publique.

VINCENT, président.

(1) Le *petit costume* n'existe plus actuellement, nous croyons même qu'il n'a jamais été mis en usage.

COSTUME DES MEMBRES DE L'INSTITUT

(Fac-simile d'après une estampe du temps.)

L'Institut n'était pas seul à accueillir avec une joie profonde les préliminaires de la paix; le pays, tenu jusque-là en éveil par des guerres incessantes, pensait, quelle que fût la gloire qu'il en eût retirée, à cicatriser ses plaies. Bonaparte lui-même sentait l'urgence d'institutions réparatrices; portant alors ses regards sur l'intérieur, étudiant les grandes questions qui pouvaient apporter le calme et le repos au pays, il se préoccupait de la réorganisation des services publics.

L'Institut ne pouvait être oublié, et avec lui les arts et les sciences qui allaient enfin recevoir de puissants encouragements; la présence de Volta, appelé à Paris par le Premier Consul, fut comme le point de départ d'institutions nouvelles qui devaient exercer une bienfaisante influence sur leur progrès.

Le 16 brumaire an X (7 novembre 1801), la première classe venait d'entendre la lecture, faite par l'illustre Milanais, d'un mémoire sur la théorie du galvanisme et particulièrement sur la nature du fluide galvanique, Bonaparte, assistant à la séance, proposa que l'assemblée, « manifestant, dès les premiers moments de la paix générale, le désir de recueillir les lumières de tous ceux qui cultivent les sciences, donnât une médaille d'or au citoyen Volta, le premier savant étranger qui, depuis la paix, ait lu un mémoire dans le sein de la classe, comme une marque de son estime particulière pour ce professeur et de son empressement à accueillir les travaux de tous les savants étrangers ».

Cette proposition fut accueillie avec le plus vif empressement, à la suite d'un rapport de Biot, dans la séance du 11 frimaire an X (2 décembre 1801).

Le 21 frimaire, Volta ayant quitté Paris, la classe lui faisait parvenir la médaille qui lui était destinée et l'accompagnait de la lettre qui suit :

Au citoyen Volta. La classe des sciences mathématiques et physiques nous charge, citoyen, de vous envoyer la médaille d'or qu'elle vous a décernée, ainsi que la copie du rapport à la suite duquel elle a pris cette résolution. Votre départ précipité nous a privés du plaisir de vous remettre en personne et le rapport et la médaille. Recevez-les, citoyen, comme une marque de la satisfaction avec laquelle elle a vu vos appareils, vos expériences et vos théories ingénieuses. Regardez-les aussi comme un gage du désir qu'elle a d'entretenir avec vous une correspondance qui la mette plus à portée de profiter

des découvertes nouvelles qu'on est en droit d'attendre de la suite
de vos travaux.

HAUY, président.
DELAMBRE, LACÉPÈDE, secrétaires.

Il semblait enfin que la France allait reprendre haleine et
qu'elle pouvait se mettre courageusement à l'œuvre et se livrer
à l'étude; la signature de la paix définitive avait eu lieu à
Amiens le 4 germinal an X (25 mars 1802); ce grand événement
paraissait de nature à affirmer la prospérité du pays.

Pénétré de ces sentiments, l'Institut se transportait, le 5 germinal, chez le Premier Consul, et son président lui adressait le
discours suivant :

Dans ce jour mémorable, la gloire dont votre nom se couvre est
d'un genre jusqu'à cette heure inconnu. Guerrier sans modèle à force
de modération, de sagesse, de bienveillance générale et d'humanité,
calmant toutes les haines, tous les ressentimens, toutes les ambi-.
tions, et faisant accepter à l'Europe une paix universelle et durable,
vous-même vous rendez inutiles et superflues cette valeur indomp-
table, ces qualités brillantes, ces vertus énergiques qui, à la guerre,
vous avaient fait rapidement égaler les généraux les plus vantés dans
l'Histoire. Comment vous exprimer les sentimens dont vos confrères
de l'Institut national vous apportent ici le témoignage?

Quoique rendu par un organe malheureusement peu assorti à une
circonstance dont les annales du monde n'offrent point d'exemple,
cet hommage doit vous être agréable, il n'en fut jamais de plus
sincère.

Peut-être en ce discours une teinte d'éloge offense votre âme,
indulgente sur tout le reste, mais sur ce point seul, trop sévère, car
le ciel ne veut point qu'aucun homme, pas même vous, possède
toutes les sortes de courage, et il vous a refusé celui de supporter la
louange la plus légère et la mieux méritée. Si celle que nous nous
permettons de vous adresser aujourd'hui vous blesse, apprenez-nous
comment, à l'instant où la Patrie, après avoir déjà reçu de vous des
bienfaits signalés, en reçoit encore un plus grand qui les couronne
et les consolide tous, on peut étouffer le cri de la sensibilité, de la
reconnaissance et de la vérité.

Ainsi qu'on l'a vu plus haut, à l'occasion de la présence de
Volta à Paris, Bonaparte avait pris un intérêt particulier aux
recherches relatives à l'électricité et à ses applications. Désireux
de donner une utile direction aux travaux qui s'y rapportaient,

il adressait à Champagny, le 26 prairial an X (15 juin 1802),
une lettre conçue en ces termes :

J'ai l'intention, citoyen Ministre, de fonder un prix consistant en
une médaille de *trois mille francs* pour la meilleure expérience
qui sera faite dans le cours de chaque année sur le fluide galvanique.
A cet effet, les mémoires qui détailleront lesdites expériences seront
envoyés, avant le 1er fructidor, à la première classe de l'Institut
national, qui devra, dans les jours complémentaires, adjuger le prix
à l'auteur de l'expérience qui aura été la plus utile à la marche de
la science.

Je désire donner en encouragement une somme de *soixante
mille francs* à celui qui, par ses expériences et ses découvertes,
fera faire à l'électricité et au galvanisme un pas comparable à celui
qu'ont fait faire à ces sciences Franklin et Volta, et ce, au jugement
de la classe.

Les étrangers de toutes les nations seront également admis au
concours.

Faites, je vous prie, connaître ces dispositions au président de
la première classe de l'Institut national, pour qu'elle donne à ces
idées les développements qui lui paraîtront convenables, mon but
spécial étant d'encourager et de fixer l'attention des physiciens sur
cette partie de la physique qui est, à mon sens, le chemin des grandes
découvertes.   BONAPARTE.

Le 12 messidor suivant (1er juillet 1802), la première classe
de l'Institut, qui avait chargé Laplace, Biot, Hallé, Coulomb et
Haüy d'examiner les moyens de donner à cette généreuse proposition la suite qu'elle comportait, adressait au Premier
Consul la lettre suivante accompagnée d'un important rapport
dont la rédaction avait été confiée à Biot :

Citoyen Premier Consul,
Vous venez de donner à la classe une nouvelle preuve de votre
sollicitude pour le progrès des sciences; elle en a entendu l'annonce
avec enthousiasme, et elle a mis le plus grand empressement à en
accélérer les effets. Nous avons l'honneur de vous adresser une copie
du rapport qui vient d'être fait sur cet objet à la classe, et dont il
sera donné lecture dans la prochaine séance publique; quelque
libéral que vous ayez été dans cette occasion, nous ne doutons pas
que l'honneur de répondre à l'appel d'un homme qui a su commander tous les genres d'admiration, ne soit pour les concurrents un
motif plus puissant encore d'émulation, que la récompense que vous

promettez à celui dont les efforts auront été couronnés par le succès.

Nous avons l'honneur de vous saluer avec respect,

> HAüY, vice-président;
> LACROIX, secrétaire;
> G. CUVIER, ex-secrétaire.

Le rapport de Biot était conçu dans les termes qui suivent :

Le Premier Consul qui, même au milieu des soins de la guerre, a fait prospérer les Sciences, veut que la paix les porte au plus haut degré qu'elles puissent atteindre, et il vient de donner à l'Institut National un nouveau moyen d'en accélérer les progrès.

Ses intentions sont exprimées dans la lettre suivante, qui vous a été transmise par M. le Ministre de l'Intérieur (1).

L'Institut National, qui a pris une part active aux grandes découvertes dont vient de s'enrichir la théorie de l'Électricité, sentira, dans toute son étendue, l'importance du prix proposé par le Premier Consul. Parmi les diverses causes physiques auxquelles tous les corps de la nature sont soumis, l'électricité paraît être une des plus puissantes. Non seulement elle agit sur les substances inorganiques qu'elle modifie ou décompose, mais les corps organisés eux-mêmes en éprouvent les plus étonnants effets. Ce qui n'était pour les anciens qu'un simple résultat de quelques propriétés attractives est devenu pour les physiciens modernes la source des plus brillantes découvertes.

On peut diviser l'histoire de l'Électricité en deux périodes qui se distinguent autant par la nature des résultats que par celle des appareils employés pour les obtenir. Dans l'une, l'influence électrique est produite par le frottement du verre ou des matières résineuses; dans l'autre, l'électricité est mise en mouvement par le simple contact des corps entre eux. On doit rapporter à la première de ces deux époques la distinction des deux espèces d'électricité résineuse et vitrée, l'analyse de la bouteille de Leyde, l'explication de la foudre, l'invention des paratonnerres et la détermination exacte des lois suivant lesquelles la force répulsive de la matière électrique varie avec la distance. La seconde comprend la découverte des contractions musculaires excitées par le contact des métaux, l'explication de ces phénomènes par le mouvement de l'électricité métallique, enfin la formation de la colonne électrique, son analyse et ses diverses propriétés. Volta a fait, dans cette seconde époque, ce que fit Franklin dans la première.

Les Sciences sont maintenant tellement liées entre elles, que

____

(1) Cette lettre est reproduite plus haut.

tout ce qui sert à en perfectionner une, avance en même temps les autres. Sous ce point de vue, le galvanisme sera dans leur histoire une époque mémorable, car il est peu de découvertes qui aient donné à la Physique et à la Chimie autant de faits nouveaux et éloignés de ce que l'on connaissait auparavant. Déjà l'ensemble de ces faits a été rapporté à une cause générale qui est le mouvement de l'Électricité; il reste à déterminer avec exactitude les circonstances qui les accompagnent, à suivre les nombreuses explications qu'ils présentent, et à découvrir les lois générales qui, peut-être, y sont renfermées.

La plupart des effets chimiques offerts par les nouveaux appareils, ne sont pas complètement expliqués, et il est d'autant plus important de les bien connaître, qu'ils fournissent à la Chimie des moyens assez puissants pour décomposer les combinaisons les plus intimes. Il est également intéressant d'examiner si les propriétés électriques que certains métaux acquièrent dans leurs variations de température ne dépendent pas d'une disposition de leurs éléments analogue à celle qui constitue la colonne de Volta; enfin, il est à désirer que la théorie de l'électricité, augmentée de ces nouveaux phénomènes, soit complètement soumise au calcul, d'une manière générale, directe et rigoureuse; et les pas que l'on a déjà faits dans cette carrière ont prouvé que ce sujet difficile demande la sagacité de la physique la plus ingénieuse et les secours de l'analyse la plus profonde.

Mais c'est surtout dans leurs applications à l'économie animale qu'il importe de considérer les appareils galvaniques. On sait déjà que les métaux ne sont pas les seules substances dont le contact détermine le mouvement de l'Électricité. Cette propriété leur est commune avec quelques liquides, et il est probable qu'elle s'étend avec des modifications diverses à tous les corps de la nature. Les phénomènes qu'offrent la torpille et les autres poissons électriques, ne dépendent-ils pas d'une action analogue qui s'exercerait entre les diverses parties de leur organisation, et cette action n'existe-t-elle pas avec un degré d'intensité moins observable, mais non moins réel, dans un nombre d'animaux beaucoup plus considérable qu'on ne l'a cru jusqu'à présent. L'analyse exacte de ces effets, l'explication complète du mécanisme qui les détermine, et leur rapprochement de ceux que présente la colonne de Volta, donneraient peut-être la clef des secrets les plus importants de la physique animale. En considérant ainsi l'ensemble de ces phénomènes, on pressent la possibilité d'une grande découverte, qui, en dévoilant une nouvelle loi de la nature, les ramènerait à une même cause et les lierait à ceux que nous a offerts, dans les minéraux, le mouvement de l'électricité métallique.

Ces considérations avaient, sans doute, été bien senties par la classe, et, si elle n'a pas proposé de Prix pour le perfectionnement de cette partie de la physique, c'est que l'étendue du sujet paraissant nécessiter plus d'un concours, elle ne pouvait pas lui consacrer les encouragements qu'elle doit, en général, à toutes les connaissances utiles. Cependant, chacun de ses membres, et tous les savants devaient vivement désirer que les recherches des physiciens se dirigeassent vers ce but important, et ils doivent se féliciter de voir leur vœu rempli de la manière la plus complète.

Pour répondre aux intentions du Premier Consul, et donner à ce concours toute la solennité qu'exige l'importance de l'objet, la nature du Prix et le caractère de celui qui l'a fondé, la commission vous propose, à l'unanimité, le projet suivant :

La classe des Sciences mathématiques et physiques de l'Institut National ouvre le concours général demandé par le Premier Consul;

Tous les Savants de l'Europe, les Membres même et les Associés de l'Institut, sont admis à concourir;

La classe n'exige pas que les mémoires lui soient directement adressés. Elle couronnera, chaque année, l'auteur des meilleures expériences qui seront venues à sa connaissance, et qui auront avancé la marche de la Science.

Le grand prix sera donné à celui dont les découvertes formeront dans l'histoire de l'Électricité et du Galvanisme une époque mémorable.

Le présent rapport, renfermant la lettre du Premier Consul, sera imprimé et servira de Programme.

Fait à l'Institut National, le 11 messidor an X.

Signé : LAPLACE, HALLÉ, COULOMB,
HAÜY, BIOT, rapporteur.

Les recherches qu'espérait Bonaparte ne devaient pas se faire attendre; elles ouvrirent, sur cette branche de la science, si admirablement exploitée aujourd'hui, bien des horizons nouveaux et donnèrent nombre de résultats inattendus.

La première classe couronna successivement les travaux d'Erman, de Berlin; de Humphry Davy, de Londres; de Gay-Lussac et de Thenard.

C'est au sujet d'Erman que Champagny écrivait à Napoléon, le 26 avril 1807, les lignes qui suivent :

Sire, la première classe de l'Institut a décerné le prix de 3000 francs fondé par Votre Majesté pour l'encouragement de la science galvanique et de l'électricité. Elle s'adresse à moi pour

obtenir le payement de cette somme. Je la prends sur mon fonds
de dépenses imprévues; telle est, sans doute, l'intention de Votre
Majesté.

J'aurai l'honneur de lui faire observer qu'ayant dans mon budget
un fonds de dépenses et de secours pour les gens de lettres, je n'ai
pas un fonds d'encouragement pour les lettres et pour les sciences
comme j'en ai un pour les beaux-arts et pour les arts mécaniques.

Le prix a été décerné à M. Erman, Prussien. Ainsi les Prussiens,
soumis aux lois de Votre Majesté, sont traités comme vos sujets,
et la Prusse, conquise par vos armes, l'est aussi par les bienfaits
répandus en votre nom.

CHAMPAGNY.

Il n'est pas nécessaire de signaler ici les événements à la suite
desquels Bonaparte, maître de la situation, était proclamé
Consul à vie, le 14 thermidor an X (2 août 1802). Disons seulement que, fidèle à son dévouement et à son affection pour lui,
l'Institut célébrait cette proclamation par l'envoi de la lettre
suivante, qui lui était adressée le 18 thermidor (6 août) :

L'Institut national désire vivement de vous exprimer les sentiments dont il est pénétré dans une circonstance qui lui assure, ainsi
qu'à tous les Français, la jouissance paisible et durable du bonheur
que vous doit la nation. Il aura l'honneur de se rendre auprès de
vous dimanche prochain, avec les autres députations. Comme vous
avez fixé vous-même ce jour pour les recevoir, l'Institut n'a pas cru
devoir vous demander le moment où il lui serait permis de vous
offrir son hommage.

HAÜY.

L'époque à laquelle la fondation de l'Institut eut lieu n'avait
certes pas permis à Bonaparte de prendre part à l'organisation
de cette illustre Compagnie, mais il l'avait considérée de tout
temps comme une œuvre de prédilection sur laquelle il devait
avoir sans cesse les yeux fixés, certain que cette œuvre pouvait
être utile au pays.

Il souhaitait l'Institut indépendant et fort; il voulait qu'il ne
pût être confondu avec aucune des sociétés savantes ou littéraires qui prenaient naissance avec le siècle. Afin d'assurer cette
disposition, il avait fait introduire dans la loi sur l'instruction
publique du 11 floréal an X (1er mai 1802), au titre IX, l'article XLI, qui était ainsi conçu :

Aucun établissement ne pourra prendre désormais les noms de *Lycée* et d'*Institut*.

L'Institut national des sciences et des arts sera le seul établissement public qui portera ce dernier nom.

BONAPARTE.

Il était intéressant de rappeler ce souvenir.

La loi du 11 floréal an X est bien oubliée, de nos jours, et quoiqu'elle n'ait jamais été abrogée, les Instituts sont devenus nombreux; il est vrai qu'aucun de ceux qui ont pris ce titre n'a obscurci l'éclat de l'Institut de France, qui, pour le monde entier, est resté : l'INSTITUT.

Ici intervient un fait très important pour l'Institut national, auquel Bonaparte, se rappelant sa proposition du 6 germinal an VIII, prend une part personnelle et donne ainsi à ses confrères une preuve sérieuse de l'intérêt qu'ils lui inspirent.

Créé et organisé par les lois des 5 fructidor an III (22 août 1795), 3 brumaire an IV (25 octobre 1795), 15 germinal an IV (4 avril 1796), l'Institut national avait été, dès son origine, divisé en trois classes : celle des sciences mathématiques et physiques, celle des sciences morales et politiques et celle de littérature et beaux-arts. Par la loi du 3 pluviôse an XI (23 janvier 1803), le Premier Consul lui donne une importance plus grande et élargit, d'une manière notable, le champ de ses travaux et de ses recherches.

La Compagnie est alors divisée en quatre classes : la première, celle des sciences physiques et mathématiques; la seconde, celle de la langue et de la littérature françaises; la troisième, celle d'histoire et de littérature anciennes; enfin la quatrième, celle des beaux-arts.

Cette loi est ainsi conçue :

Saint-Cloud, le 3 pluviôse an XI de la République
(23 janvier 1803).

Le Gouvernement de la République, sur le rapport du Ministre de l'intérieur, le Conseil d'État entendu,

ARRÊTE ce qui suit :

I. — L'Institut national, actuellement divisé en trois classes, le sera désormais en quatre, savoir :

PREMIÈRE CLASSE.

Classe des sciences physiques et mathématiques.

SECONDE CLASSE.

Classe de la langue et de la littérature françaises.

TROISIÈME CLASSE.

Classe d'histoire et de littérature anciennes.

QUATRIÈME CLASSE.

Classe des beaux-arts.

Les membres actuels et associés étrangers de l'Institut seront répartis dans ces quatre classes.

Une commission de cinq membres de l'Institut, nommée par le Premier Consul, arrêtera ce travail, qui sera présenté à l'approbation du Gouvernement.

11. — La première classe sera formée des dix sections qui composent aujourd'hui la première classe de l'Institut, d'une section nouvelle de géographie et navigation, et de huit associés étrangers.

Ces sections seront composées et désignées ainsi qu'il suit :

SCIENCES MATHÉMATIQUES.

Géométrie, six membres;
Mécanique, six *idem;*
Astronomie, six *idem;*
Géographie et navigation, trois *idem;*
Physique générale, six *idem.*

SCIENCES PHYSIQUES.

Chimie, six membres;
Minéralogie, six *idem;*
Botanique, six *idem;*
Économie rurale et art vétérinaire, six *idem;*
Anatomie et zoologie, six *idem;*
Médecine et chirurgie, six *idem.*

La première classe nommera, sous l'approbation du Premier Consul, deux secrétaires perpétuels, l'un pour les sciences mathématiques, l'autre pour les sciences physiques. Les secrétaires perpétuels seront membres de la classe, mais ils ne feront partie d'aucune section.

La première classe pourra élire jusqu'à six de ses membres parmi ceux des autres classes de l'Institut.

Elle pourra nommer cent correspondants, pris parmi les savants nationaux et étrangers.

III. — La seconde classe sera composée de quarante membres.

Elle est particulièrement chargée de la confection du dictionnaire de la langue française ; elle fera, sous le rapport de la langue, l'examen des ouvrages importants de littérature, d'histoire et de sciences. Le recueil de ses observations critiques sera publié au moins quatre fois par an.

Elle nommera dans son sein, et sous l'approbation du Premier Consul, un secrétaire perpétuel, qui continuera à faire partie du nombre des quarante membres qui la composent.

Elle pourra élire jusqu'à douze de ses membres parmi ceux des autres classes de l'Institut.

IV. — La troisième classe sera composée de quarante membres et de huit associés étrangers.

Les langues savantes, les antiquités et les monuments, l'histoire, et toutes les sciences morales et politiques dans leur rapport avec l'histoire, seront l'objet de ses recherches et de ses travaux ; elle s'attachera particulièrement à enrichir la littérature française des ouvrages grecs, latins et orientaux qui n'ont pas encore été traduits.

Elle s'occupera de la continuation des recueils diplomatiques.

Elle nommera dans son sein, sous l'approbation du Premier Consul, un secrétaire perpétuel, qui fera partie du nombre des quarante membres dont la classe est composée.

Elle pourra élire jusqu'à neuf de ses membres parmi ceux des autres classes de l'Institut.

Elle pourra nommer soixante correspondants nationaux ou étrangers.

V. — La quatrième classe sera composée de vingt-huit membres et de huit associés étrangers.

Ils seront divisés en sections, désignées et composées ainsi qu'il suit :

Peinture, dix membres ;
Sculpture, six *idem* ;
Architecture, six *idem ;*
Gravure, trois *idem ;*
Musique (composition), trois *idem.*

Elle nommera, sous l'approbation du Premier Consul, un secr taire perpétuel, qui sera membre de la classe, mais qui ne fera point partie des sections.

Elle pourra élire jusqu'à six de ses membres parmi ceux des autres classes de l'Institut.

Elle pourra nommer trente-six correspondants pris parmi les nationaux ou les étrangers.

VI. — Les membres associés étrangers auront voix délibérative seulement pour les objets de sciences, de littérature et d'art; ils ne feront partie d'aucune section et ne toucheront aucun traitement.

VII. — Les associés républicoles actuels de l'Institut feront partie des cent quatre-vingt-seize correspondants attachés aux classes des sciences, des belles-lettres et des beaux-arts.

Les correspondants ne pourront prendre le titre de membres de l'Institut.

Ils perdront celui de correspondants lorsqu'ils seront domiciliés à Paris.

VIII. — Les nominations aux places vacantes seront faites par chacune des classes où ces places viendront à vaquer : les sujets élus seront confirmés par le Premier Consul.

IX. — Les membres des quatre classes auront le droit d'assister réciproquement aux séances particulières de chacune d'elles et d'y faire des lectures lorsqu'ils en auront fait la demande.

Ils se réuniront quatre fois par an en corps d'Institut, pour se rendre compte de leurs travaux.

Ils éliront en commun le bibliothécaire et les sous-bibliothécaires de l'Institut, ainsi que les agents qui appartiennent en commun à l'Institut.

Chaque classe présentera à l'approbation du Gouvernement les statuts et règlements particuliers de sa police intérieure.

X. — Chaque classe tiendra, tous les ans, une séance publique, à laquelle les trois autres assisteront.

XI. — L'Institut recevra annuellement du Trésor public quinze cents francs pour chacun de ses membres non associés, six mille francs pour chacun de ses secrétaires perpétuels, et, pour ses dépenses, une somme qui sera déterminée tous les ans, sur la demande de l'Institut, et comprise dans le budget du Ministre de l'intérieur.

XII. — Il y aura pour l'Institut une commission administrative, composée de cinq membres, deux de la première classe et un de chacune des trois autres, nommés par leurs classes respectives.

Cette commission fera régler, dans les séances générales prescrites par l'article IX, tout ce qui est relatif à l'administration, aux dépenses générales de l'Institut et à la répartition des fonds entre les quatre classes.

Chaque classe réglera ensuite l'emploi des fonds qui lui auront été assignés pour ses dépenses, ainsi que ce qui concerne l'impression et la publication de ses mémoires.

XIII. — Tous les ans, les classes distribueront des prix, dont le nombre et la valeur sont réglés ainsi qu'il suit :

La première classe, un prix de trois mille francs;

La seconde et la troisième classe, chacune un prix de quinze cents francs;

Et la quatrième classe, des grands prix de peinture, de sculpture, d'architecture et de composition musicale. Ceux qui auront remporté un de ces quatre grands prix seront envoyés à Rome et entretenus aux frais du Gouvernement.

XIV. — Le Ministre de l'intérieur est chargé de l'exécution du présent arrêté, qui sera inséré au *Bulletin des lois.*

Le Premier Consul,

Signé : BONAPARTE.

Par le Premier Consul :

Le secrétaire d'État,

Signé : HUGUES B. MARET.

En possession de cette organisation nouvelle, l'Institut se préoccupa immédiatement d'apporter quelques modifications utiles à la marche ordinaire de ses travaux. Le règlement qui suit fut successivement adopté par la Compagnie et approuvé par Bonaparte :

RÈGLEMENT GÉNÉRAL ARRÊTÉ PAR L'INSTITUT DANS LES SÉANCES GÉNÉRALES DU 10 ET DU 17 GERMINAL AN XI (31 MARS ET 7 AVRIL 1803).

L'Institut national, après avoir entendu le rapport d'une commission nommée à cet effet, arrête pour articles de Règlement :

TITRE PREMIER.

Assemblées générales, objets qui y seront traités, Présidences, etc.

Article Ier. La présidence des quatre séances publiques ordonnées par l'arrêté du gouvernement, du 3 pluviôse dernier, appartiendra successivement à chacune des quatre classes.

Article II. Les prix proposés par chaque classe seront distribués dans une des séances qui seront propres à cette classe.

Article III. Chacun des membres de l'Institut qui se rendra, soit aux quatre séances publiques, soit aux séances générales, s'inscrira à son arrivée, sur une feuille préparée à cet effet.

Article IV. Les séances générales de l'Institut seront présidées, pendant chaque trimestre, par le président de l'une des classes de l'Institut. La présidence, pendant le premier trimestre de l'année, appartiendra au président de la classe des Sciences physiques et mathématiques; pendant le second trimestre, au président de la classe de la langue et de la littérature françaises, et ainsi successivement.

Article V. Pendant tout le cours du trimestre, le Bureau de la classe qui sera en tour de présider formera le Bureau de l'Institut. Les lettres et autres objets adressés à l'Institut lui seront remis pour en ordonner le renvoi, ou y faire la réponse convenable.

Article VI. L'Institut tiendra une séance générale ordinaire le premier mardi du premier mois de chaque trimestre. Dans le cas où ce jour se trouverait occupé par une fête, la séance sera remise au jeudi suivant.

Article VII. Indépendamment des séances ordinaires, l'Institut s'assemblera en séance générale extraordinaire, sur la convocation du président de chaque trimestre.

Article VIII. Si l'une des classes vote dans son sein la convocation d'une séance extraordinaire, le Secrétaire perpétuel de la classe qui aura émis ce vœu le fera connoître au président du trimestre, lequel sera tenu de convoquer la séance extraordinaire : elle sera convoquée par billets remis au domicile de chacun des membres.

Article IX. Dans les séances générales ordinaires, le Président proclamera d'abord le nom des nouveaux membres qui auraient été élus pendant le cours du trimestre précédent; ensuite l'Institut entendra le compte que les personnes nommées à cet effet par les classes lui rendront des travaux de leur classe; après quoi, l'on procédera aux nominations, s'il en est à faire; enfin, l'on traitera des objets d'intérêt commun pour l'Institut.

Article X. Le compte des travaux des classes mentionné dans l'article précédent sera rendu successivement par chacune des classes le jour de la séance générale où elle devra présider.

Article XI. Dans les séances extraordinaires, le Président annoncera les objets qui ont déterminé la convocation, et dont l'Institut doit s'occuper.

Article XII. Il ne pourra être procédé aux nominations à faire par l'Institut que dans une de ses séances générales ordinaires.

Article XIII. Dans toutes les nominations à faire par l'Institut, la majorité absolue des suffrages des membres présens est nécessaire pour être nommé.

Article XIV. Il sera tenu un registre particulier pour y inscrire les procès-verbaux des séances générales, tant ordinaires qu'extraordinaires; 1 sera pareillement tenu un registre particulier pour la correspondance de l'Institut en corps.

TITRE II.

Répartition de l'indemnité accordée aux membres de l'Institut.

Nota. Les articles XV, XVI, XVII et XVIII, n'ayant point été approuvés par le Premier Consul, ont été supprimés.

E. Maindron.   17

Article XIX. Toute distinction relative à la fixation de l'indemnité, eu égard à l'époque à laquelle les membres de l'Institut ont été reçus par le passé ou le seront à l'avenir, est abrogée. L'indemnité de chacun des membres sera de 1500 francs (1).

TITRE III.

De la Bibliothèque et du Cabinet de l'Institut. Compte des dépenses.

Article XX. La Bibliothèque de l'Institut sera ouverte à tous ses membres, aux associés étrangers et aux correspondants de l'Institut, tous les jours, excepté le dimanche et les fêtes, depuis dix heures du matin jusqu'à cinq heures après midi.

Article XXI. Le cabinet d'histoire naturelle, de physique, de machines, de monumens d'antiquité et autres sera ouvert à tous les membres de l'Institut, et sur leur demande, aux mêmes jours et aux mêmes heures que la Bibliothèque. Il sera entretenu et surveillé sous la direction de commissaires de l'Institut, ainsi qu'il a été arrêté par l'arrêté du 5 fructidor an IX. Les membres qui devaient être choisis à cet effet par les sections d'histoire et d'antiquités seront remplacés par trois membres que la classe d'histoire et de littérature ancienne désignera.

Article XXII. Le compte annuel des recettes et dépenses de l'Institut lui sera présenté dans une séance générale. L'assemblée nommera des commissaires pour l'examiner ; elle statuera d'après leur rapport.

TITRE IV.

Des devoirs à rendre aux membres de l'Institut après leur décès.

Article XXIII. En cas de décès d'un des membres de l'Institut, le Commis au Secrétariat prendra auprès des personnes de la famille, les renseignements nécessaires sur le lieu et l'heure des funérailles, et il en donnera avis par écrit aux membres de l'Institut, qui sont tous invités à se réunir pour rendre les derniers devoirs à leur collègue décédé. Les Présidens, le Secrétaire perpétuel et six membres désignés par la classe dont il était membre sont spécialement chargés de s'acquitter de ce devoir ; dans le cas où ils ne pourraient pas s'en acquitter par eux-mêmes, ils prieront un de leurs collègues de les remplacer.

L'Institut arrête que le Bureau présentera le règlement à l'approbation du Gouvernement.

Certifié conforme au registre.

(1) Cet article modifie l'arrêté du 29 messidor an IV.

Le Secrétaire perpétuel de la classe d'histoire et de littérature ancienne, faisant fonctions de Secrétaire général des classes réunies,

DACIER.

Le Premier Consul a approuvé le présent règlement, à l'exception des articles XV, XVI, XVII et XVIII du titre II, sur l'objet desquels les quatre classes de l'Institut ont pris des délibérations individuelles.

Par ordre,
Le Secrétaire d'État,
HUGUES MARET.

19 floréal an XI.

Ce sont ces règlements qui subsistèrent jusqu'au moment où, en 1816, Louis XVIII rétablit les Académies.

Plus entreprenants, plus audacieux que jamais, secondés qu'ils étaient par l'Angleterre, les émigrés poursuivaient leurs projets, et Napoléon courait de nouveaux et sérieux dangers; un vaste complot auquel avait pris part Cadoudal et Pichegru venait d'être découvert au moment même où il allait recevoir un commencement d'exécution.

Les procès-verbaux des séances de l'Institut rappellent ce fait important dans les termes qui suivent :

L'Institut, ayant été convoqué le 30 pluviôse an XII (20 février 1804), a arrêté de se rendre en corps chez le Premier Consul, dans l'instant même, pour lui témoigner la part que prenait ce corps au danger qui avait menacé sa personne et la sûreté publique.

L'Institut, présidé par M. Regnaud de Saint-Jean d'Angély, a été introduit dans la salle d'audience; le Président a adressé au Premier Consul le discours suivant :

Citoyen Premier Consul,

Le gouvernement anglais pouvait, en frappant une seule tête, frapper la République entière.

Veuve du héros qui l'a sauvée, la Patrie voyait renaître tous ses malheurs.

Nous perdions en vous, citoyen Premier Consul, la garantie du repos de nos familles, de la paix de nos cités, de la gloire de nos armées, du salut de notre pays.

Des institutions savantes et littéraires à peine renaissantes, des collèges à peine ouverts, des écoles à peine établies, pleuraient leur fondateur.

Les élèves de Saint-Cyr, de Compiègne, de Fontainebleau, de nos nombreux lycées, redevenaient orphelins.

Le génie de la France vous a préservé. Heureux de lui devoir votre salut, l'Institut national lui rend grâces encore de ce que vous n'avez pas eu, de ce que vous n'aurez jamais à redouter des conspirations formées en France et par des Français. Les complots qui vous menaçaient étaient tramés sur un sol étranger par les éternels ennemis des Français et de la France.

Ceux qui ont voulu les servir, les seconder, en profiter, égaux devant la loi qui les jugera et les Anglais qui n'ont pu vous atteindre avec leurs poignards impuissans, trembleront bientôt devant votre épée victorieuse.

Pourquoi faut-il que cette pensée nous ramène à celle d'un autre danger pour votre personne, et au sentiment d'une crainte nouvelle?

Il est permis de l'exprimer, quand la France entière la partage, quand ces bataillons intrépides, cette garde fidèle, ces braves de toutes les armes, que leurs propres périls n'ont jamais émus, frémissent à l'idée des vôtres.

Ah! du moins, citoyen Premier Consul, n'oubliez jamais que la grande nation vous a remis le dépôt de ses destinées. Secondez par une prudence que nous implorons, les vœux de la France et les nôtres; secondez la Providence qui veille sur vous, et qui veut que pour la paix du monde, vos institutions protégées, perfectionnées par vous-même, deviennent immortelles comme votre gloire.

Au sortir de l'audience du Premier Consul, les membres de l'Institut national ont été admis chez Mme Bonaparte. Le C^{en} Regnaud de Saint-Jean d'Angély, président, a porté la parole en ces termes :

« Madame, la France a été menacée de perdre son chef, l'armée son héros, et vous un époux.

« La Providence l'a préservé.

« L'Institut national vient unir l'expression de ses sentiments à ceux de la France, de l'armée et de l'Épouse du Premier Consul.

« Votre tendresse, Madame, a vivement senti les dangers qui l'ont environné; qu'elle veille pour en écarter de nouveaux, et doubler vos droits à la reconnaissance publique, en vous occupant de conserver la vie du Premier Consul, comme vous vous occupez de la rendre heureuse. »

On sait de quelle épouvantable répression fut suivie la découverte de ce complot : quarante personnes soupçonnées d'en

avoir fait partie furent exécutées ; Moreau dut prendre le chemin de l'exil, et, le 21 mars, le duc d'Enghien était fusillé dans
les fossés de Vincennes.

Cette dernière exécution parut ébranler un instant la puissance de Bonaparte ; mais avec une décision remarquable, avec
une profonde intelligence de la situation, il fit représenter au
Sénat les dangers que courait le pays, et parvint, à l'aide de ce
moyen, au but qu'il voulait atteindre et qu'il avait poursuivi
avec une si grande persévérance : le 28 floréal an XII (18 mai
1804), Napoléon était proclamé Empereur.

CHAPITRE III

NAPOLÉON EMPEREUR

Le lendemain de la proclamation de l'Empire, le 29 floréal, l'Institut prenait la résolution suivante :

L'Institut national, convoqué par le président du trimestre pour délibérer sur les démarches qu'il serait convenable de faire à l'occasion de l'élévation du Premier Consul à la dignité impériale, arrête qu'il ira en corps présenter à l'Empereur ses hommages et ses félicitations et que le Bureau écrira au préfet du palais pour le prier de prendre les ordres de Sa Majesté impériale à ce sujet, et de lui faire connaître le jour et l'heure auquel l'Institut pourra être admis à l'audience.

La députation de l'Institut se rendit à Saint-Cloud le 21 prairial an XII (10 juin 1804) et fut introduite dans la galerie pendant que Napoléon entendait la messe à la chapelle; à l'issue de la cérémonie religieuse, l'Empereur s'étant approché du lieu où la députation l'attendait et où s'étaient réunis l'Architrésorier, le Ministre de l'intérieur et plusieurs sénateurs, tous membres de l'Institut, le Président lui dit : « Sire, les bureaux réunis des quatre classes de l'Institut national viennent offrir à Votre Majesté impériale les hommages et les félicitations de l'Institut; son respect et son dévouement sont sans bornes. Si Votre Majesté daigne en accueillir favorablement les assurances, nos vœux sont remplis. »

Au même moment et conformément au cérémonial qui lui avait été indiqué, le Président remit à l'Empereur le discours qu'il avait préparé; Napoléon, en le recevant, répondit : « J'accepte avec satisfaction les sentiments que vous m'exprimez au nom de l'Institut national, et j'en reçois avec plaisir les assurances de la part d'un Président aussi distingué et de toutes les personnes qui composent la députation. »

Après ces quelques paroles, il s'entretint avec plusieurs membres des questions relatives aux travaux de la Compagnie et se retira.

Désireux alors de saluer l'Impératrice, le Président fit demander au préfet du palais la faveur d'être reçu par elle; mais Joséphine était indisposée et fit répondre qu'elle assurait l'Institut du regret qu'elle éprouvait de ne pouvoir recevoir l'expression de ses vœux.

De retour à Paris, l'Institut consigna dans les procès-verbaux de ses séances les deux discours que les circonstances ne lui avaient pas permis de prononcer. Ils sont ainsi conçus :

A Sa Majesté l'Empereur.

L'Institut national vient mêler ses vœux et ses félicitations aux acclamations de tous les Français; il vient déposer aux pieds de Votre Majesté impériale l'hommage de son inviolable dévoûment et de sa respectueuse reconnaissance.

La France était ensevelie sous ses propres ruines, votre génie l'en a retirée. Vous l'avez replacée au rang qui lui appartenait et auquel il paraissait qu'elle n'avait plus le droit de prétendre; son culte, ses lois, ses institutions salutaires qu'un torrent dévastateur avait engloutis, vous avez paru, et elle les a recouvrés. Ainsi ont été réparés, comme par un enchantement magique, des maux qu'il semblait que le temps seul dût faire oublier, le temps qui rétablit toujours avec lenteur, alors même qu'il détruit avec la rapidité de la foudre! Ainsi V. M., par ses triomphes et par sa sagesse, a rendu aux Français une patrie, rétabli l'équilibre dans l'Europe, donné au monde le rare exemple d'un héros bienfaiteur de l'humanité.

Rassis sur ses antiques bases et rappelé aux plus beaux jours de son histoire, l'Empire français a dû réclamer pour lui-même et pour son chef le titre conquis autrefois, non moins par les vertus et le génie que par les armes et le triomphe du petit-fils de Charles Martel. Si cette nouvelle époque, à jamais mémorable, en resserrant les liens qui unissent les destinées de cet Empire à celles de V. M. assure à la France l'avenir le plus heureux, elle est aussi pour les lettres, les sciences et les arts, le gage certain d'un cours non interrompu de succès et de gloire ; enrichis de vos innombrables trophées, vivifiés par le génie de V. M., encouragés par les constants effets de sa puissante protection, ils réuniront aussi tous leurs efforts pour contribuer à l'illustration de son règne et à la gloire de l'Empire : les siècles des héros furent toujours ceux des talens et du génie.

Puisse V. M. I. jouir longtemps du bonheur des Français, qui est son ouvrage et l'unique objet de son infatigable sollicitude.

A Sa Majesté l'Impératrice.

Madame, il n'est point pour l'Institut de privilége plus flatteur ni de plus douce récompense que l'honneur d'être admis à offrir à notre auguste monarque et à V. M. I. l'expression de son respect et de son inviolable dévoûment. Mais si en approchant du chef de l'Empire, il est difficile de se défendre du trouble religieux qu'inspire l'éclat du trône, et plus encore la présence d'un héros, auprès de vous, Madame, la confiance et la reconnaissance sont les seuls sentimens que font naître les grâces et la bonté avec lesquelles vous daignez accueillir l'hommage de nos sentimens.

Permettez-nous donc d'associer V. M. I. aux vœux et aux félicitations dont nous venons de porter l'expression à S. M. l'Empereur. Puisse la félicité publique qui est l'unique objet des soins de votre auguste époux et son plus beau titre à la gloire, faire longtemps son bonheur et celui de V. M. Impériale.

L'Empire fut presque immédiatement reconnu par l'Autriche, le Portugal, le Danemark, la Bavière, l'Espagne, la Prusse et la Toscane. A partir de ce moment, ses actes officiels portèrent la formule célèbre : « Napoléon, par la grâce de Dieu et les constitutions de la République, Empereur des Français, etc. »

La cérémonie du sacre, dans laquelle fut déployé un luxe jusqu'alors inconnu, eut lieu le 11 frimaire an XIII (2 décembre 1804).

Cette fois, l'Institut ayant été reçu le 20 frimaire (11 décembre) en audience solennelle, le Président de la Compagnie adressa à l'Empereur le discours qui suit :

Sire, l'Institut national vient avec empressement féliciter Votre Majesté Impériale et lui renouveler, dans cette auguste circonstance, les sentimens d'amour et de respect qu'il lui a voués à jamais.

Ces sentimens, communs à tous les bons Français, sont inaltérables, parce qu'ils ont pour base vos vertus, la gloire de vos armes et les grands services que vous avez rendus et que vous ne cessez de rendre à la Patrie. Vos victoires ont agrandi le nom français ; vous avez calmé les factions, rétabli l'ordre et la paix, et nous respirons enfin après tant de discordes et de malheurs ; que de titres à notre reconnaissance et à notre dévoùment ! Poursuivez, Sire, votre glorieuse carrière, tous les amis de la tranquillité publique n'auront qu'une volonté, qu'une seule âme pour seconder vos vastes projets, et la France, gouvernée par vous, deviendra la plus heureuse comme la plus puissante des nations. Puisse son génie tutélaire veiller sur vos destinées et vous accorder de longs jours ! C'est l'unique vœu qu'il nous reste à former. Tout ce qui est beau, grand et juste sera protégé, encouragé par vos lois, et celui qui a voulu que son nom restât inscrit sur la liste des membres de l'Institut sera le plus ferme appui des sciences et des lettres ; elles fleuriront sous votre empire dont elles ont déjà ressenti les bienfaits, leur génie se ranimera à votre voix, et elles reprendront encore un nouvel essor. Elles consacreront vos grandes actions dans la mémoire des hommes, et les beaux-arts ajouteront des guirlandes à vos trophées.

A ce discours, l'Empereur répondit :

J'agrée les sentimens que le Président de l'Institut national me témoigne. Je me fais gloire d'être membre de ce corps célèbre. Toutes les fois que j'ai assisté à ses séances, j'ai eu occasion de me convaincre des talens et du bon esprit de ceux qui le composent. Je vous accorderai toujours la protection qui vous sera nécessaire pour maintenir la nation française dans l'état d'élévation où elle est parvenue sous le rapport des sciences, des lettres et des arts.

Maître enfin des destinées du pays, aveuglé par des triomphes sans précédents, Napoléon allait de nouveau mettre la nation en armes, et une série de victoires, telle que n'en offrit jamais

Chapelle du collège Mazarin avant sa transformation.

l'histoire d'un peuple, devait répondre aux puissants efforts de nos armées.

Profondément reconnaissante du décret du 29 ventôse an XIII (20 mars 1805), par lequel l'Institut national, obligé de renoncer à la jouissance des locaux qu'il occupait au Louvre, recevait le *palais des Quatre-Nations* pour lieu de son installation d'abord provisoire, puis définitive; saisie d'ailleurs d'admiration et transportée d'un patriotique enthousiasme, la Compagnie cherchait les moyens d'exprimer hautement les sentiments dont elle était pénétrée.

Une séance extraordinaire avait lieu le 7 brumaire an XIV (29 octobre 1805), dans laquelle le Président demandait de « nommer une commission qui serait chargée de rédiger une adresse à S. M. l'Empereur et roi pour le féliciter sur la continuité de ses victoires et les merveilles qu'elle a opérées en quelques instants ».

Un membre proposait alors un moyen plus durable d'affirmer la gratitude de l'Institut et demandait d'élever la statue de l'Empereur dans le nouveau local que disposait déjà l'éminent architecte Vaudoyer.

Cette proposition ayant été adoptée par acclamation, l'adresse qui suit fut rédigée séance tenante :

Sire, transporté de reconnaissance autant que d'admiration pour les nouveaux prodiges que la France doit à votre courage et à votre génie, l'Institut vient demander à Votre Majesté qu'elle lui permette d'élever un monument public et durable des sentimens dont il est pénétré.

Il désire que votre statue décore la grande salle du palais que V. M. vient de lui accorder.

Comme citoyens, comme Français, nous célébrons avec tous nos compatriotes, le restaurateur, le législateur, le défenseur de l'Empire, mais les membres de l'Institut doivent un hommage particulier au prince qui encourage les sciences par son exemple, les lettres par ses conseils, les arts par ses bienfaits; au général qui, au milieu du tumulte des armes, maintient le repos dans les asiles consacrés à l'étude; au guerrier dont le bras puissant préserve les nations civilisées d'une nouvelle irruption de l'ignorance et de la barbarie.

Nous disons plus, les hommes éclairés du monde entier partagent ce devoir avec nous, ils nous rendent tous cet hommage dans le cœur et nous envient le bonheur de le rendre avec éclat.

C'est au milieu des images de nos grands écrivains et de nos grands artistes que nous voulons placer la vôtre. Leurs mânes se plairont à l'y contempler. Plus heureux que les sages de l'antiquité, leurs ouvrages ne seront ni détruits ni mutilés; le flambeau qu'ils ont allumé ne sera point éteint par des barbares; sa lumière se main-

tiendra toujours vive et pure, et ce sera en grande partie au bonheur
de vos armes qu'ils seront redevables de la durée de leur gloire, et
la postérité de celle de leurs bienfaits.

Pour nous, faibles émules, mais disciples fidèles de ces grands
hommes, la faveur que nous demandons aujourd'hui à V. M. sera
pour notre zèle un encouragement sans cesse renaissant; si l'aspect
de ces inimitables modèles nous décourage quelquefois en nous rappelant trop combien nous avons lieu d'envier leurs talens, le vôtre
nous ranimera en nous rappelant à son tour combien ils nous eussent
envié notre héros.

Cette adresse fut présentée par l'Institut à Joseph Bonaparte ;
dans cette circonstance le Président prononça les paroles suivantes :

Monseigneur, nous avons l'honneur de présenter à V. A. I. l'adresse
de félicitations que l'Institut, dans une séance extraordinaire, a
votée unanimement pour Sa Majesté l'Empereur et Roi. L'éclat des
nouveaux triomphes dus au génie de votre auguste frère et à son
incomparable activité, rejaillit sur tous les Français, mais particulièrement sur le Prince qui, en touchant de plus près au trône, ne
se distingue pas moins par ses vertus que par son rang, et dont
nous avons l'avantage de voir le nom orner la liste de nos membres.
Nous espérons donc, Monseigneur, qu'à ce double titre vous voudrez
bien agréer l'hommage de l'Institut, et transmettre l'expression de
nos sentimens au héros qui a si bien mérité de la France et qui
rendra bientôt à l'Europe cette paix que deux fois elle a dû à votre
sagesse et à vos talens.

Le 10 nivôse an XIV (31 décembre 1805), l'Institut, réuni
extraordinairement, décidait que, contrairement aux termes de
son arrêté du 19 thermidor an IV (6 août 1796), les frais de la
statue de l'Empereur seraient acquittés par une retenue faite
sur le traitement de ses membres, et chargeait Philippe-Laurent
Roland, membre de la classe des beaux-arts, de son exécution.

Portant aussi son attention sur la décoration artistique de la
salle qui allait recevoir cette statue et désirant lui donner une
physionomie digne de ses destinées futures, l'Institut s'occupait d'y réunir les œuvres qui ornaient l'ancienne salle de ses
séances publiques, celle qu'on désigne aujourd'hui au Louvre
sous le nom de *salle des Cariatides.* Bien des difficultés se présentaient pour que ce projet pût recevoir son exécution ; Fon-

Institut National

Classe des Sciences Physiques et Mathématiques.

Paris, le 5 Nivôse au 14 de la République française

taine et Percier, chargés des transformations qui se préparaient, exprimaient le désir de conserver au Louvre les belles statues de Montaigne, par Stouf; de Molé, par Gois; de Montesquieu, par Clodion; de Rollin, par Félix Lecomte; de Montausier, par Mouchy; de Molière et de Corneille, par Caffieri; de Poussin et de la Fontaine, par Julien; de Pascal, par Aug. Pajou et de Racine, par Boizot; de son côté, l'Institut considérait ces œuvres comme lui appartenant à bien des titres. Plusieurs démarches furent tentées de part et d'autre, à la suite desquelles Regnaud de Saint-Jean d'Angély, président de la Commission administrative de l'Institut, communiquait, le 4 février 1806, la lettre suivante donnant pleine satisfaction aux vœux de la Compagnie; cette lettre était adressée par Champagny :

M. le Président, l'Institut conservera les statues dont sa salle est décorée, Sa Majesté me charge de lui en donner l'assurance. Elle n'avait songé à en disposer que parce qu'elle supposait qu'elles devaient rester dans un local que l'Institut abandonne et qui reçoit une autre destination. L'Empereur mettait du prix à les avoir sous les yeux et à les mettre sous les yeux du public. Il les avait considérées avec intérêt. Il avait surtout été frappé de retrouver dans Racine ce caractère de grandeur et de finesse, de beauté noble et délicate, de grâce et de sensibilité qui distingue ses écrits. Mais du moment où je lui ai fait connaître le vœu de l'Institut, Sa Majesté, regardant comme le patrimoine de ce corps ces monuments élevés à la mémoire des grands hommes qui ont honoré les Académies auxquelles il succède, a consenti à lui laisser ces trophées de sa gloire; ainsi l'Institut ne cessera d'avoir sous les yeux ses héros et ses modèles. Sans doute la possession des statues de ces grands hommes lui deviendra plus précieuse, en la regardant comme un témoignage d'estime de celui qui les donne. Je ne peux que me féliciter d'être, dans une pareille occasion, l'interprète des sentiments et des volontés de S. M. l'Empereur.

CHAMPAGNY.

Le 13 du même mois, l'Institut recevait également de Champagny une lettre conçue dans les termes suivants :

J'ai mis sous les yeux de S. M. l'Empereur et Roi les délibérations de l'Institut ayant pour objet l'érection d'une statue dans le local des séances de ce corps et aux frais de ses membres. Si Sa Majesté a vu avec satisfaction cet hommage de la première société littéraire et savante de l'Europe, à qui il appartient, autant que des

contemporains peuvent le faire, de devancer le jugement de la postérité, elle a été encore plus touchée de cette preuve d'attachement
de la part de ceux dont elle aime à se dire le collègue, et pour qui
les relations qu'elle a eues à ce titre, avec eux, lui ont inspiré une
estime particulière. Elle consent donc à l'exécution de cette délibération de l'Institut qui lui donne l'assurance que des hommes distingués par leurs talents et leurs lumières sont aussi de bons citoyens
et des sujets fidèles et dévoués. Elle me charge de le faire connaître
à l'Institut, et en m'acquittant de cette honorable commission, j'ai
à m'applaudir d'être l'interprète des sentiments d'estime et de bienveillance dont Sa Majesté honore l'Institut, et d'avoir une telle occasion de vous renouveler, Monsieur le Président, l'assurance de ma
considération et de mon attachement.

CHAMPAGNY.

En possession de cette autorisation régulière, Roland se mit
immédiatement à l'œuvre et termina sa statue au mois de septembre 1807. L'inauguration en eut lieu le 3 octobre suivant
dans la séance tenue par la classe des beaux-arts pour la distribution des grands prix de peinture et sculpture.

Le Conservatoire de musique, spécialement convoqué pour la
circonstance, y exécuta le chant lyrique suivant, dont Arnault
avait composé les paroles et dont la musique était due à Méhul :

CHANT LYRIQUE

APOLLON.

Dans ce docte palais quel tumulte s'élève ?
Déesses des beaux-arts, de l'histoire, des vers,
Pourquoi suspendez-vous vos leçons, vos concerts ?
Et vous dont l'œil pénètre et dont la main soulève
Les voiles étendus sur les ressorts divers,
Qui font vivre et mouvoir cet immense univers,
A vos hardis travaux, quel motif vous enlève ?
    Une honorable égalité
Doit maintenir la paix dans mon noble domaine ;
Loin d'ici la discorde et sa rage inhumaine.
    J'approuve la rivalité,
    Mais je ne permets pas la haine.

LA POÉSIE.

La haine entre des sœurs ne sauroit habiter,
    Et l'égalité doit s'y plaire.

APOLLON.

D'où vient donc le dépit qui vous semble agiter?

LA POÉSIE.

Si j'éprouve quelque colère,
A la seule Uranie il le faut imputer.

APOLLON.

Uranie! à ses droits auriez-vous fait outrage?

CLIO.

Sur un socle éternel, les arts reconnoissans,
De notre bienfaiteur ont élevé l'image.
Elle y veut la première apporter son hommage,
La première offrir son encens.

URANIE.

Air.

Aux lauriers immortels dont la main de Bellone
Orna cent fois son front guerrier,
Mes sœurs, laissez-moi marier
Les étoiles de ma couronne.
Différent de ces rois qui, d'un œil de dédain,
Ont vu souvent les arts que leur orgueil féconde,
Il saisit chaque jour le compas, de sa main
Qui porte le sceptre du monde.
Avide de tous les succès,
Amoureux de toutes les gloires,
Il m'a souvent admise à ses conseils secrets.
Il m'associe à ses victoires,
Il m'associe à ses bienfaits.
Aux lauriers immortels, etc.

CLIO, LA POÉSIE, LA DÉESSE DES ARTS, *ensemble.*

A l'honneur que vous réclamez,
Comme vous j'ai droit de prétendre.
D'un transport moins vif et moins tendre,
Nos cœurs ne sont pas enflammés.

LA POÉSIE.

Sur moi sa bonté paternelle
Laisse aussi tomber ses regards.

LA DÉESSE DES ARTS.

Du sein d'une langueur mortelle,
N'a-t-il pas tiré tous les arts?

CLIO.

Il est au trône des Césars
Mon protecteur et mon modèle.

LA DÉESSE DES ARTS.

Combien de prodiges nouveaux
Il offre aux pages de l'histoire?

CLIO.

Que de sujets féconds en gloire
Lui devront vos vastes tableaux !

LA POÉSIE.

Puis-je, dans l'ardeur qui m'anime,
Créer un héros plus parfait?
En racontant ce qu'il a fait,
Mon chant le plus simple est sublime.

TOUTES ENSEMBLE.

Aux lauriers immortels dont la main de Bellone
    Orna cent fois son front guerrier,
    Mes sœurs, laissez-moi marier

URANIE.

Les étoiles de ma couronne.

LES AUTRES.

Le laurier dont je me couronne.

APOLLON.

Que ce débat me plaît! Pour votre bienfaiteur
Le plus parfait accord eût été moins flatteur.
Combien j'aime à vous voir, généreuses rivales,
Vous disputer le cœur de cet ami commun
Qui, vous ennoblissant par des faveurs égales,
Protège tous les arts et n'en préfère aucun!
Ce n'est pas d'un art seul, mais des arts tous ensemble,
    Qu'il doit recevoir les tributs.
Donnez-moi ces lauriers; qu'un seul faisceau rassemble
De votre amour pour lui les divers attributs.

E. MAINDRON.   18

S'adressant à la statue.

Reçois, bienfaiteur de notre âge,
Du trône où tu t'assieds entre Thémis et Mars,
Le tribut offert par les arts
Au héros qui les encourage.

De tes bienfaits dans l'avenir
Tu trouveras la récompense.
Un grand siècle vient de finir,
Un plus grand aujourd'hui commence.

Le siècle de Napoléon
Illustré par tant de victoires,
Aux siècles de Louis, d'Auguste et de Léon
Va disputer toutes les gloires.

Artistes, prenez vos pinceaux ;
Poètes, saisissez la lyre.
Préludez aux accords nouveaux
Qu'un si haut sujet vous inspire.

Montrez-vous dignes dans vos vers
Et d'Apollon qui vous seconde,
Et du Héros de l'univers,
Et du premier peuple du monde.

LE CHŒUR GÉNÉRAL.

Artistes, prenez vos pinceaux ;
Poètes, saisissez la lyre.
Préludez aux accords nouveaux
Qu'un si haut sujet vous inspire.

Montrez-vous dignes dans vos vers, etc.

Le bloc de marbre qui servit à l'exécution de la statue de Napoléon valait, en raison de sa beauté et de sa grosseur, 80 francs le pied cube. Il avait 158 pieds 8 pouces et fut payé par l'Institut 12 693 fr. 33. La statue, primitivement érigée dans la salle des séances, sous le dôme du palais, à l'endroit précis où se trouve actuellement le bureau des Académies, a été mise, sans doute au retour des Bourbons, à la place qu'occupait le tombeau de Mazarin, au fond du vestibule dans lequel se trouvent les statues dont nous avons parlé tout à l'heure ; ce vestibule donne accès à la salle et aux couloirs qui la desservent.

STATUE DE NAPOLÉON Iᵉʳ, PAR ROLAND

Au Palais de l'Institut.

La statue de l'Empereur a 7 pieds de haut; Napoléon est représenté debout et revêtu du grand costume impérial, sa main gauche est appuyée sur le sceptre; de la droite, il saisit une couronne de laurier placée au sommet d'un cippe sur lequel a été figurée une Minerve.

Un socle était resté libre dans le vestibule où se trouvaient déjà réunies les statues assises, dont nous avons parlé (1); désireuse de remplir ce vide, la *classe de la langue et de la littérature française* avait pris des dispositions pour s'assurer la possession de la statue de d'Alembert, de Le Comte.

Le procès-verbal de la séance du 31 décembre 1806 fait connaître les décisions qui furent prises à ce sujet :

Un membre prend la parole et dit qu'il existe dans l'atelier de M. Le Comte, statuaire, une statue de M. d'Alembert.

La 2ᵉ classe à laquelle d'Alembert a appartenu au double titre d'Académicien et de Secrétaire perpétuel, veut payer un juste tribut à la mémoire d'un de ses plus illustres membres, en proposant que l'Institut acquierre cette statue, pour la placer dans son sein.

Un piédestal vuide dans la galerie qui précède la salle des séances publiques seroit prêt à la recevoir, et une souscription volontaire ouverte dans le sein de l'Institut donneroit les moyens d'en acquitter le prix fixé par l'artiste à 6000 francs.

La classe adopte à l'unanimité la proposition qui lui est faite, et arrête en conséquence les dispositions suivantes :

1° Il sera établi une souscription formée de 600 actions de 10 francs chacune;

2° Les seuls membres de l'Institut pourront y concourir;

3° Il sera libre à chaque membre de l'Institut de souscrire pour une ou pour plusieurs actions;

4° Il sera ouvert au Secrétariat de l'Institut un registre où chaque souscripteur s'inscrira pour le nombre d'actions qu'il jugera à propos de prendre;

La classe, considérant de plus que la statue de d'Alembert étant destinée à décorer la salle publique de l'Institut, le projet de souscription devoit obtenir l'approbation et le concours des quatre classes qui le composent, en conséquence, elle arrête que le Secrétaire enverra une copie de la délibération aux trois autres classes, en les

(1) Voy. p. 74.

invitant à prendre le projet en considération et à communiquer à la classe les observations ou amendements qu'elles jugeront convenable de proposer.

FRANÇOIS ARAGO,
Secrétaire perpétuel de l'Académie des sciences (1830-1853),
d'après le portrait de Henry Scheffer.

Instruit de ces circonstances, l'Empereur faisait adresser, par Champagny, au Président de la première classe, la lettre suivante, qui fut communiquée à l'Institut dans sa séance générale du 7 avril 1807 :

Paris, le 2 avril 1807.

M. le Président, S. M. l'Empereur me charge de faire connaître à la classe de l'Institut que vous avez l'honneur de présider, sa résolution *de faire placer dans la salle des séances de l'Institut la statue de d'Alembert, celui des mathématiciens françois qui, dans le siècle dernier, a le plus contribué à l'avancement de cette première des sciences.*

L'Empereur désire que la première classe voie dans cette détermination *une preuve de son estime pour elle et de sa volonté constante d'accorder des récompenses et de l'encouragement aux travaux de cette compagnie qui importent tant à la prospérité et aux biens de ses peuples.*

En copiant fidèlement les expressions de la lettre que Sa Majesté m'a fait l'honneur de m'écrire de son camp d'Osterode, le 17 mars 1807, je crois ne pouvoir annoncer à la première classe, d'une manière plus agréable et plus honorable pour elle, la résolution dont j'ai été chargé de lui donner connoissance.

Je me félicite, M. le Président, de ce que Sa Majesté, en me rendant l'interprète de ses nobles dispositions envers la première classe de l'Institut, m'a fourni une telle occasion de vous renouveler l'assurance de ma considération distinguée.

CHAMPAGNY.

Ici se place un incident particulièrement pénible et que nous voudrions pouvoir passer sous silence, tout aussi bien pour Napoléon que pour l'illustre astronome qui le détermina ; cet incident se résume dans ce qui suit :

Le 5 nivôse an XIV (26 décembre 1805), les quatre classes composant l'Institut étaient réunies sur convocation spéciale ; il s'agissait de donner à la Compagnie connaissance d'une lettre adressée de Schœnbrunn par Napoléon, à Champagny, le 22 frimaire précédent (13 décembre). Cette lettre, relative à Jérôme Lalande, était ainsi conçue :

M. Champagny, c'est avec un sentiment de douleur que j'apprends qu'un membre de l'Institut, célèbre par ses connaissances, mais tombé aujourd'hui en enfance, n'a pas la sagesse de se taire et cherche à faire parler de lui, tantôt par des annonces indignes de son ancienne réputation et du corps auquel il appartient, tantôt en professant l'athéisme, principe destructeur de toute organisation sociale, qui ôte à l'homme toutes ses consolations et toutes ses espérances. Mon intention est que vous appeliez auprès de vous le Président et le Secrétaire de l'Institut et que vous les chargiez de faire connaître à ce corps illustre dont je m'honore de faire partie, qu'il ait à mander à M. Delalande et à lui enjoindre, au nom du corps, de ne plus rien imprimer et de ne pas obscurcir dans ses vieux jours ce qu'il a fait dans ses jours de force pour obtenir l'estime des savants ; et si ces invitations fraternelles étaient insuffisantes, je serais obligé de me rappeler aussi que mon premier devoir est d'empêcher que l'on n'empoisonne la morale de mon peuple. Car l'athéisme est destructeur de toute morale, sinon dans les individus, du moins dans les nations.

Sur ce, je prie Dieu qu'il vous ait en sa sainte garde.

NAPOLÉON.

Lecture de cette lettre fut donnée en présence de Lalande qui déclara vouloir se conformer aux intentions qui venaient de lui être exprimées.

Parvenu à l'apogée d'une gloire restée sans rivale, le vaste esprit de Napoléon allait s'affirmer encore par deux créations importantes et qui méritent de fixer particulièrement l'attention : les *Prix décennaux* et le *Concours sur le croup.*

Le premier de ces concours fut institué par les deux décrets qui suivent :

PREMIER DÉCRET. — « Au palais d'Aix-la-Chapelle, le 24 fructidor an XII.

« Napoléon, Empereur des Français, à tous ceux qui les présentes verront, salut ;

« Étant dans l'intention d'encourager les sciences, les lettres et les arts qui contribuent éminemment à l'illustration et à la gloire des nations ;

« Désirant non seulement que la France conserve la supériorité qu'elle a acquise dans les sciences et dans les arts, mais encore que le siècle qui commence l'emporte sur ceux qui l'ont précédé ;

« Voulant aussi connaître les hommes qui auront le plus participé à l'éclat des sciences, des lettres et des arts ;

« Nous avons décrété et décrétons ce qui suit :

« Art. 1er. — Il y aura de dix ans en dix ans, le jour anniversaire du 18 brumaire, une distribution de grands prix donnés de notre propre main dans le lieu et avec la solennité qui seront ultérieurement réglés.

« Art. 2. — Tous les ouvrages de sciences, de littérature et d'arts, toutes les inventions utiles, tous les établissements consacrés aux progrès de l'agriculture et de l'industrie nationales, publiés, connus ou formés dans un intervalle de dix années dont le terme précédera d'un an l'époque de la distribution, concourront pour les grands prix.

« Art. 3. — La première distribution des grands prix se fera le 18 brumaire an XVIII et conformément aux dispositions de l'article précédent ; le concours comprendra tous les ouvrages, inventions ou établissements publiés ou connus depuis l'intervalle du 18 brumaire de l'an VII au 18 brumaire de l'an XVII.

« Art. 4. — Les grands prix seront, les uns de la valeur de dix mille francs, les autres de la valeur de cinq mille francs.

« Art. 5. — Les grands prix de la valeur de dix mille francs seront au nombre de neuf, et décernés : 1° aux auteurs des deux meilleurs ouvrages de sciences, l'un pour les sciences physiques, l'autre pour les sciences mathématiques ;... 3° à l'inventeur de la machine la plus utile aux arts et aux manufactures ; 4° au fondateur de l'établissement le plus avantageux à l'agriculture ou à l'industrie nationale.

« Art. 6. — Les grands prix de la valeur de cinq mille francs seront au nombre de treize, et décernés : 1° aux traducteurs des dix manuscrits de la Bibliothèque impériale, ou des autres bibliothèques publiques de Paris, écrits en langues anciennes ou en langues orientales, les plus utiles soit aux sciences, soit à l'histoire, soit aux belles-lettres, soit aux arts...

« Art. 7. — Ces prix seront décernés sur le rapport et la proposition d'un jury composé des quatre Secrétaires perpétuels des quatre classes de l'Institut et des quatre Présidents en fonctions dans l'année qui précédera celle de la distribution. »

DEUXIÈME DÉCRET. — « Au palais des Tuileries, le 28 novembre 1807.

« Napoléon, Empereur des Français, roi d'Italie et protecteur de la Confédération du Rhin, etc., etc.;

« Nous étant fait rendre compte de l'exécution de notre décret du 24 fructidor an XII, qui institue des prix décennaux pour les ouvrages de sciences, de littérature et d'arts, du rapport du jury institué par ledit décret ;

« Voulant étendre les récompenses et les encouragements à tous les genres d'études et de travaux qui se lient à la gloire de notre empire ;

« Désirant donner aux jugements qui seront portés, le sceau d'une discussion approfondie et celui de l'opinion du public ;

« Ayant résolu de rendre solennelle et mémorable la distribution des prix que nous nous sommes réservé de décerner nous-même ;

« Nous avons décrété et décrétons ce qui suit :

« TITRE Ier. — *De la composition des prix.*

« Art. 1er. — Les grands prix décennaux seront au nombre de trente-cinq, dont dix-neuf de première classe et seize de seconde classe.

« Art. 2. — Les grands prix de première classe seront donnés :
1° aux auteurs des deux meilleurs ouvrages de sciences mathématiques, l'un pour la géométrie et l'analyse pure, l'autre pour les sciences soumises aux calculs rigoureux, comme l'astronomie, la mécanique, etc.;

« 2° Aux auteurs des deux meilleurs ouvrages de sciences physiques, l'un pour la physique proprement dite, la chimie, la minéralogie, etc., l'autre pour la médecine, l'anatomie, etc.;

« 3° A l'inventeur de la machine la plus importante pour les arts et manufactures;

« 4° Au fondateur de l'établissement le plus avantageux à l'agriculture;

« 5° Au fondateur de l'établissement le plus utile à l'industrie.

« Art. 3. — Les grands prix de seconde classe seront décernés :
1° à l'auteur de l'ouvrage qui fera l'application la plus heureuse des principes des sciences mathématiques ou physiques à la pratique;...
10° à l'auteur de l'ouvrage topographique le plus exact et le mieux exécuté.

« Art. 4. — Outre le prix qui lui sera décerné, chaque auteur recevra une médaille qui aura été frappée pour cet objet.

« TITRE II. — *Du jugement des ouvrages.*

« Art. 5. — Conformément à l'article 7 du décret du 24 fructidor an XII, les ouvrages seront examinés par un jury composé des Présidents et Secrétaires perpétuels de chacune des quatre classes de l'Institut. Le rapport du jury, ainsi que le procès-verbal de ses séances et de ses discussions, seront remis à notre ministre de l'intérieur, dans les six mois qui suivront la clôture du concours.

« Le concours de la seconde époque sera fermé le 9 novembre 1818.

« Art. 6. — Le jury du présent concours pourra revoir son travail jusqu'au 15 février prochain, afin d'y ajouter tout ce qui peut être relatif aux nouveaux prix que nous venons d'instituer.

« Art. 8. — Chaque classe fera une critique raisonnée des ouvrages qui ont balancé les suffrages, de ceux qui ont été jugés dignes d'approcher du prix, et qui ont reçu une mention spécialement honorable.

« Art. 9. — Les critiques seront rendues publiques par la voie de l'impression...

« Art. 10. — Notre ministre de l'intérieur nous soumettra, dans le cours du mois d'août suivant, un rapport qui nous fera connaître le résultat des discussions.

« Art. 11. — Un décret impérial décernera les prix.

« TITRE III. — *De la distribution des prix.*

« Art. 12. — La première distribution des prix aura lieu le 9 novembre 1810, et la seconde distribution le 9 novembre 1819, jour anniversaire du 18 brumaire. Ces distributions se renouvelleront ensuite tous les dix ans, à la même époque de l'année.

« Art. 13. — Elles seront faites par Nous, en notre palais des Tuileries, où seront appelés les Princes, nos Ministres et nos Grands officiers, des députations des grands corps de l'État, le Grand maître et le conseil de l'Université impériale, et l'Institut en corps.

« Art. 14. — Les prix seront proclamés par notre Ministre de l'intérieur, les auteurs qui les auront obtenus recevront de notre main les médailles qui en consacreront le souvenir.

« Art. 15. — Notre Ministre de l'intérieur est chargé de l'exécution du présent décret, qui sera inséré au *Bulletin des Lois.* »

Dès la réception du premier des documents qu'on vient de lire, le jury, régulièrement constitué, tint de nombreuses séances, à la suite desquelles il se préoccupa de recueillir les matériaux nécessaires à l'examen des ouvrages sur la valeur desquels il allait être appelé à se prononcer.

Un programme, dont le jury avait adopté la rédaction le 22 juillet 1808, fut transmis au ministre Cretet et publié par ses soins (1).

Le décret du 28 novembre 1809 modifiait sensiblement les conditions dans lesquelles les prix devaient être primitivement décernés. Pour ce nouveau concours, deux cent soixante-quatorze ouvrages furent inscrits et examinés; les opérations du jury furent délicates et longues, et c'est seulement au mois d'octobre 1810 qu'elles purent prendre fin. Pour la première classe de l'Institut, les décisions auxquelles elles donnèrent lieu furent les suivantes :

(1) Voy. *les Fondations de prix à l'Académie des sciences,* par E. Maindron. Paris, Gauthier-Villars, 1881, 1 vol. in-4°.

Premier grand prix de première classe, destiné au meilleur ouvrage de géométrie ou d'analyse pure. — Commissaires : Laplace, Monge, Prony. — Rapport du 13 août 1810. — Lauréat proposé : LAGRANGE.

Second grand prix de première classe, destiné au meilleur ouvrage dans les sciences soumises aux calculs rigoureux, comme l'astronomie, la mécanique.—Commissaires : Delambre, Burckhardt, Lacroix. — Rapport du 13 août 1810. — Lauréat proposé : LAPLACE.

Troisième grand prix de première classe, destiné au meilleur ouvrage de physique proprement dite, de chimie, de minéralogie, etc. — Commissaires : Lelièvre, Haüy, Vauquelin, Charles et Desfontaines. — Rapport du 20 août 1810. — Lauréat proposé : BERTHOLLET.

Quatrième grand prix de première classe, destiné à l'auteur du meilleur ouvrage sur la médecine, l'anatomie, etc. — Commissaires : Sabatier, Pelletan, Hallé. — Rapport du 1er octobre 1810. — Lauréat proposé : CUVIER.

Cinquième grand prix de première classe, destiné à l'inventeur de la machine la plus importante pour les arts et manufactures. — Commissaires : Charles, Prony, Malus. — Rapport du 3 septembre 1810. — Lauréat proposé : MONTGOLFIER.

Sixième grand prix de première classe, destiné au fondateur de l'établissement le plus avantageux à l'agriculture. — Commissaires : Thouin, Tessier, Silvestre. — Rapport du 20 août 1810. — Lauréat proposé : l'établissement de LA MANDRIA, de Chivas, département de la Doire.

Septième grand prix de première classe, destiné au fondateur de l'établissement le plus utile à l'industrie. — Commissaires : Prony, Périer, Chaptal, Berthollet. — Rapport du 20 août 1810. — Lauréat proposé : OBERKAMPF.

Premier grand prix de seconde classe, destiné à l'ouvrage qui era l'application la plus heureuse des principes des sciences mathématiques ou physiques à la pratique. — Commissaires : Laplace, Guyton, Charles, Vauquelin, Arago. — Rapport du 27 août 1810. — Lauréat proposé : LA BASE DU SYSTÈME MÉTRIQUE DÉCIMAL.

Deuxième grand prix de seconde classe, destiné à l'ouvrage topographique le plus exact et le mieux exécuté. — Commissaires : Carnot, Cassini, Buache. — Rapport du 27 août 1810. — Lauréat proposé : LA CARTE TOPOGRAPHIQUE DE LA GUYENNE, par BELLEYME.

Les trois autres classes de l'Institut avaient terminé, elles aussi, leur travail sur les prix décennaux; mais les événements

ne permirent pas de les décerner, et cette belle et grande institution disparut avec l'Empire.

L'origine du second concours est moins connue.

M. J.-P. FLOURENS,
Secrétaire perpétuel de l'Académie des sciences (1853-1868),
d'après le portrait lithographié par A. Lemoine

Le 5 mars 1807, Napoléon-Charles, le premier des fils de
Louis Bonaparte et de Hortense de Beauharnais, frère aîné de
Napoléon III, mourait emporté par le croup. Profondément
ému de cette mort, l'Empereur, peu de jours avant la bataille

de Friedland, adressait à Champagny, ministre de l'Intérieur, les ordres nécessaires pour qu'un concours fût institué en vue de rechercher les moyens d'arrêter les progrès du croup et d'en prévenir l'invasion. Conformément à ces ordres, le 21 juillet 1807, Champagny transmettait à la première classe un arrêté ainsi conçu :

Le Ministre de l'intérieur, en exécution de l'ordre donné par S. M. l'Empereur, le 4 juin dernier, au quartier général de Finckenstein, d'ouvrir un concours sur la maladie connue sous le nom de *croup*, dont l'objet sera un prix de *douze mille francs* pour le meilleur ouvrage sur le traitement de cette maladie, et vu le rapport de l'École de médecine de Paris, en date du 16 du courant, arrête :

Art. 1er. — Il est ouvert un concours sur le sujet suivant : « Déterminer, d'après les monuments pratiques de l'art et d'après des observations exactes, les caractères de la maladie connue sous le nom de *croup*, et la nature des altérations qui la constituent; les circonstances extérieures et intérieures qui en déterminent le développement; ses affinités avec d'autres maladies; en établir, d'après une expérience constante et comparée, le traitement le plus efficace; indiquer le moyen d'en arrêter les progrès et d'en prévenir l'invasion. »

Art. 2. — Tous les médecins nationaux et étrangers sont appelés au concours proposé pour le traitement curatif et préservatif du *croup*...

Art. 6. — Tous les mémoires destinés au concours devront être adressés au Ministre de l'intérieur. Pour donner lieu à un renouvellement suffisant des circonstances qui peuvent favoriser les expériences et les observations, le concours ne sera fermé qu'au 1er janvier 1809. Ce terme passé, les mémoires qui parviendraient ne seront point admis au concours.

Art. 7. — Une commission spéciale sera chargée de faire un rapport au Ministre sur les ouvrages admis au concours. Cette commission sera composée de douze membres dont quatre seront pris dans la classe des sciences physiques et mathématiques de l'Institut, quatre parmi les professeurs de l'École de médecine de Paris qui ne feront point partie de l'Institut, et les quatre autres dans le corps des médecins de Paris.

Art. 8. — Il sera décerné un prix de *douze mille francs* au médecin auteur du meilleur mémoire sur la nature du *croup* et sur les moyens de prévenir cette maladie ou d'assurer le succès de son traitement...

Le 25 juillet 1809, le Ministre informait l'Institut qu'il avait pris un arrêté par lequel le concours était prorogé au 31 du même mois. La Commission composée de : Des Essartz, Hallé, Pinel, Portal, membres de l'Institut ; Corvisart, premier médecin de l'Empereur et roi ; Chaussier, Leroux, professeurs de la Faculté de médecine ; Lepreux, premier médecin de l'Hôtel-Dieu ; Balleroy, Duchanoy, docteurs en médecine ; Royer-Collard, docteur en médecine, inspecteur général de l'Université impériale ; Thouret, doyen de la Faculté de médecine, président, se réunit au palais de l'Institut, pour la première fois, le 3 août 1809. Le 23 du même mois, Thouret étant décédé, Lepreux fut nommé président.

Dans la séance du 15 mai 1811, la Commission adopta les conclusions d'un rapport qui lui fut présenté par Royer-Collard.

Ces conclusions furent approuvées par une lettre ministérielle du 14 août.

Le prix fut partagé entre Jurine, de Genève, et Jean-Abraham Albert, de Bremen ; Vieusseux, médecin à Genève, Caillau, médecin à Bordeaux, Double, médecin à Paris, obtinrent chacun une mention honorable.

Un anonyme, dont le mémoire était inscrit sous le n° 17, fut cité honorablement.

A la fin du mois de juillet 1807, Napoléon rentrait à Paris après avoir conclu la paix à Tilsitt. Supprimant le Tribunat, dernier vestige de liberté représentative que conservât encore la Constitution française, il organisait aussitôt l'expédition de Portugal et la fatale campagne d'Espagne qui devait préparer son renversement, et qu'il jugeait lui-même, à Sainte-Hélène, avec la plus grande sévérité.

Quelles qu'aient été cependant les préoccupations qui l'assiégeaient, l'Empereur rappelait à l'Institut l'arrêté consulaire du 13 ventôse an X (4 mars 1802) par lequel la Compagnie était chargée de rendre compte au Gouvernement des *progrès accomplis en France, dans les sciences, les lettres et les arts depuis* 1789.

Cet arrêté était conçu dans les termes qui suivent :

Paris, le 13 ventôse an X de la République française
une et indivisible.

Les Consuls de la République, sur le rapport du Ministre de l'intérieur, le Conseil d'État entendu, arrêtent :

Article Ier. — L'Institut national de France formera un tableau général de l'état et des progrès des sciences, des lettres et des arts, depuis 1789 jusqu'au 1er vendémiaire an X.

Ce tableau, en trois parties correspondantes à chacune des classes de l'Institut, sera présenté au Gouvernement dans le mois de fructidor an XI.

Il en sera formé et présenté un semblable tous les cinq ans.

Art. II. — Ce tableau sera porté au Gouvernement par une députation de chaque classe de l'Institut.

La députation sera reçue par les Consuls en Conseil d'État.

Art. III. — A la même époque, l'Institut national proposera au Gouvernement ses vues concernant les découvertes dont il croira l'application utile au service public; les secours et encouragements dont les sciences, les arts et les lettres auront besoin, et le perfectionnement des méthodes employées dans les diverses branches de l'enseignement public.

Art. IV. — Le Ministre de l'intérieur est chargé de l'exécution du présent arrêté, qui sera inséré au *Bulletin des Lois*.

Le Premier Consul, BONAPARTE.

Par le Premier Consul, le Secrétaire d'État,
HUGUES B. MARET.

Le 6 octobre 1807, l'Institut, réuni en assemblée générale, délibérait à ce sujet et adoptait la forme dans laquelle serait présenté le tableau dont l'exécution lui incombait :

Le rapport demandé à l'Institut par l'arrêté du Gouvernement du 10 ventôse au XIII, sera divisé en cinq discours ou traités :

Un pour les Sciences mathématiques;

Un pour les Sciences physiques;

Un pour la Littérature française;

Un pour l'Histoire et la Littérature ancienne;

Un pour les Beaux-Arts.

Chacun de ces discours sera censé adressé personnellement à S. M. I. par la classe dont il émanera.

Ces discours seront historiques et suffisamment détaillés pour que S. M. I. puisse y prendre une idée nette des progrès de chaque ordre de connaissance et des travaux qui ont contribué à ces progrès.

Dans les genres de connaissance qui le comportent, les travaux des Étrangers seront mentionnés avec ceux des Français autant que les circonstances et les notions qu'on peut en avoir le permettront.

Chaque classe terminera son rapport particulier, en donnant, ainsi que l'Empereur le demande, son avis sur les moyens d'encourager les Sciences et les Arts dont elle s'occupe, et sur ceux d'en perfectionner l'enseignement.

Lorsque les rapports auront été lus et approuvés par les Bureaux

Membre de l'Institut (1812).

des classes particulières, on les communiquera aux quatre Bureaux assemblés.

En attendant, les rédacteurs nommés par les classes se concerteront entre eux pour donner autant que possible à leurs rapports une forme commune et s'efforceront d'en faire, en quelque sorte, cinq parties d'un même ouvrage.

Les classes et leurs rédacteurs feront en sorte que leurs rapports puissent être présentés aux Bureaux assemblés dans le commencement de décembre, afin que l'Empereur puisse les recevoir au terme fixé du 1er janvier.

Pour cet effet, ils seront lus aux Bureaux des classes dans le courant de novembre.

Les Commissaires particuliers des classes seront incessamment invités à remettre leurs notes avant la fin du mois d'août.

Lorsque l'Empereur jugera à propos de recevoir le rapport général, le Président se bornera à lui faire, dans un discours, l'exposé sommaire de tout l'ouvrage.

Les rédacteurs présenteront ensuite chacun leurs rapports copiés sur des cahiers de forme semblable et tels qu'ils puissent être imprimés ensemble, si S. M. I. y consent.

C'est seulement le 6 février 1808 que la première classe put être reçue à la barre du Conseil d'État, en audience solennelle. Bougainville, son Président, y prononça le discours qui suit :

Sire. Votre Majesté impériale et royale a ordonné que les classes de l'Institut viendraient dans son Conseil lui rendre compte de l'état des sciences, des lettres et des arts, et de leurs progrès depuis 1789.

La classe des sciences mathématiques et physiques s'acquitte aujourd'hui de ce devoir, et si je me présente à la tête des savants qui la composent, c'est à mon âge que je dois cet honneur.

Mais, Sire, telle est la diversité des objets dont cette classe s'occupe, que, même avec la précision dont un savoir profond et l'esprit d'analyse donnent la faculté, le rapport qui en contient l'exposé exige une grande étendue.

Ce n'est donc que de l'esquisse et, pour ainsi dire, de la préface de leur ouvrage que MM. Delambre et Cuvier vont faire lecture.

Je ne me permets qu'une seule observation, c'est que l'époque de 1789 à 1808, en même temps qu'elle sera pour les événements politiques et militaires une des plus mémorables dans les fastes des peuples, sera aussi une des plus brillantes dans les annales du monde savant.

La part qui est due aux Français pour le perfectionnement des méthodes analytiques qui conduisent aux grandes découvertes du système du monde et pour les découvertes mêmes dans les trois règnes de la nature prouvera que, si l'influence d'un seul homme a fait des héros de tous nos guerriers, nos savants honorés par la protection de Votre Majesté, qu'ils ont vue dans leurs rangs, sont en droit d'ajouter des rayons à la gloire nationale.

Delambre et Cuvier lurent ensuite un lumineux rapport dans

equel se trouvent exposés avec la plus parfaite méthode et le
savoir le plus profond les travaux accomplis dans la science,
pendant la période la plus importante qu'il soit donné de
parcourir.

J.-J. FOURIER,
Secrétaire perpétuel de l'Académie des sciences (1822-1830),
d'après le portrait lithographié par J. Boilly.

Après la lecture de ce rapport, Napoléon prononça les paroles
suivantes :

MM. les Présidents, Secrétaires et Députés de la première classe
de l'Institut, j'ai voulu vous entendre sur les progrès de l'esprit
humain dans ces derniers temps, afin que ce que vous auriez à me
dire fût entendu de toutes les nations et fermât la bouche aux

E. MAINDRON.   19

détracteurs de notre siècle, qui, cherchant à faire rétrograder l'esprit humain, paraissent avoir pour but de l'éteindre.

J'ai voulu connaître ce qui me restait à faire pour encourager vos travaux, pour me consoler de ne pouvoir plus concourir autrement à leur succès. Le bien de mes peuples et la gloire de mon trône sont également intéressés à la prospérité des sciences.

Mon Ministre de l'intérieur me fera un rapport sur toutes vos demandes ; vous pouvez compter constamment sur les effets de ma protection.

Le 20 février, la classe de littérature ancienne était admise à son tour à la barre du Conseil ; son Président, Lévesque, et son Secrétaire perpétuel, Dacier, y étaient successivement entendus ; le 27 février, la classe de la langue et de la littérature françaises obtenait aussi l'audience qu'elle avait sollicitée ; Chénier était son éloquent rapporteur ; enfin, le 5 mars, l'Empereur recevait la classe des beaux-arts. Bervic, son Président, prononçait un discours, et le rapport était lu par le Secrétaire perpétuel Lebreton.

Est-il nécessaire de dire que ces rapports, imprimés par les soins de l'Institut, peuvent être, aujourd'hui encore, considérés comme l'œuvre la plus remarquable, la plus complète et la plus utile à consulter, et qu'elle fait le plus grand honneur, tout aussi bien à ses auteurs qu'au corps illustre qu'ils avaient mission de représenter ?

Les événements suivaient un cours rapide : l'Espagne luttait avec l'énergie du désespoir contre l'invasion française ; l'Autriche, profitant habilement de la présence de la grande armée dans la Péninsule, tentait de se relever de ses anciennes défaites ; mais, vaincue encore, son armée se retirait sur la rive gauche du Danube et y engageait une série de désastreux combats qui se terminaient par la bataille de Wagram où elle était anéantie. La paix, sollicitée alors par l'archiduc Charles, était signée à Vienne le 14 octobre 1809.

Le conquérant revient à Paris qu'il a, une fois de plus, enivré de succès et de gloire, l'Institut partage la joie du pays et son admiration pour le souverain qu'il s'est donné ; le 16 novembre 1809, la Compagnie est reçue en audience particulière, et son

Président, Boissy d'Anglas, lui exprime les sentiments qui l'animent.

Sire, dit-il, l'Institut de France vient offrir à V. M. le tribut de fidélité et de respect, d'amour et d'admiration que lui apportent de toutes parts les nombreux sujets qui lui obéissent. Veuillez, Sire, agréer l'expression de la joie qu'il éprouve en vous voyant de retour dans votre capitale, triomphant de tous les dangers et rayonnant d'une gloire nouvelle. Nous partageons l'allégresse publique excitée par votre auguste présence, et ce jour qu'elle rend solennel est aussi pour nous un jour de fête et de bonheur; mais sensibles comme nous devons l'être aux bontés particulières dont V. M. se plaît à honorer ceux qui cultivent plus assidûment les arts, les sciences et les lettres, souffrez, Sire, qu'après vous avoir exprimé des sentiments qui nous sont communs avec les autres sujets de votre Empire, qu'après vous avoir remercié avec eux des nombreux bienfaits que nous vous devons tous ensemble, nous osions vous entretenir de notre reconnaissance personnelle.

C'est à l'ombre de votre auguste protection que se développent avec le plus d'éclat toutes les lumières de l'esprit humain et que ses progrès reçoivent une activité nouvelle. Votre voix fait naître les succès, vos institutions les assurent, vos encouragements les honorent. Toutes les parties des connaissances humaines sont favorisées par V. M., toutes les créations du génie sont récompensées par elle. Elle daigne appeler auprès de son trône les savans les plus justement célèbres et faire rejaillir sur eux une partie de sa splendeur; elle associe leurs théories aux hautes conceptions du Gouvernement, elle les consulte, elle les écoute, et souvent en partageant leurs travaux, elle prouve qu'aucun genre de gloire ne devait lui être étranger. Elle donne de judicieux avis à l'artiste, elle lui prescrit des créations dignes d'immortaliser sa mémoire; elle promet par ses hauts faits une célébrité non moins durable à l'historien et au poète et rend leur gloire plus certaine. Oui, Sire, vous agrandissez le domaine de la poésie et de l'histoire. Vous ouvrez à toutes les deux une carrière brillante et nouvelle. Vous offrez à l'une, le héros le plus digne du génie qui l'inspire, et à l'autre les plus mémorables actions que son burin puisse consacrer.

Nos historiens et nos poètes échapperont à l'oubli, en fondant leur renommée sur celle de V. M. Ils s'attacheront à votre grand nom pour que les leurs ne périssent point, et la postérité reconnaissante, à cause de son admiration pour vous, de leurs travaux et de leurs veilles, honorera d'une grande gloire ceux qui auront le mieux retracé la vôtre.

Eh! qui pourrait rester insensible à l'aspect de tant de merveilles, de tant de hauts traits dont un seul suffirait sans doute à l'immortalité d'un homme et même à l'éclat d'un siècle? La poésie, pour les célébrer dignement, n'aura qu'à parler le langage de l'Histoire. Mais l'obligation la plus difficile de celle-ci sera de rendre ses récits croyables. L'une et l'autre, Sire, sauront peindre ce vaste génie qui dans ses profondes méditations ne laisse rien s'échapper d'utile, saisit les détails et l'ensemble et produit toujours un grand résultat; cet esprit aussi étendu que flexible, aussi mobile que laborieux, qui dans chacune des nombreuses et importantes choses qu'il embrasse, se montre tellement habile, qu'on croirait qu'elle a été jusqu'alors l'unique objet de ses plus constantes études.

Elles peindront ce grand caractère qui n'appartient qu'à V. M., plus étonnant peut-être encore que tout ce qu'elle nous fait admirer d'ailleurs, ce caractère inébranlable et magnanime, le plus beau présent que la nature ait fait au génie, et qui toujours uniquement accessible aux plus nobles passions de l'âme, ajoute à la souveraine puissance tout ce qu'il faut pour qu'elle soit toujours un bienfait; ce caractère enfin qui fait que V. M. ne connaissant aucun repos tant qu'il lui reste une grande action à faire, part avec la rapidité de l'éclair, au premier bruit d'une imprudente agression, devance ses propres armées, en crée d'autres en présence même de celles qui avaient osé la menacer, délivre les États envahis de l'un de ses alliés les plus fidèles, et quand Elle a vaincu, triomphe encore du plus légitime ressentiment, dicte une seconde fois la paix, du palais même de son ennemi, et fait admirer sa modération aux lieux que venait d'étonner le spectacle de sa puissance.

Elles retraceront ces vertus guerrières, ces innombrables et brillans exploits qui placent V. M. au premier rang des grands capitaines, et quand elles auront rappelé les trophées de tant de victoires, elles vous montreront, Sire, aussi grand dans la paix que dans la guerre, dans l'administration intérieure que dans les cabinets de la politique, dans vos conseils qu'à la tête de vos armées, et toujours également admirable, tantôt dictant ce code immortel que nos voisins nous ont envié dès qu'ils l'ont connu, que plusieurs se sont empressés d'adopter, et qui deviendra la loi de l'Europe, tantôt couvrant la France de monuments impérissables comme votre gloire; réunissant les mers par de nouveaux fleuves et les contrées les plus éloignées par des routes magnifiques et faciles, perçant les Alpes et les Pyrénées et ne permettant à aucun des obstacles que la nature avait pu créer, de séparer plus longtemps des provinces unies entr'elles par les bienfaits de votre Gouvernement et par les mêmes sentiments de reconnaissance et d'amour.

Elles vous montreront, Sire, appelant l'ordre le plus parfait dans toutes les parties de votre administration, établissant le crédit public sur l'exactitude et sur la justice, ouvrant de tous les côtés de nouveaux canaux à la prospérité générale, assurant à tous l'instruction, cette garantie du bonheur des peuples, fondant la liberté des cultes et des opinions religieuses, et nous rendant l'empire sacré de la morale et des bonnes mœurs.

En retraçant ces grandes choses, Sire, elles y ajouteront d'autres récits non moins précieux pour l'équitable postérité, elles diront qu'aucun revers ne troubla jamais vos mémorables triomphes ; que la fortune, inconstante pour tous les hommes, ne le fut jamais pour V. M. ; que pour la première fois aussi, l'ingratitude des contemporains ne vint point affliger le grand Homme ; que les vôtres, Sire, furent toujours justes dans leurs sentiments pour vous, comme le sera l'avenir ; et lorsqu'elles auront dit encore, pour achever de faire connaître votre grande âme, que dans tout le cours de ses immortelles actions, l'amour de ses sujets fut la première récompense que se proposa V. M., elles ajouteront, Sire, que cet amour fit le charme de votre belle vie et que le plus grand homme des temps modernes en fut aussi le plus heureux.

Napoléon est parvenu à l'apogée de sa puissance. Pendant trois années l'Europe va jouir enfin d'un peu de calme qui permettra au vainqueur d'organiser son vaste empire ; seule la Péninsule lutte encore. C'est alors que l'Empereur regrette de n'avoir point d'héritier direct, et que, rompant les liens qui l'unissent à Joséphine, il épouse, le 2 avril 1810, l'archiduchesse Marie-Louise.

A cette occasion l'Institut s'émeut et manifeste l'intention de célébrer dignement cet événement que personne encore ne considère comme une faute politique ; le 12 mars, la Commission administrative se réunit extraordinairement et examine les projets d'illumination du palais qu'elle a demandés à son architecte Vaudoyer ; elle adopte le suivant, dont la mise à exécution nécessite une dépense de 8892 fr. 60.

PROJET D'ILLUMINATION

1° Le Péristyle du milieu sera formé en colonnes, entablement et fronton, couvert de lampions de fer-blanc ;

2° Il y aura dans le tympan du fronton un transparent où seront peints le buste de Minerve et les attributs des Lettres, des Sciences et des Arts, ce transparent aura sept toises superficielles ;

3° Il y aura dans la frise une inscription en verres de couleur portant : Palais de l'Institut de France ;

4° Dôme : les cinq arcades de face du dôme seront entourées de lampions en terrines ;

5° La corniche du dôme, la balustrade, et la corniche de la lanterne seront entourées de terrines ;

6° Les arrière-corps et les parties circulaires seront décorées de deux cordons : l'un à la corniche, l'autre à l'imposte, de lampions en terrines, sans entourage de croisées ni d'arcades ;

7° Gros pavillons : Il y aura aux deux gros pavillons deux cordons de terrines sur trois faces, l'un à la corniche, l'autre à l'imposte ;

8° Les dix arcades et dix croisées qui décorent chacun de ces pavillons, seront entourées de lampions de fer-blanc sur bâtis ;

9° M. Vaudoyer, architecte, est autorisé à faire exécuter ces travaux ;

10° M. Dufourny est nommé commissaire pour surveiller l'exécution du présent arrêté.

A la fin de cette année, la France a trente départements maritimes ; sa carte présente vingt-quatre degrés de longitude sur sept degrés de latitude ; elle est habitée par 41 millions d'hommes. Le moment n'est pas loin pourtant où l'auteur de ces prodiges va se briser à toutes les haines qu'il a, comme à plaisir, accumulées sur son passage, à toutes les ambitions qu'il a fait naître et qu'il n'a déjà plus la force de satisfaire, de dompter ou de vaincre.

Bientôt va commencer la fatale et désastreuse campagne de 1812, après laquelle viendront les défections, puis la campagne de 1813, dans laquelle de grands succès sont encore réservés à nos armes. La bataille de Lutzen, celles de Bautzen et de Wurtschen, remportées sur les Prussiens et les Russes, donnent la mesure du dévouement que Napoléon peut attendre d'une armée jeune et inexpérimentée, il est vrai, mais reconstituée et conduite par une main savante. Ému lui-même, à la vue de ces conscrits dont le patriotisme a fait des héros, l'Empereur veut perpétuer le souvenir de ces combats glorieux.

Le 22 juin 1813, l'Institut, réuni extraordinairement, recevait de Montalivet les documents suivants :

Paris, le 12 juin 1813.

Le Ministre de l'intérieur, comte de l'empire, à M. le Président de l'Institut de France.

M. le Président, l'empereur a voulu consacrer par un grand
monument la victoire mémorable qu'il a remportée à Wurtschen,
aux plaines de la Sprée, avec ses troupes françaises et italiennes sur
les armées combinées de la Prusse et de la Russie. Sa Majesté a
rendu à cet égard un décret le 22 mai dernier sur le champ de
bataille même.

P.-L. DULONG,
Secrétaire perpétuel de l'Académie des sciences (1832-1833),
d'après le portrait gravé par A. Tardieu.

Un autre décret (en date du 10 juin) affecte 25 millions à ce
monument qui sera élevé sur le mont Cenis et sur lequel seront inscrits les noms de tous les cantons de la France et de l'Italie. C'est
un glorieux témoignage de satisfaction que l'auguste monarque veut
donner à ses peuples, de l'entier dévouement dont ils ont fait preuve
lorsqu'en ces derniers temps, ils se sont portés de toutes parts sous
ses aigles, pour aller vaincre et repousser au loin les ennemis de
l'empire et de ses alliés.

Les Instituts de France, d'Italie et d'Amsterdam, ainsi que les académies de Rome, de Florence et de Turin sont chargés de nommer des commissaires et de prendre tous les moyens convenables pour dresser les plans du monument à ériger.

Sa Majesté sait qu'elle trouvera dans ces Compagnies toutes les lumières et tous les sentiments qui peuvent inspirer des projets dignes de l'événement qu'il s'agit d'éterniser et propres à remplir aussi les vues d'utilité publique qui ne sortent jamais de la pensée du souverain.

Je vous envoie, M. le Président, une ampliation de chacun des décrets du 22 mai et du 10 courant.

J'ai écrit aux différentes Sociétés qui ont des dispositions à faire en cette occasion. Je leur ai recommandé de bien faire en sorte que les projets qu'elles auront adoptés me parviennent avant le 1er novembre pour vous être remis.

J'ai écrit également à M. le Ministre des relations extérieures d'Italie au sujet des projets à envoyer par l'Institut de ce royaume.

De votre côté, M. le Président, provoquez, je vous prie, sans retard toutes les mesures qui doivent assurer, en ce qui vous concerne, l'exécution des ordres de Sa Majesté.

Quand les plans des diverses Académies m'auront été adressés, que je vous les aurai transmis, qu'ils auront été examinés à l'Institut impérial de France, vous m'en ferez le rapport afin que je sois à même d'en rendre compte cet hiver à l'empereur, pour que le monument puisse être commencé au printemps prochain.

Recevez, etc.

MONTALIVET.

DÉCRETS.

En notre camp impérial de Klein-Baschewitz, sur le champ de bataille de Wurtschen, le 22 mai 1813, à 4 heures du matin.

Napoléon, empereur des Français, roi d'Italie, protecteur de la Confédération du Rhin, etc., etc.

Nous avons décrété et décrétons ce qui suit :

Art. 1er. — Un monument sera élevé sur le mont Cenis. Sur la face de ce monument qui regardera le côté de Paris seront inscrits les noms de tous nos cantons des départements en deçà des Alpes. Sur la face qui regardera Milan seront inscrits les noms de tous nos cantons des départements au delà des Alpes et de notre royaume d'Italie.

A l'endroit le plus apparent du monument sera placée l'inscription suivante :

« L'empereur Napoléon sur le champ de bataille de Wurtschen a ordonné l'érection de ce monument comme un témoignage de sa reconnaissance envers ses peuples de France et d'Italie et pour transmettre à la postérité la plus reculée le souvenir de cette époque célèbre, où, en trois mois, 1 200 000 hommes ont couru aux armes pour assurer l'intégrité du territoire de l'empire et de ses alliés. »

Art. 2. — Nos Ministres de l'intérieur de France et d'Italie sont chargés de l'exécution du présent décret.

NAPOLÉON.

Au nom de S. M. l'empereur et roi, etc.,

Nous l'impératrice reine et régente, etc.,

Vu le décret de S. M. l'empereur et roi, notre très cher époux et souverain en date du 22 mai, du champ de bataille de Wurtschen.

Nous avons décrété et décrétons ce qui suit :

Art. 1er. — L'Institut de France, celui du royaume d'Italie, les académies de Rome, d'Amsterdam, de Turin et de Florence, nommeront des commissaires et prendront tous les moyens qu'ils jugeront les plus convenables pour présenter un projet de monument à élever sur le mont Cenis pour réaliser les intentions de l'empereur.

Art. 2. — Ce monument devra, autant qu'il sera possible, sans se détourner de sa destination principale et sans nuire à sa durée, offrir en même temps un avantage d'utilité publique.

Art. 3. — Vingt-cinq millions sont consacrés à son exécution. Les devis ne devront pas dépasser cette somme.

Art. 4. — L'Institut d'Italie et les différentes académies enverront au Président de l'Institut de France les projets qu'ils auront adoptés. Ces envois devront avoir lieu d'ici au 1er novembre prochain, afin que les projets puissent être soumis à Sa Majesté dans le courant de l'hiver et le monument commencé au printemps prochain.

Art. 5. — Les Ministres de l'intérieur de France et d'Italie sont chargés de l'exécution du présent décret.

Donné en notre palais de Saint-Cloud le 10 juin 1813.

MARIE-LOUISE.

Paris, le 21 juin 1813.

Le Ministre de l'intérieur, comte de l'empire, à M. Delambre, chevalier de l'empire, Secrétaire perpétuel de la première classe de l'Institut impérial de France (pour les sciences mathématiques).

M. le Secrétaire perpétuel, le 12 de ce mois j'ai notifié à l'Institut impérial de France les décrets des 22 mai dernier et 10 du courant, tous deux relatifs à l'érection d'un monument sur le mont Cenis pour consacrer la mémoire de la célèbre victoire de Wurtschen.

Ces décrets feront époque dans les arts, et trop de soins ne peuvent être apportés à leur exécution.

Des commissions chargés spécialement de la rédaction des projets doivent être prises dans le sein des Instituts de France, d'Italie, d'Amsterdam et des Académies de Rome, de Florence et de Turin.

J'ai pensé que je devais vous entretenir du mode à adopter pour la formation de la commission à créer dans l'Institut impérial.

La quatrième classe, la classe des beaux-arts, paraît d'abord être principalement appelée à s'occuper du monument à ériger. Mais les autres classes ont droit aussi à intervenir en cette circonstance et de cette réunion de toutes les classes, il y aura lieu d'attendre que les plans dressés seront dignes de fixer l'attention de l'empereur pour le choix du style du monument, de sa position, des inscriptions qui pourront accompagner celles que Sa Majesté elle-même a dictées.

Le parti auquel je croirais qu'il conviendrait de se fixer, ce serait de composer une commission de sept membres, dont quatre à nommer par la classe des beaux-arts et un dans chacune des autres classes.

La commission ainsi composée dresserait un projet.

Les classes prendraient, chacune en particulier, connaissance de ce projet et feraient, par l'organe des membres de la commission, désignés dans leur sein, les observations dont le travail leur semblerait être susceptible.

Le projet étant ensuite discuté de nouveau et définitivement arrêté par la commission, celle-ci en ferait son rapport.

Mais ce rapport encore ne serait joint aux projets des autres Académies et adressé au Ministre pour être soumis à l'empereur, qu'accompagné d'un avis motivé de chacune des classes.

Telles sont les dispositions qui me paraîtraient dans le cas d'être faites pour assurer la meilleure exécution des intentions de Sa Majesté.

J'écris à MM. les Secrétaires perpétuels des trois autres classes de l'Institut impérial de France une lettre pareille à la présente.

Je vous invite à vous concerter avec MM. vos collègues pour convoquer les classes et provoquer les mesures nécessaires à l'assemblée générale qui doit se tenir à l'occasion du monument à élever au mont Cenis.

Je mettrai beaucoup de prix à être bientôt instruit du résultat des délibérations de la Compagnie.

Recevez, etc.

MONTALIVET.

Conformément aux intentions exprimées par le Ministre, l'Institut désigna le 24 juin les commissaires suivants :

1re *classe :* Monge et Prony ; Carnot, suppléant.

2e *classe :* Regnaud de Saint-Jean d'Angély et de Ségur ; Raynouard, suppléant.

J.-B.-A. DUMAS,
Secrétaire perpétuel de l'Académie des sciences (1868-1884),
d'après le portrait lithographié par Lafosse.

3e *classe :* Quatremère de Quincy, de Laborde et Visconti.

4e *classe :* Fontaine, Denon, Percier, Dufourny et Peyre ; Lemot, suppléant.

Ce grand dessein reçut un commencement d'exécution ; l'Institut de France, en possession de nombreux projets, se préparaît à les examiner conformément au règlement qu'il avait adopté dans la séance même où la communication des décrets qui précèdent lui avait été donnée ; malheureusement il était trop tard, l'année 1813 s'achevait au milieu d'une conflagration générale qui allait ouvrir les portes de la France aux armées alliées.

Vient l'année 1814, Napoléon lutte avec l'énergie des meilleurs jours ; mais les trahisons l'écrasent, son armée est épuisée, ses lieutenants sont battus, et les alliés ont, dans Paris même, noué des intelligences qui leur préparent l'entrée de la ville.

Le 3 avril, le Sénat consomme la défection en déclarant que « Napoléon est déchu du trône, le droit d'hérédité aboli dans sa famille, le peuple français et l'armée déliés du serment de fidélité ».

Le 5 avril, l'Institut de France, accablé par de si effroyables catastrophes, était mis en demeure, en sa qualité de corps constitué, d'adhérer à la déchéance de l'homme, qui, vaincu par une ambition démesurée, a vu pâlir son étoile et vient de laisser tomber le pays sanglant aux mains de l'étranger.

Le procès-verbal de la séance tenue par l'Institut a été conservé ; il est conçu dans les termes suivants :

Le Secrétaire perpétuel demande la parole pour communiquer à l'Assemblée quelques propositions relatives aux circonstances. Il lit un discours qu'il termine en proposant de déclarer que l'Institut de France adhère à l'acte du Sénat qui prononce la déchéance de Napoléon Bonaparte et des membres de sa famille, ainsi qu'aux principes que ce corps a adoptés pour servir de base à la constitution nouvelle qu'il s'occupe à rédiger. Il ajoute que l'Assemblée jugera sans doute juste et convenable d'exprimer un sentiment de reconnaissance pour les sages mesures prises par le Gouvernement provisoire pour maintenir l'ordre et la tranquillité dans Paris, et pour assurer le succès du grand événement qui se prépare.

La discussion s'étant ouverte sur le discours, plusieurs membres proposent de faire quelques additions aux propositions qui le terminent.

On nomme une commission composée des quatre Bureaux, des membres de la Commission administrative et des membres qui ont fait des observations sur ce sujet. Les Commissaires se sont retirés

pour aller délibérer, séance tenante, sur les changements proposés ;
leur rapport ayant été soumis à une nouvelle discussion, l'Assemblée
a pris l'arrêté suivant :

« Pénétré des sentiments et des principes qui ont dirigé le Sénat
et le Gouvernement provisoire dans ces circonstances mémorables,
l'Institut arrête qu'il les remerciera solennellement des mesures salutaires qu'ils ont prises pour rendre à la France un monarque appelé
par le vœu général, et pour donner à la nation une charte fondée
sur des institutions fortes et en harmonie avec le progrès des
lumières et l'état de la civilisation européenne.

« Il arrête en outre qu'il priera le Gouvernement provisoire de lui
obtenir des souverains alliés la permission de leur exprimer la reconnaissance de tous les amis des Sciences, des Lettres et des Arts, pour
la magnanimité avec laquelle ils ont protégé les monuments de cette
Capitale et tant de dépôts précieux dont la conservation était si importante pour tous les peuples éclairés. »

Les Bureaux de l'Institut se rendront auprès du Gouvernement
provisoire pour lui soumettre le présent arrêté.

Un membre propose d'arrêter que le discours du Secrétaire perpétuel sera inscrit au Procès Verbal. Un autre membre demande
que, pour des raisons qu'il ne fait pas connaître, le discours ne soit
pas inscrit.

L'Assemblée arrête que le discours ne sera pas inscrit au Procès
Verbal.

Un autre membre demande qu'il soit fait des remerciments au
Secrétaire perpétuel sur la mesure qu'il a provoquée et sur la
manière dont il a exprimé les sentiments de l'Institut à cet égard.

Sa proposition est adoptée.

Le 11 avril, Napoléon signait à Fontainebleau son abdication
dans les termes suivants :

Les puissances alliées ayant proclamé que l'empereur Napoléon
était le seul obstacle au rétablissement de la paix en Europe, l'empereur Napoléon, fidèle à son serment, déclare qu'il renonce pour
lui et ses héritiers aux couronnes de France et d'Italie, et qu'il n'est
aucun sacrifice personnel, même celui de la vie, qu'il ne soit prêt à
faire à l'intérêt de la France.

Comme suite à sa manifestation du 5 avril, l'Institut avait
pensé qu'il était de son devoir de porter la parole devant les
souverains étrangers ; « il fut successivement admis, en 1814,

devant le roi de Prusse, l'empereur d'Autriche et l'empereur de Russie (1). »

On trouve, dans le *Moniteur* du 12 avril, les documents qui suivent, relativement à la visite qui fut faite par l'Institut à l'empereur Alexandre :

S. M. l'Empereur de Russie a bien voulu recevoir une députation de l'Institut de France, composée des Présidents et Secrétaires des quatre bureaux et de plusieurs autres membres qui s'y étaient réunis.

Le Président a adressé à S. M. le discours suivant :

« Sire, durant le cours des guerres où nous précipita l'ambition d'un homme, l'Institut de France fut toujours en paix, en relations d'amitié avec les savants, les gens de lettres, les artistes de l'Europe. Nous n'avons point désespéré des progrès de la civilisation. Mais pendant ce temps, Sire, aidé de vos augustes alliés, du digne successeur de ces deux empereurs philosophes, Joseph et Léopold, du digne héritier du grand Frédéric, aidé du Prince-régent d'Angleterre et du peuple anglais, vous travaillez, même au milieu du tumulte des armes, à perfectionner la bienveillance sociale, objet des vœux de tous nos sages. Jamais cette bienveillance n'accomplit de plus grandes merveilles, jamais aussi elle n'émana de plus nobles cœurs. On avait voulu nous persuader que, vainqueur, vous n'épargneriez pas chez nous les monuments des sciences et des arts. Sire, nous ne l'avons pas cru. Vous ne mettez pas votre gloire à détruire. Nos monuments sont conservés. Ce bienfait, si précieux pour l'Institut de France, disparaît en quelque sorte devant des bienfaits tels que jamais aucun souverain n'en dispensa au monde. Vous avez sauvé et Paris et la France. Avec la liberté, nous recouvrons le roi que nos vœux appelaient. Nous sommes toujours une nation fière, et nous redevenons une nation aimante. L'amour des lettres a été, pour le roi que nous proclamons aujourd'hui, ce qu'il a été, Sire, pour votre belle âme. Les lettres qui l'ont soutenu dans le malheur le conseilleront sur le trône. Nous adoucirons par nos soins le souvenir de ses peines passées, comme il soulagera nos malheurs trop récents. Nous respecterons sa puissance; l'héritier de saint Louis et de Henri IV saura s'arrêter devant ces sages limites du pouvoir qui souvent en sont l'appui. Un père n'est jamais mieux reçu dans sa famille que lorsqu'elle a beaucoup souffert pendant son absence.

« Notre attendrissement redouble à ces mots, Sire; notre bonheur

______

(1) Granier de Cassagnac, *De l'Institut de France.* Paris, H. Plon, 1856, in-8°.

est votre bienfait, votre conquête. Vous avez appris aux héros une nouvelle manière de triompher. On se trompe sur la grandeur, les malheurs du monde ne l'ont attesté que trop souvent; mais quel cœur peut se tromper sur la magnanimité? Désormais on se défiera de toute admiration que l'épouvante accompagne. L'admiration n'est

J.-B.-A.-L.-L. ELIE DE BEAUMONT,
Secrétaire perpétuel de l'Académie des sciences (1853-1874),
d'après un portrait publié par l'*Illustration*.

légitime que lorsqu'elle est mêlée d'amour. La nôtre est bien pure : nous ne louons pas, Sire, nous bénissons. »

Le 21 avril, informés par les délégations de l'Institut, de la délibération prise le 5 du même mois, l'empereur Alexandre et le roi de Prusse, accompagnés de plusieurs princes de la maison de Prusse, prenaient place au sein de l'Institut de France, et le Président leur adressait les paroles suivantes :

Près d'un siècle s'est écoulé depuis que Pierre le Grand visita nos Académies; comme ils ont prospéré, les fruits de civilisation qu'il venait chercher parmi nous! et comme son magnanime successeur nous rend avec usure ce qu'emprunta de nous ce héros législateur. Les Cassini, les Bernoulli, les L'Hopital avaient à lui révéler les grands résultats des Sciences. Nous ne pouvons entretenir son auguste héritier et celui du grand Frédéric que des modestes objets de nos travaux, c'est-à-dire des progrès de notre langue, des difficultés de la critique et du goût; mais ces objets leur sont familiers et les grandes pensées qui les occupent sauront leur prêter de l'élévation.

C'est le caractère national qui a voulu que notre langue fût sincère, facile dans sa marche, ennemie de l'apprêt et d'une pompe stérile. Elle se prête aux aimables fictions; mais le mensonge lui fait toujours violence; quand elle se pare trop, c'est qu'elle a quelque chose à déguiser. Ses lois sévères ne furent jamais des entraves pour le génie; elle sait faire intimement l'union de la grandeur et de la simplicité, de l'élégance et d'un doux abandon; enfin, elle ne paraîtra jamais pauvre, parce qu'elle est féconde pour exprimer les mouvements du cœur. Aussi voyons-nous combien elle a étendu ses conquêtes sur les bords du Danube, de l'Oder et de la Néva. Nous l'avons reconnu dans un jour qui pouvait être si terrible et dans lequel nos alarmes furent si promptement dissipées. Nous disions comme le Philoctète de Sophocle : *Guerriers qui ne vous montrez point en ennemis, qu'il m'est doux d'entendre de votre bouche les sons de ma langue natale.*

C'est pour nous un fréquent sujet d'entretien et de recherche que de suivre les progrès de notre littérature. Il en est une cause qui peut-être, jusqu'à ce jour, a trop échappé à la reconnaissance des Français. Notre langue était encore sans harmonie, sans richesse et sans lois, que déjà nos chevaliers en faisaient l'organe de l'honneur. Déjà plusieurs de nos rois, dans l'enthousiasme des résolutions les plus généreuses et les plus héroïques, élevaient cette langue jusqu'au sublime. Bien longtemps avant les beaux vers de Corneille, le fils infortuné de Philippe de Valois avait dit que : *Si la bonne foi et la vérité étaient bannies du reste du monde, elles devaient se trouver dans la bouche des rois.*

Un monarque avait pris possession du trône en disant : *Louis XII ne venge point les injures du duc d'Orléans.* François 1er avait écrit : *Tout est perdu, fors l'honneur.* Henri IV : *Relevez-vous, Sully, ils croiront que je vous pardonne.*

Nous l'entendons encore cette langue adorable de notre Henri IV; nous l'entendons dans la bouche d'un de ses descendants.

Comment une telle révolution s'est-elle opérée? Un mot du frère
de notre roi nous l'apprend : *Rien n'est changé en France, seulement il y a un Français de plus.* Ah! Sire, il y en a plusieurs
qui nous sont indiqués par l'admiration et la reconnaissance publiques, et tous les droits de cité leur appartiennent dans la patrie de
Henri IV.

J.-C. JAMIN,
Secrétaire perpétuel de l'Académie des sciences (1884-1886),
d'après une photographie de Truchelut.

La veille du jour où cette séance avait eu lieu, Napoléon faisait, à Fontainebleau, ses adieux à sa garde, et le 4 mai il prenait possession de l'île d'Elbe qui lui était cédée en toute sou-
veraineté; c'est de là que, passionnément occupé des événements
qui se déroulaient, mettant à profit les fautes de la Restauration, il débarquait à Cannes, au fond du golfe Juan, le 1er mars
1815, et, au milieu de la stupéfaction générale, après avoir

E. MAINDRON.   20

couru quelques dangers, parvenait à Paris le 20 du même mois sans avoir rencontré d'énergiques résistances.

A l'annonce de cet événement imprévu, l'Institut sent se réveiller en lui les sentiments d'affection qui l'unissaient autrefois à l'Empereur. Carnot a pensé d'ailleurs à l'attitude que prendrait l'illustre Compagnie; il lui adresse la lettre suivante :

M. le Président, les premiers corps de l'État s'empresseront sûrement, dans cette circonstance, d'adresser des félicitations à l'empereur sur son heureux retour. La gloire de notre belle patrie, M. le Président, revient avec ses aigles; mais Sa Majesté, oubliant les conquêtes que nous devions à son génie, ne veut plus s'occuper que du bonheur de son peuple, en lui donnant des institutions fondées sur la liberté, sur l'égalité des droits et en faisant fleurir le commerce et les arts. Ne nous enorgueillissons pas d'avoir été les maîtres de l'Europe. Plus de flatterie : elle doit être écartée d'un trône relevé par un grand homme.

L'Institut, ce foyer de lumière, répondra à ces idées libérales pour lesquelles nous avons combattu pendant vingt-cinq années et qu'un gouvernement élevé par la force, usé, vieilli et détruit dans moins d'une année, voulait faire disparaître.

Je vous prie, M. le Président, de me faire parvenir de suite l'adresse de l'Institut; vous jugerez facilement dans quel sens elle doit être rédigée.

Recevez, etc.

Le Ministre de l'intérieur, comte de l'empire,
CARNOT.

Le 28 mars, réuni en assemblée générale, l'Institut arrêtait la rédaction de l'adresse; elle était conçue dans les termes qui suivent :

Sire, les Sciences que vous cultiviez, les Lettres que vous encouragiez, les Arts que vous protégiez, ont été en deuil depuis votre départ.

L'Institut, attaqué dans son heureuse organisation, voyait avec douleur la violation imminente du dépôt qui lui était confié, la dispersion prochaine d'une partie de ses membres.

Nous appelions avec toute la France un Libérateur, la Providence nous l'a envoyé.

Vous êtes venu au secours de la nation inquiète sur tous ses intérêts, blessée dans ses plus chers sentiments, offensée dans sa dignité, et la route que vous avez parcourue des bords de la Méditerranée jusqu'à la capitale a offert l'image d'un long triomphe.

Une dynastie abandonnée par le peuple français, il y a plus de vingt ans, s'est éloignée devant le monarque que le vœu du peuple français avait appelé au trône par la toute-puissance de ses suffrages trois fois réitérés.

Vous allez nous assurer, Sire, l'égalité des droits des citoyens, l'honneur des braves, la sûreté de toutes les propriétés, la liberté de penser et d'écrire, enfin une constitution représentative. Bientôt nous verrons terminer ces grands monuments des arts dont nos villes s'enorgueillissaient et ceux qui devaient répandre, d'une extrémité de l'Empire à l'autre, la vie et la prospérité.

Sire, hâtez le moment où placé entre votre épouse et votre fils, entouré des représentants d'un peuple libre et fidèle, qui vous apporteront de tous les départements, le vœu national, le résultat d'une expérience de vingt-cinq années de révolution, vous renouvellerez avec la France le contrat auguste et saint qui est resté gravé dans tous les cœurs français, et qui, fortifié par toutes les stipulations, par toutes les garanties qu'appelle l'opinion publique et que promet votre sagesse, attachera pour jamais la nation à votre personne et à votre dynastie (1).

Une voix s'éleva contre ce projet d'adresse, celle de Suard, secrétaire perpétuel de la classe de la langue et de la littérature françaises :

Messieurs, dit-il, c'est avec une extrême répugnance que je prends la parole pour proposer une objection à l'adresse qu'on vient de lire et que l'Assemblée paraît disposée à adopter sans discussion.

Je déclare d'abord que j'approuve l'esprit dans lequel elle a été rédigée ; que j'adopte les principes politiques qui y sont très bien exposés et que je me joins aux justes éloges qui y sont donnés à S. M. l'Empereur ; mais j'aurais désiré que, suivant l'invitation faite à l'Institut par S. E. le Ministre de l'intérieur, aucune flatterie ne se joignît à la louange. J'appelle *flatterie* tout ce qui a pour but de plaire à la puissance en blessant la vérité.

Je trouve dans l'adresse quelques lignes qui me paraissent blesser la vérité et la justice, et je ne puis y donner mon assentiment. Je n'insisterai pas sur ce passage, parce que je ne veux pas provoquer une discussion qui pourrait avoir de l'inconvénient sans aucune utilité.

(1) *Moniteur* du 3 avril 1815.

Je prie l'Assemblée de ne pas regarder mon opinion comme un acte d'opposition au gouvernement, ce qui, de ma part, ne serait qu'une ridicule forfanterie. Je n'ai jamais eu qu'un principe en gouvernement, c'est celui de saint Paul, que toute puissance vient de Dieu ; je me soumets volontairement à toute autorité établie, et c'est avec sincérité que je voue soumission et obéissance au gouvernement de l'Empereur (1).

E.-F.-A. VULPIAN,
Secrétaire perpétuel de l'Académie des sciences (1886-1887),
d'après une photographie de Pierre Petit.

Iluzard, membre de la première classe, présidait l'Institut au moment de cet événement, et il en parle dans une importante collection de pièces qu'il a formée, et qui appartient aujourd'hui à la Bibliothèque de l'Institut. Il résulte de ces documents que les observations présentées par Suard portaient spécialement sur cette phrase : « Nous appelions avec toute la France un libérateur, la Providence nous l'a envoyé. »

(1) Granier de Cassagnac, *De l'Institut de France.*

L'Institut cependant ne modifia pas sensiblement son adresse, et, le 2 avril suivant, l'empereur en entendait la lecture dans la salle du Trône. Comment accepta-t-il ces nouvelles marques d'attachement, nous l'ignorons ; mais, le 10 du même mois, la première classe de l'Institut recevait la lettre qui suit :

Timbre de l'Académie des sciences, en 1887.

M. le Président, l'Empereur a reconnu l'inconvénient qu'il y a de laisser vacante, dans la section de mécanique de la première classe de l'Institut, la place que Sa Majesté est obligée de laisser inactive de fait. Sa Majesté tient cependant à honneur d'avoir dû cette distinction scientifique, comme simple particulier, aux suffrages de ses anciens collègues ; mais aujourd'hui, en sa qualité d'empereur, le titre de Protecteur de l'Institut est celui qu'il convient de lui donner dans les listes qui seront imprimées, sans cependant oublier d'y rappeler qu'il a été élu le 5 nivôse an VI.

Je vous invite, Monsieur le Président, conformément à l'ordre de Sa Majesté, à faire nommer le plus tôt qu'il vous sera possible à la place réputée vacante, dans la section de mécanique, en vous conformant d'ailleurs à ce qui est prescrit par les règlements.

Agréez, Monsieur le Président, l'assurance de ma haute considération.

Paris, le 10 avril 1815.

CARNOT.

Bizarre coïncidence, c'est Carnot, l'illustre fructidorisé, devenu ministre de l'empire, Carnot à qui Bonaparte a succédé comme membre de la section des arts mécaniques, qui est chargé par celui-ci de transmettre sa démission au Président de l'Institut.

Le 8 mai 1815, la première classe se conformait au désir

exprimé par le souverain et lui donnait Molard comme successeur.

Le fauteuil de Napoléon, qui avait appartenu avant lui à Vandermonde et à Carnot, a été occupé, depuis le décès de Molard, par Gambey, par Combes et par Tresca ; M. Marcel Deprez en est actuellement le titulaire.

Nous ne voulons pas terminer cette étude sans indiquer les séances auxquelles Napoléon a assisté et dans lesquelles il a pris une part personnelle aux travaux de l'Institut.

Ce sont les suivantes :

Cachet de l'Académie des sciences en 1887.

Réunions de la première classe :

6, 11, 16 nivôse an VI ; 1, 11, 16 pluviôse an VI ; 21, 26 ventôse an VI ; 1, 11, 21, 26 germinal an VI ; 6, 11 floréal an VI ; 1, 11, 21 brumaire an VIII ; 6 frimaire an VIII ; 1er nivôse an IX ; 26 pluviôse an IX ; 16 brumaire an X.

Présidence de la première classe :

6, 11 germinal an VIII ; 16 messidor an VIII ; 11 thermidor an VIII.

Séances générales de l'Institut :

15 nivôse an VI ; 5 pluviôse an VI ; 5, 15 germinal an VI ; 5 prairial an VI ; 27 prairial an VII ; 1, 5, 11 brumaire an VIII ; 5, 15 nivôse an VIII ; 15 germinal an VIII ; 21 brumaire an IX.

BIBLIOGRAPHIE

DE L'ACADÉMIE DES SCIENCES

La bibliographie de l'Académie des sciences n'a jamais été faite ; elle nous paraît cependant présenter quelque utilité, et nous demandons la permission de l'introduire ici. Nous y faisons figurer non seulement les ouvrages publiés par la savante Compagnie depuis sa fondation , mais encore ceux auxquels a pu donner lieu l'étude de son histoire et de ses travaux :

1. — *Description anatomique d'un caméléon, d'un castor, d'un dromadaire, d'un ours et d'une gazelle,* par MESSIEURS DE L'ACADÉMIE ROYALE DES SCIENCES.
Paris, Léonard, 1669. 1 volume in-4°.

2. — *Recueil de plusieurs traitez de mathématique de l'Académie royale des sciences.* A Paris, de l'Imprimerie royale, 1676, in-folio.
Ce volume contient :
1° *Traité de la percussion ou choq des corps, dans lequel les principales règles du mouvement sont expliquées et démontrées par leurs véritables causes,* par M. MARIOTTE, 1676 ; 2° *Lettres écrites par* MM. MARIOTTE, PECQUET *et* PERRAULT *sur le sujet d'une nouvelle découverte touchant la vüe, faite par M. Mariotte,* 1676 ; 3° *Traité du nivellement avec la description de quelques niveaux nouvellement inventés par* M. MARIOTTE, 1677 ; 4° *Traité des triangles rectangles dans lequel plusieurs belles propriétez de ces triangles sont démontrées par de nouveaux principes,* par M. FRENICLE, 1677 ; 5° *Mesure de la terre,* 1671.
Chacun de ces mémoires porte une pagination spéciale.

3. — *Connaissance des temps.* La Connaissance des temps a paru pour la première fois en 1679 ; les premiers volumes sont de PICARD et LEFEBVRE ; LIEUTAUD leur succéda en 1702, GODIN reprit en 1730,

Maraldi en 1735, Lalande en 1760, Jeaurat en 1776 et Méchain de 1788 à 1794. L'année 1795 ne porte pas de nom d'auteur. Depuis cette époque, la publication en est réservée au Bureau des longitudes.

4. — *Mémoires de mathématiques et de physique tirez des registres de l'Académie royale des sciences.* Paris, Imprimerie royale. 2 volumes in-4°.

La Bibliothèque nationale ne possède que l'un de ces volumes, il porte la date de 1692.

5. — *Observations physiques et mathématiques pour servir à l'histoire naturelle et à la perfection de l'astronomie et de la géographie, envoyées des Indes et de la Chine à l'Académie royale des sciences à Paris,* par les Pères jésuites, avec les réflexions de M^{rs} de l'Académie et les notes du P. Gouye, de la Compagnie de Jésus. Paris, Imprimerie royale, 1692, in-4°.

6. — *Veterum mathematicorum Athenei, Apollodori, Philonis, Bitonis, Heronis et Aliorum opera grece et latine pleraque nunc primum edita ex manuscriptis Codicibus regiæ bibliothecæ à Regiæ Scientiarum academiæ.* Parisiis extypographia regia, 1693, in-folio.

7. — *Recueil d'observations faites en plusieurs voyages, par ordre de Sa Majesté, pour perfectionner l'astronomie et la géographie, avec divers traitez astronomiques,* par Messieurs de l'Académie royale des sciences.

Paris, Imprimerie royale, 1693. 1 volume in-folio.

8. — *Divers ouvrages de mathématiques et de physique,* par Messieurs de l'Académie royale des sciences.

Paris, Imprimerie royale, 1693. 1 volume in-folio.

9. — *Regiæ Scientiarum academiæ historia in qua præter ipsius Academiæ originem et progressus, Variasque dissertationes et observationes per Trigenta annos factas quam plurima experimenta et inventa Cum physica, tum mathematica in certum ordinem digeruntur autore* J. B. Duhamel, ejusdem academiæ socio et secretario. Parisiis, Michallet, 1697, in-4°.

10. — *Regiæ scientiarum academiæ historia,* auctore Joanne-Baptista du Hamel.

Parisiis, apud J.-B. Delespine, 1701. 1 volume in-4°.

11. — *Pièces qui ont remporté les prix de l'Académie royale des sciences* (1720-1772).

Paris, Claude Jombert, 1721-1777. 9 volumes in-4°.

La suite de ce recueil se trouve dans les tomes VII à XI des *Mémoires présentés par divers savants à l'Académie* (1750-1786).

12. — *Histoire et Mémoires de l'Académie des sciences depuis son établissement, en 1666, jusqu'à l'année 1790.*

Paris, Gabriel Martin, J.-B. Coignard fils et Hipp.-Louis Guérin, 1733-1797. 114 volumes in-4°.

Les ouvrages suivants ont été publiés sous la direction de l'Académie et sont considérés comme faisant suite à la collection de ses *Mémoires*.

PICARD, *Grandeur de la terre.* 1 volume.

FONTENELLE, *Géométrie de l'infini.* 1 volume.

DE MAIRAN, *Traité de l'aurore boréale.* 1 volume.

FONTAINE, *Mémoire de mathématiques.* 1 volume.

CASSINI, *Éléments et Tables d'astronomie.* 2 volumes.

BOUGUER, *Figure de la terre.* 1 volume.

COTTE, *Traité et Mémoires sur la météorologie.* 1 volume.

LA CONDAMINE, *Journal d'un voyage à l'équateur.* 1 volume.

LA CONDAMINE, *Mesure des trois premiers degrés du méridien.* 1 volume.

13. — *Table alphabétique des matières contenues dans l'Histoire et les Mémoires de l'Académie royale des sciences,* publiée par son ordre et dressée par MM. GODIN, de la même Académie (1666-1730); DEMOURS, docteur en médecine, de la même Académie (1731-1780), et COTTE, ancien correspondant de la même Académie (1781-1790).

Paris, Compagnie des Libraires et Bachelier, 1734-1809. 10 volumes in-4°.

14. — *Machines et inventions approuvées par l'Académie royale des sciences depuis son établissement jusqu'à présent (1754), avec leurs descriptions.* Dessinées et publiées du consentement de l'Académie, par M. GALLON.

Paris, Antoine Boudet, 1735-1777. 7 volumes in-4°.

15. — *Mémoires de l'Académie royale des sciences, contenant les ouvrages adoptez par cette académie, avant son renouvellement, en 1699.* Mémoires pour servir à l'histoire naturelle des animaux et des plantes, par MESSIEURS DE L'ACADÉMIE ROYALE DES SCIENCES. Tome Ier. Amsterdam, P. Mortier, 1736, in-4°.

16. — *Carte de la France,* publiée sous la direction de l'Académie des sciences, par J.-D. Cassini de Thury, Camus et Montigny, à l'échelle de 1 ligne pour 100 toises. Paris, 1744-1787. 183 feuilles.

17. — *Mémoires de mathématiques et de physique, présentés à l'Académie royale des sciences par divers sçavants,* et lus dans ses assemblées.

Paris, de l'Imprimerie royale, 1750-1786. 11 volumes in-4°.

18. — *Opérations faites par ordre de l'Académie royale des*

sciences, pour la vérification du degré du méridien compris entre Paris et Amiens, par MM. Bouguer, Camus, Cassini de Thury et Pingré.

Paris, Imprimerie royale, 1757. Opuscule in-8° de 28 pages.

19. — *Descriptions des arts et métiers faites ou approuvées par MM. de l'Académie royale des sciences,* avec figures en taille-douce.
Paris, Desaint et Saillant, 1761 et années suivantes. 27 vol. in-folio.

Ces 27 volumes renferment les descriptions suivantes :

Amidon (Fabrique de l'), par Duhamel du Monceau.

Ancres (Fabrique des), par Réarmur, avec notes et additions de Duhamel.

Ardoises (De l'exploitation des carrières d'), par Fougeroux de Bondaroy.

Bled et autres grains (Battage du), Anonyme.

Boulanger (Art du), par Malouin.

Boulangerie et Meunerie (Histoire abrégée de l'origine et des progrès de la), par Malouin.

Bourrelier et Sellier (Art du), par de Garsault.

Brodeur (Art du), par de Saint-Aubin.

Cartier (Art du), par Duhamel du Monceau.

Cartonnier (Art du), par de Lalande.

Chamoiseur (Art du), par de Lalande.

Chandelier (Art du), par Duhamel de Monceau.

Chapelier (Art du), par Nollet.

Charbonnier (Art du) ou manière de faire le charbon de bois avec additions et corrections, par Duhamel de Monceau.

Charbon de terre (Art d'exploiter les mines de), par Morand.

Chaufournier (Art du), par Fourcroy de Ramecourt.

Cirier (Art du), par Duhamel du Monceau.

Colles (Art de faire différentes sortes de), par Duhamel du Monceau.

Cordonnier (Art du), par de Garsault.

Corroyeur (Art du), par de Lalande.

Coutelier (Art du), par Perret.

Coutelier (Art du) pour les instruments de chirurgie, par Perret.

Coutelier (Art du) en ouvrages communs, par Fougeroux de Bondaroy.

Couvreur (Art du), par Duhamel du Monceau.

Criblier (Art du) suite du *Parcheminier,* par Fougeroux d'Angerville.

Cuirs dorés ou argentés (Art de travailler les), par Fougeroux de Bondaroy.

Cuivre et potin (De la fonte et de l'affinage du), par Duhamel du Monceau.

Cuivre rouge ou *cuivre de rosette* (Art de convertir le) en *laiton* ou *cuivre jaune*, par GALLON.

Distillateur d'eaux fortes (Art du), par DE MACHY.

Distillateur liquoriste (Art du), par DU MACHY.

Draperie (Art de la), par DUHAMEL DU MONCEAU.

Enclumes (De la forge des), par DUHAMEL DE MONCEAU.

Épinglier (Art de l'), par RÉAUMUR, avec addition de DUHAMEL DU MONCEAU.

Étoffes de laine (Art de friser ou ratiner les), par DUHAMEL DU MONCEAU.

Étoffes en laine (Art du fabricant d'), par ROLAND DE LA PLATIÈRE.

Étoffes de soie (Art du fabricant d'), par PAULET.

Fer (Traité du), par SWEDENBORG.

Fer fondu (Nouvel art d'adoucir le), par RÉAUMUR.

Fer réduit en fil d'archal (Art de faire le), par DUHAMEL DU MONCEAU.

Forges et fourneaux à fer (Art des), par DE COURTIVRON et BOUCHU.

Hongroyeur (Art de l'), par DE LALANDE.

Indigotier (Art de l'), par DE BEAUVAIS-RASEAU.

Instrumens d'astronomie (Description et usage des principaux), par LE MONNIER.

Instrumens de mathématiques et d'astronomie (Nouvelle méthode pour diviser les), par DE CHAULNES.

Layetier (Art du), par ROUBO.

Lingère (Art de la), par DE GARSAULT.

Maçonnerie (Art de la), par LUCOTTE.

Maroquin (Art de faire le), par DE LALANDE.

Mâture (Description de l'art de la), par ROMME.

Mégissier (Art du), par DE LALANDE.

Menuisier (Art du), par ROUBO fils. — Menuisier-Carrossier. — Menuisier en meubles. — Menuisier-Ébéniste. — Treillageur.

Microscope (Description d'un) et de différents micromètres, par DE CHAULNES.

Orgues (Art du facteur d'), par BEDOS DE CELLES.

Papier (Art de faire le), par DE LALANDE.

Parchemin (Art de faire le), par DE LALANDE.

Paumier-Raquettier et de la *Paume* (Art du), par DE GARSAULT.

Pêches (Traité des), par DUHAMEL DU MONCEAU.

Peinture sur verre (Art de la) et de la *vitrerie*, par LE VIEIL.

Perruquier (Art du), par DE GARSAULT.

Pipes à fumer le tabac (Art de faire les), par DUHAMEL DU MONCEAU.

Plombier et fontainier (Art du), Anonyme.

Porcelaine (Art de la), par DE MILLY.

Potier d'étain (Art du), par SALMON.

Potier de terre (Art du), par DUHAMEL DU MONCEAU.

Raffinage du sucre, par DUHAMEL DU MONCEAU.

Relieur, doreur de livres (Art du), par DUDIN.

Ressorts de montres (Art de faire les), par W. BLAKEY.

Savonnier (Art du), par DUHAMEL DU MONCEAU.

Serrurier (Art du), par DUHAMEL DU MONCEAU.

Tailleur (Art du), par DE GARSAULT.

Tanneur (Art du), par DE LALANDE.

Tapis, façon de Turquie, connus sous le nom de tapis de la Savonnerie, par DUHAMEL DU MONCEAU.

Teinture en soie (Art de la), par MACQUER.

Théâtres et Machines théâtrales (Construction des), par ROUBO fils.

Tonnelier (Art du), par FOUGEROUX DE BONDAROY.

Tourneur mécanicien (Art du), par HULOT père.

Treillageur (Art du) ou menuiserie des jardins, par ROUBO fils.

Tuile et brique (Art de fabriquer la) en Hollande, par JARS (suite du précédent).

Tuilier et briquetier (Art du), par DUHAMEL, FOURCROY et GALLON.

Vaisseaux (Traité de la construction des), par FR. DE CHAPMAN.

Velours de coton (Art du fabricant de), par ROLAND DE LA PLATIÈRE.

Vermicelier (Art du), par MALOUIN.

Vitrier (Art du), par LE VIEIL.

Voiture (Art de la), par ROMME.

NOTA : *Le Battage du Bled et autres grains* et *la Construction des Théâtres et machines théâtrales* n'ont pas paru sous l'approbation de l'Académie, mais on les joint ordinairement à la collection.

20. — *Abrégé de l'histoire et des mémoires de l'Académie royale des sciences, concernant l'histoire naturelle, générale et particulière, la physique, la chymie, la médecine et toutes les sciences naturelles*, par M. PAUL.

Paris, Pankoucke, 1774-1787. 12 volumes in-4°.

Cette série forme les tomes V à XVI (partie française) de la *Collection académique* de ROBINET.

21. — *Nouvelle table des articles contenus dans les volumes de l'Académie royale des sciences de Paris, depuis 1666 jusqu'en 1770, dans ceux des arts et métiers, publiés par cette Académie et dans la collection académique*, par l'abbé ROZIER.

Paris, chez Ruault, 1775-1776. 4 volumes in-4°.

22. — *Histoire de l'Académie royale des sciences, années 1666*

à 1698, *avec les mémoires de physique pour les mêmes années*, tirés des registres de cette Académie.

Paris, Pankoucke, 1777. 3 volumes in-12.

23. — *Histoire de l'Académie royale des sciences.*

Paris, Pankoucke, 1777-1779. 170 volumes in-12.

24. — *Des Académies*, par R.-N.-S. CHAMPFORT, de l'Académie française. Ouvrage que M. Mirabeau devait lire à l'Assemblée nationale, sous le nom de Rapport sur les Académies.

Paris, F. Buisson, mai 1791. 1 volume in-8° de 200 pages.

25. — *Corps législatif. — Conseil des Cinq-Cents. — Rapport et projet de règlement de l'Institut national*, présenté au nom de la commission d'examen, par LAKANAL. Séance du 21 pluviôse an IV.

Paris, Imprimerie nationale, pluviôse an IV.

26. — *Annuaire de l'Institut de France* (1796-1887).

Paris, Imprimerie de la République, Baudouin, Didot, Imprimerie nationale, in-32 ou in-18.

L'annuaire de 1816 n'existe pas. La publication se continue.

Avant la publication de l'Annuaire de l'Institut, les noms et les adresses des membres de l'Académie des sciences se trouvaient dans la *Connaissance des temps*.

27. — *Mémoires de la classe des sciences mathématiques et physiques de l'Institut de France* (an IV — 1815), première série.

Paris, Baudoin, Garnery et Firmin Didot, an IV — 1818. 15 volumes in-4°.

28. — *Discours prononcé à la barre des deux Conseils du Corps législatif, au nom de l'Institut national des sciences et des arts, lors de la présentation des étalons prototypes du mètre et du kilogramme.* Séance du 4 messidor an VII.

Paris, Baudoin, an VII. in-4°.

29. — *Rapport fait à l'Institut national des sciences et arts*, le 29 prairial an VII, au nom de la classe des sciences mathématiques et physiques, sur la mesure de la méridienne de France et les résultats qui en ont été déduits, pour déterminer les bases du nouveau système métrique.

Paris, Baudoin, an VII. in-4°.

30. — *Précis des opérations qui ont servi à déterminer les bases du nouveau système métrique*, lu à la séance publique de l'Institut des sciences et des arts, le 15 messidor an VII, par J.-H. VAN SWINDEN, citoyen batave.

Paris, Baudoin, an VII, in-4°.

31. — *Institut national. — Programme pour la continuation des arts.* Séance publique du 15 vendémiaire an VII, au palais national des sciences et arts.

Paris, Baudoin, an VII, in-4°.

Ce rapport contient l'état, par ordre alphabétique, des arts dont la description a été publiée par l'Académie des sciences, et l'état des arts dont la continuation doit être entreprise par l'Institut.

32. — *Procès-verbaux des séances de l'Institut des sciences et des arts d'Égypte*, imprimés en exécution d'un arrêté de l'Institut national des sciences et arts.

Paris, Baudoin, an VII, in-4".

33. — *A l'Institut national de France, sur la destitution des citoyens Carnot, Barthélemy, Pastoret, Sicard et Fontanes, par leur collègue* J. DE SALES.

Paris, le 25 ventôse an VIII de la République française. in-8° de 158 pages.

34. — *Notices, analyses ou comptes rendus des travaux de la classe des sciences mathématiques et physiques, et plus tard de l'Académie royale des sciences (1800-1830).*

Ces notices ou analyses, publiées annuellement par les secrétaires perpétuels, avant la création des *Comptes rendus*, forment, à la Bibliothèque de l'Institut, 5 volumes in-4°.

> Le tome Ier renferme les années 1800 à 1810.
> Le tome II   —   1811 à 1815.
> Le tome III   —   1816 à 1820.
> Le tome IV   —   1821 à 1825.
> Le tome V   —   1826 à 1830.

Elles sont insérées dans les *Mémoires de l'Académie*.

35. — *Base du système métrique décimal ou mesure de l'arc du méridien compris entre les parallèles de Dunkerque et Barcelone,* exécutée en 1792 et années suivantes, par MM. MÉCHAIN et DELAMBRE. (Suite des Mémoires de l'Institut.)

Paris, Baudoin, 1806-1810. 3 volumes in-4°.

36. — *Mémoires présentés à l'Institut des sciences, lettres et arts, par divers savants* (Sciences mathématiques et physiques). Première série.

Paris, Baudoin, 1806-1811. 2 volumes in-4°.

37. — *Discours sur les progrès des sciences, lettres et arts, depuis 1789 jusqu'à ce jour,* ou compte rendu par l'Institut de France à S. M. l'empereur et roi, avec des notes sur les savants cités dans les rapports et la notice raisonnée de leurs travaux, dans lesquels on a fait mention des ouvrages publiés en Hollande, dans le même intervalle et sur les mêmes matières.

Paris, Aug. Renouard. — En Hollande, chez Immerzeel, 1809, in-8°.

38. — *Rapports et discussions de toutes les classes de l'Institut*

de France, sur les ouvrages admis au concours pour les prix décennaux.

Paris, Beaudoin, 1810, in-4°.

39. — *Rapport historique sur les progrès des sciences naturelles depuis 1789 et sur leur état actuel*, présenté à S. M. l'empereur et roi, en son Conseil d'État, le 6 février 1808, par la classe des sciences physiques et mathématiques de l'Institut, conformément à l'arrêté du gouvernement du 13 ventôse an X, rédigé par M. Cuvier.

Paris, Imprimerie impériale, 1810, in-8°.

40. — *Rapport historique sur les progrès des sciences mathématiques depuis 1789 et sur leur état actuel*, présenté à S. M. l'empereur et roi, en son Conseil d'État, le 6 février 1808, par la classe des sciences physiques et mathématiques de l'Institut, conformément à l'arrêté du gouvernement du 13 ventôse an X, rédigé par M. Delambre.

Paris, Imprimerie impériale, 1810, in-8°.

41. — *Plan, coupe et élévation du palais de l'Institut impérial de France, suivant sa nouvelle restauration.* Détails de l'installation de cet établissement impérial des sciences, lettres et arts, dans le palais qu'il occupe depuis sa sortie du Louvre, par A.-L.-T. Vaudoyer.

Paris, Dussillion, Inspecteur au bureau des bâtiments, et Soyer, libraire, 1811. Opuscule in-8°.

42. — *Mémoires de l'Académie des sciences de l'Institut de France* (1816-1887). Deuxième série.

Paris, Firmin Didot et Gauthier-Villars, 1818-1883. 42 volumes in-4°.

Les tomes XXVII, XXXI et XXXVII sont en deux parties.

Cette collection se continue.

43. — *Recueil d'observations géodésiques, astronomiques et physiques*, exécutées par ordre du Bureau des longitudes de France, en Espagne, en France, en Angleterre et en Écosse, pour déterminer la variation de la pesanteur et des degrés terrestres sur le prolongement du méridien de Paris, faisant suite au troisième volume de la *Base du système métrique*, rédigé par MM. Biot et Arago.

Paris, veuve Courcier, 1821, in-4°.

44. — *Règlements intérieurs de l'Académie royale des sciences.*
Paris, Didot, 1824; Bachelier, 1843; Didot, 1864. 12 pages in-18.

45. — *Mémoires présentés par divers savants à l'Académie des sciences de l'Institut de France.* Deuxième série.

Paris, Imprimerie royale, impériale, nationale, 1827-1887. 29 volumes in-4°.

Cette collection se continue.

46. — *Comptes rendus des séances de l'Académie des sciences,* par M. le docteur ROULIN, du 13 juin 1832 au 6 novembre 1833.

(Extraits du journal *le Temps.*)

47. — *Comptes rendus hebdomadaires des séances de l'Académie des sciences,* par MM. LES SECRÉTAIRES PERPÉTUELS.

Paris, Mallet-Bachelier et Gauthier-Villars, 1835-1886. 103 volumes in-4°.

Cette collection se continue.

48. — *Discours prononcé à la réunion anniversaire de la Société royale de Londres, le 30 novembre 1836,* par S. A. R. le duc DE SUSSEX, président.

Article publié par BIOT dans le *Journal des savants,* du mois de février 1837.

49. — *Note sur la création de l'Institut.*

Paris, imprimerie de E. Duverger, août 1840. Opuscule in-8° de 15 pages.

50. — *Première réponse à la note sur la création de l'Institut,* par LAKANAL.

Paris, typogr. Firmin Didot, sans date, in-4°.

51. — *Suum cuique,* par LAKANAL.

Paris, typogr. Firmin Didot, sans date, in-4°.

52. — *Sur la publication des comptes rendus hebdomadaires des séances de l'Académie des sciences.*

Article publié par BIOT, dans le *Journal des savants* du mois de novembre 1842.

53. — *De l'Académie des sciences dans ses rapports avec l'École polytechnique.* Discours prononcé à la séance de la Chambre des pairs du 14 janvier 1845, par M. le baron CH. DUPIN.

Paris, 1845, in-8°.

54. — *Annuaire de l'Académie des sciences pour 1846.* Analyse claire et succincte de cinquante-deux séances académiques, accompagnées de notes explicatives sur toutes les inventions et perfectionnements discutés à l'Académie, par P.-CH. JOUBERT (1re année).

Paris, Desloges, 1846. 1 volume in-18.

Cette publication n'a pas été continuée.

55. — *Table générale des comptes rendus des séances de l'Académie des sciences,* tomes I et II.

Paris, Gauthier-Villars, 1853-1870. 2 volumes in-4°.

Le tome 1er comprend les tomes I à XXXI des comptes rendus.

Le tome II comprend les tomes XXXII à LXI.

Cette publication se continue.

56. — *De l'Institut de France*, par A. GRANIER DE CASSAGNAC, député au Corps législatif.

Paris, typogr. H. Plon, 1855. Broch. in-8° de 94 pages.

57. — *Supplément aux comptes rendus hebdomadaires des séances de l'Académie des sciences*, publiés par MM. LES SECRÉTAIRES PERPÉTUELS.

Paris, Mallet-Bachelier, 1856-1861. 2 volumes in-4°.

58. — *Mémoire à consulter sur la proposition de former un recueil des mémoires lus dans les séances générales de l'Institut*, adressé à MM. les membres des cinq académies, par A.-J.-H. VINCENT, membre de l'Institut.

Paris, impr. Mallet-Bachelier, 1858. Broch. in-8° de 24 pages.

59. — *Pétition adressée à l'Opinion publique, pour la réforme des élections de l'Institut et les autres changements que réclame son organisation*, par ROGET, baron DE BELLOGUET.

Paris, Dentu, 1862. Broch. in-8° de 31 pages.

60. — *Les Académies d'autrefois. — L'ancienne Académie des sciences*, par L.-F.-ALFRED MAURY, membre de l'Institut.

Paris, Didier et Cᵉ, 1864. 1 volume in-8° et 1 volume in-12.

61. — *L'Académie des sciences de 1789 à 1793*, par M. J. BERTRAND, membre de l'Institut. Note lue dans la séance publique annuelle des cinq académies, du 14 août 1867.

Paris, Firmin Didot et Cᵉ. Opuscule de 25 pages in-4°.

62. — COMMISSION DE L'OBSERVATOIRE. — *Procès-verbaux des séances. — Rapport à l'Académie et pièces annexées*.

Paris, Gauthier-Villars, 1868-1869. 1 volume in-4°.

Cet ouvrage a été imprimé à 80 exemplaires pour les membres de l'Académie des sciences et n'a pas été mis dans le commerce.

63. — *Pièces relatives à la nouvelle constitution de l'Académie en 1785*, pendant le directorat de Lavoisier.

(Extrait du tome IV des *Œuvres de Lavoisier*, publiées par M. Dumas), 1868, in-4°.

64. — *L'Académie des sciences et les académiciens de 1666 à 1793*, par JOSEPH BERTRAND, membre de l'Institut.

Paris, J. Hetzel, 1869. 1 volume in-8°.

65. — *De la science en France*, par JULES MARCOU. — Deuxième fascicule : *L'Académie des sciences de l'Institut impérial de France*.

Paris, C. Reinwald, 1868. Opuscule in-8° de 208 pages.

66. — *L'Académie des sciences pendant le siège de Paris*, par G. GRIMAUX (de Caux).

Paris, Didier et Cᵉ, 1871. 1 volume in-12.

67. — *L'Institut national de France, ses diverses organisations*,

ses membres, ses associés, ses correspondants (20 novembre 1795, 19 novembre 1869), par ALFRED POTIQUET.

Paris, Didier et Cie, 1871. 1 volume in-8°.

68. — *Les Sciences au* XVIIIe *siècle.* — *La physique de Voltaire*, par ÉMILE SAIGEY.

Paris, Germer Baillière, 1873. 1 volume in-8°.

Cet ouvrage renferme d'intéressants renseignements sur l'ancienne Académie des sciences et les académiciens jusqu'en 1793.

69. — *Académie des sciences.* — *Renseignements divers relatifs aux concours.*

Paris, Gauthier-Villars, 1873. Brochure in-8° de 28 pages.

Cette publication, faite par les soins des Secrétaires perpétuels, n'a pas été poursuivie.

70. — *Instruction sur les paratonnerres*, adoptée par l'Académie des sciences :

1re partie, 1823, GAY-LUSSAC, rapporteur.
2e partie, 1854, POUILLET, rapporteur.
3e partie, 1867, POUILLET, rapporteur.

Paris, Gauthier-Villars, 1874, in-18.

71. — *L'Institut de France, l'Institut d'Égypte, l'Académie des sciences morales, la section d'économie politique*, par EDMOND RENAUDIN.

Paris, Guillaumin, 1876. Br. in-8°.

(Extrait du *Journal des économistes*.)

72. — *La première contestation entre les académiciens envoyés au Pérou dans le* XVIIIe *siècle, pour les opérations relatives à la détermination de la figure de la terre*, par M. DE LA GOURNERIE. Note lue dans la séance publique annuelle des cinq académies, du 25 octobre 1876.

Paris, Firmin Didot et Cie. Opuscule in-4°.

73. — *Recueil des mémoires, rapports et documents relatifs à l'observation du passage de Vénus sur le soleil.*

Tome I, 1re et 2e parties avec supplément. Paris, Firmin Didot, 1876-1877. 3 volumes in-4°.

Tomes II et III. Paris. Gauthier-Villars, 1878-1885. 6 volumes in-4°.

74. — *Les Fondations de prix à l'Académie des sciences* (1714-1880). Notice historique publiée par M. ERNEST MAINDRON, dans la *Revue scientifique* des 23 mai, 19 juin, 17 et 24 juillet 1880.

75. — *La Reconstitution des archives de l'Académie des sciences de l'Institut de France.* Note par M. DUBRUNFAUT.

Paris, Charavay frères, 1880. Brochure in-8°. (Extrait de *l'Amateur d'autographes*.)

76. — *La Fondation de l'Institut national*. Notice historique publiée par M. ERNEST MAINDRON, dans la *Revue scientifique* des 15 et 22 janvier 1881.

77. — *L'Académie des sciences. Sa fondation, ses anciens règlements, ses installations successives, ses collections*, etc., par M. ERNEST MAINDRON, dans la *Revue scientifique* des 28 mai et 4 juin 1881.

78. — Bonaparte, membre de l'Institut national, par M. ERNEST MAINDRON, dans la *Revue scientifique* de 1881.

79. — *Table générale des mémoires contenus dans la collection des Mémoires de l'Académie.*

Paris, Gauthier-Villars, 1881, in-4°.

80. — *Table générale des mémoires contenus dans la collection des Mémoires présentés par divers savants à l'Académie.*

Paris, Gauthier-Villars, 1881, in-4°.

Ces deux tables sont divisées par ordre de volumes, par noms d'auteurs et par ordre de matières. Elles ont été dressées sous la direction de MM. les Secrétaires perpétuels, par MM. BRANLY et ERNEST MAINDRON.

81. — *Les Fondations de prix à l'Académie des sciences. Les lauréats de l'Académie*, par M. ERNEST MAINDRON.

Paris, Gauthier-Villars, 1881. 1 volume in-4°.

82. — *Notes scientifiques extraites des comptes rendus de l'Académie des sciences de Paris*, par P. MANSION, professeur à l'Université de Gand, janvier 1880 à juin 1883.

Bruxelles, Alf. Vromant, 1883, in-8°. (Extrait de la *Revue des questions scientifiques.*)

83. — *Passage de Vénus du 6 décembre* 1882. Rapports préliminaires.

Paris, Gauthier-Villars, 1883, in-4°.

84. — *Règlements intérieurs de l'Académie des sciences.* — 1795-1816, *Classe des sciences physiques et mathématiques.* — 1816-1886, *Académie des sciences.*

Ce recueil a été publié sous la direction de MM. les Secrétaires perpétuels par M. ERNEST MAINDRON.

Paris, Gauthier-Villars, 1886, in-8°.

85. — *Les Dons à l'Institut*, par FRANCISQUE BOUILLIER.

Paris, Jules Gervais, 1887. Br. in-8°. (Extrait du *Correspondant.*)

86. — *Le globe géographique de l'Observatoire de Paris*, par M. ERNEST MAINDRON, dans la *Revue scientifique* du 7 mai 1887.

Éloges des membres de l'Académie des sciences.

87. — *Histoire du renouvellement de l'Académie royale des sciences, en 1699, et les éloges historiques de tous les académiciens morts depuis le renouvellement, avec un discours préliminaire sur l'utilité des mathématiques et de la physique*, par M. DE FONTENELLE.

Paris, chez la veuve de Jean Boudot et chez Jean Boudot fils, 1708. 1 volume in-12.

88. — *Éloges des académiciens de l'Académie royale des sciences morts dans les années 1741, 1742, 1743*, par DORTOUS DE MAIRAN.

Paris, chez Durand, 1747. 1 volume in-12.

Ce volume renferme les *Éloges* suivants :

Petit (Fr. Pourfour du).
Cardinal de Polignac.
Boulduc (G.-F.).
Halley.
De Brémont.
Abbé de Molières.
Hunauld.
Cardinal de Fleury.
Abbé Bignon.
Lémery (Louis).

89. — *Éloges des académiciens de l'Académie royale des sciences morts depuis l'an 1699*, par M. DE FONTENELLE.

Paris, chez les libraires associés, 1766. 2 volumes in-12.

89 *bis*. — *Œuvres* de M. de FONTENELLE. Nouvelle édition. Paris, Saillant, 1767. 11 volumes in-12.

Le tome V contient les *Éloges* suivants :

Bourdelin (Claude).
Tauvry.
Tuillier ou Thuillier.
Viviani.
Marquis de l'Hopital.
Bernoulli (Jacques).
Amontons.
Du Hamel (J.-B.).
Regis.
Maréchal de Vauban.
Abbé Gallois.
Dodart.

Tournefort.
Tchirnhausen.
Poupart.
De Chazelles.
Guglielmini.
Carré.
Bourdelin (Claude II), fils de Claude.
Berger.
Cassini (Jean-Dominique).
Blondin.
Poli.
Morin de Saint-Victor.
Lémery (Nicolas).
Homberg.
Le P. Malebranche.
Sauveur.
Parent.
Leibnitz.
Ozanam.

Le tome VI contient les *Éloges* suivants :

La Hire (Philippe de).
La Faye.
Fagon.
Abbé de Louvois.
Montmort.
Rolle.
Renau.
Marquis de Dangeau.
Des Billettes.
D'Argenson (M. R. de Voyer de Paulmy).
Couplet (C.-A.).
Méry.
Varignon.
Pierre Ier.
Littre.
Hartsœker.
De Lisle (Guillaume).
Malézieu.
Newton.
Le P. Reyneau.
Le maréchal de Tallard.
Le P. Séb. Truchet.

Bianchini.
Maraldi (J.-P.).
Valincour.
Du Verney (Joseph-Guichard).
Marsigli.
Geoffroy (E.-F.).
Ruisch.
Le Président Des Maisons.
Chirac.
Louville.
De Lagny.
De Ressons.
Saurin.
Boerhaave.
Manfredi.
Dufay.

90. — *Éloges des académiciens de l'Académie royale des sciences morts depuis l'an* 1744, par M. de FOUCHY.

Paris, au palais, chez la veuve Brunet, 1766. 1 volume in-12.

Ce volume renferme les *Éloges* suivants :

Abbé de Bragelongne.
Marquis de Torcy.
La Peyronnie.
Bernoulli (Jean).
Amelot (J.-J.).
Duc d'Aiguillon.
De Crouzas.
Petit (Jean-Louis).
Abbé Terrasson.
D'Aguesseau (H.-F.).
Marquis d'Albert.
Geoffroy (Claude-Joseph).
Chicoyneau.
Sloane.
D'Ons-en-Bray.
Wolf.
Folkes.
Moivre.
Maréchal de Lowendal.
Helvétius.
Boyer.

91. — *Éloges des académiciens de l'Académie royale des sciences morts depuis 1666 jusqu'en 1699, par le marquis* DE CONDORCET, *suivis de l'Éloge de d'Alembert.*

Paris, hôtel de Thou, 1773. 1 volume in-12.

92. — *Éloges des académiciens de l'Académie royale des sciences morts depuis l'an 1666 jusqu'en 1790, suivis de ceux de L'Hôpital et de Pascal,* par CONDORCET.

Paris, imprim. Didot; Berlin, Fr. Vieweg; Paris, Fuchs, 1799. 5 volumes in-12.

92 *bis.* — *OEuvres* DE CONDORCET, publiées par A. Condorcet — O'Connor et M. François Arago. Paris, Firmin-Didot, 1847. 12 volumes in-8°.

Le tome II contient les *Éloges* suivants :

Cureau de la Chambre.
Roberval.
Frenicle.
Abbé Picard.
Mariotte.
Duclos.
Blondel.
Perrault.
Huyghens.
Charas.
Roëmer.
Fontaine.
La Condamine.
Trudaine.
De Jussieu (Bernard).
Bourdelin (Louis-Claude).
Haller.
Malouin.
Linné.
De Jussieu (Joseph).
Comte d'Arcy.
Lieutaud (Joseph).
Bucquet.
Bertin (Exupère-Joseph).
De Courtanvaux.
Comte de Maurepas.
Tronchin.
Pringle.
D'Anville.

De Bordenave.
Bernoulli (Daniel).
De Montigny.
Margraff.
Duhamel Dumonceau.
De Vaucanson.
Hunter.

Le tome III contient les *Éloges* suivants :

Euler (Léonard).
Bezout.
D'Alembert.
De Tressan.
Wargentin.
Macquer.
Bergman.
Morand (Jean-François-Clément).
Cassini de Thury.
Comte de Milly.
Marquis de Courtivron.
Duc de Praslin.
Guettard.
Abbé de Gua.
Marquis de Paulmy (Marc-Antoine-René de Voyer d'Argenson).
Bouvart.
De Lassone.
Cardinal de Luynes.
Grandjean de Fouchy.
Comte de Buffon.
Franklin.
Camper.
Fougeroux de Bondaroy.
Fourcroy de Ramecourt (C.-R.).
Turgot (Étienne-François).

93. — *Œuvres complètes de François Arago*, secrétaire perpé-
pétuel de l'Académie des sciences, publiées d'après son ordre, sous
la direction de M. J.-A. Baral. Tomes I, II et III. *Notices biographiques.*
Paris, Gide et Baudry, 1854-1859. 3 volumes in-8°.
94. — *Recueil des éloges historiques lus dans les séances publiques de l'Institut de France,* par P. Flourens.
Paris, Garnier frères, 1856-1862. 3 volumes in-12.

95. — *Recueil des éloges historiques lus dans les séances publiques de l'Institut de France*, par G. CUVIER.

Paris, Firmin-Didot, 1861. 3 volumes in-8°.

96. — *Discours et éloges académiques*, par J.-B. DUMAS.

Paris, Gauthier-Villars, 1885. 2 volumes in-8°.

97. — LACÉPÈDE, secrétaire de la première classe, a lu les éloges suivants, lesquels sont insérés aux *Mémoires de l'Académie :*

Vandermonde......... le   15 germinal an IV.
Dolomieu...............   17 messidor an X.

98. — PRONY, secrétaire de la première classe, a lu l'éloge suivant, lequel est inséré aux *Mémoires de l'Académie :*

Pingré .... le   15 messidor an IV.

99. — LASSUS, secrétaire de la première classe, a lu les éloges suivants, lesquels sont insérés aux *Mémoires de l'Académie :*

Pelletier.............. le   15 ventôse an VI.
Bayen.................   15 germinal an VI.

100. — LEFÈVRE-GINEAU, secrétaire de la première classe, a lu l'éloge suivant, lequel est inséré aux *Mémoires de l'Académie :*
J.-C. Borda........... le   15 nivôse an VIII.

101. — DELAMBRE, secrétaire perpétuel de l'Académie, a lu les éloges suivants, lesquels sont insérés aux *Mémoires de l'Académie :*

Méchain.............. le   5 messidor an XIII.
Brisson................   5 janvier 1807.
Coulomb ....   5 janvier 1807.
de Lalande ....   4 janvier 1808.
F. Berthoud...........   4 janvier 1809.
J.-M. Montgolfier ....   7 janvier 1811.
de Fleurieu...........   6 janvier 1812.
Bougainville ....   4 janvier 1813.
Maskelyne............   4 janvier 1813.
Malus.................   3 janvier 1814.
Lagrange..............   3 janvier 1814.
Ch. Bossut............   9 janvier 1815.
Lévêque...............   8 janvier 1816.
Rochon...............   16 mars 1818.
Messier...............   16 mars 1818.
Perier................   22 mars 1819.

102. — FOURIER, secrétaire perpétuel de l'Académie, a lu les éloges suivants, lesquels sont insérés aux *Mémoires de l'Académie :*

Delambre	le	2 juillet 1823.
W. Herschel		7 juillet 1824.
Breguet		5 juin 1826.
Charles		16 juillet 1828.
de Laplace		15 juin 1829.

103. — FLOURENS, secrétaire perpétuel de l'Académie, a lu les éloges suivants, lesquels sont insérés aux *Mémoires de l'Académie :*

Georges Cuvier	le	29 décembre 1834.
Chaptal		28 décembre 1835.
Desfontaines		11 septembre 1837.
La Billardière		11 septembre 1837.
A.-L. de Jussieu		13 août 1838.
Frédéric Cuvier		13 juillet 1840.
P. de Candolle		19 décembre 1842.
Aubert Du Petit-Thouars		10 mars 1845.
Blumembach		26 avril 1847.
B. Delessert		4 mars 1850.
Étienne Geoffroy St-Hilaire		22 mars 1852.
L. de Buch		28 janvier 1856.
Ducrotay de Blainville		30 janvier 1854.
Thenard		30 janvier 1860.
Magendie		8 février 1858.
Fr. Tiedemann		23 décembre 1861.
A.-M.-C. Duméril		28 décembre 1863.

104. — ARAGO, secrétaire perpétuel de l'Académie, a lu les éloges suivants, lesquels sont insérés aux *Mémoires de l'Académie* pour les treize premiers et aux *Notices biographiques* pour les autres :

Fresnel	le	26 juillet 1830.
Volta		26 juillet 1831.
Thomas Young		26 novembre 1832.
J. Fourier		18 novembre 1833.
J. Watt		8 décembre 1834.
Carnot		21 août 1837.
Ampère		21 août 1839.
Condorcet		28 décembre 1841.
Bailly		26 février 1844.
Monge		11 mai 1846.
Poisson		16 décembre 1850.
Gay-Lussac		20 décembre 1852.
Malus		8 janvier 1855, après la mort d'Arago.

L'abbé Picard	Tome III, p. 313.	Notices biographiques.
Cassini (Jean-Domin.)	— p. 315.	»
Huygens	— p. 319.	»
Newton	— p. 322.	»
Rœmer	— p. 357.	»
Flamsteed	— p. 360.	»
Halley	— p. 365.	»
Bradley	— p. 369.	»
Lacaille	— p. 375.	»
Herschel	— p. 381.	»
Brinkley	— p. 430.	»
Gambart	— p. 447.	»
Laplace	— p. 457.	»

105. — G. Cuvier, secrétaire perpétuel de l'Académie, a lu les éloges suivants, lesquels sont insérés aux *Mémoires de l'Académie* :

Daubenton	le	5 avril 1800.
L'Héritier		5 avril 1801.
Gilbert		7 octobre 1801.
Jean d'Arcet		5 avril 1802.
Joseph Priestley		24 juin 1805.
Cels		7 juillet 1806.
Adanson		5 janvier 1807.
Broussonnet		4 janvier 1808.
Lassus		2 janvier 1809.
Ventenat		2 janvier 1809.
Bonnet		3 janvier 1810.
H.-B. Saussure		3 janvier 1810.
A.-F. de Fourcroy		7 janvier 1811.
Desessarts		6 janvier 1812.
Cavendish		6 janvier 1812.
Pallas		5 janvier 1813.
Parmentier		9 janvier 1815.
Rumford		9 janvier 1815.
G.-A. Olivier		8 juin 1816.
Tenon		17 mars 1817.
Werner		16 mars 1818.
Nic. Desmarest		16 mars 1818.
P. de Beauvois		27 mars 1820.
Banks		2 avril 1821.
G. Duhamel		8 avril 1822.
R.-J. Haüy		2 juin 1823.
Berthollet		7 juin 1824.

C.-L. Richard	le	7 juin 1824.
Thouïn		20 juin 1825.
Lacépède		5 juin 1826.
Hallé		11 juin 1827.
Corvisart		11 juin 1827.
Pinel		11 juin 1827.
Ramond		16 juin 1828.
Bosc		15 juin 1829.
Davy		26 juillet 1830.
Vauquelin		26 juillet 1831.
Lamark		26 novembre 1832, après la mort de Cuvier.

106. — Élie de Beaumont, secrétaire perpétuel de l'Académie, a lu les éloges suivants, lesquels sont insérés aux *Mémoires de l'Académie* :

Coriolis	le	2 février 1857.
Beautemps-Beaupré		14 mars 1859.
Legendre		25 mars 1861.
Œrsted		29 décembre 1862.
Bravais		6 février 1865.
L. Puissant		14 juin 1869.
J. Plana		25 novembre 1872.

L'éloge de Coriolis n'a jamais été imprimé.

107. — Coste, secrétaire suppléant M. Flourens, a lu l'éloge suivant, lequel est inséré aux *Mémoires de l'Académie :*

Du Trochet	le	5 mars 1866.

108. — Le général Morin a lu l'éloge suivant, lequel est inséré aux *Mémoires de l'Académie :*

le général Piobert	le	25 octobre 1871.

109. — M. J. Bertrand, secrétaire perpétuel de l'Académie, a lu les éloges suivants, lesquels sont insérés aux *Mémoires de l'Académie* :

Élie de Beaumont	le	21 juin 1875.
Poncelet		27 décembre 1875.
G. Lamé		28 janvier 1878.
Le Verrier		10 mars 1879.
Belgrand		1er mars 1880.
Foucault		6 février 1882.
Dupin		2 avril 1883.
Combes		21 décembre 1885.
de La Gournerie		21 décembre 1885.

110. — M. J.-B. Dumas, secrétaire perpétuel de l'Académie, a lu les éloges suivants, lesquels sont insérés aux *Mémoires de l'Académie :*

Faraday	le	18 mai 1868.
Pelouze		11 juillet 1870.
Isid. Geoffroy Saint-Hilaire.		25 novembre 1872.
de La Rive		28 décembre 1874.
Alex. et Adolphe Brongniart.		23 avril 1877.
Regnault		14 mars 1881.
Charles et Henri Sainte-Claire Deville		5 mai 1884, après la mort de Dumas.

M. Dumas a publié en outre une notice historique de Rumford, dans le *Journal des savants.*

111. — M. Jamin, secrétaire perpétuel de l'Académie, a lu l'éloge suivant, lequel est inséré aux *Mémoires de l'Académie :*

Arago.................. le   23 février 1885.

112. — M. Vulpian, secrétaire perpétuel de l'Académie, a lu l'éloge suivant, lequel est inséré aux *Mémoires de l'Académie :*

Flourens.............. le   27 décembre 1886.

TABLE DES MATIÈRES

La fondation de l'Institut national.

TABLE DES DOCUMENTS OFFICIELS

TABLE DES ILLUSTRATIONS

9969. — BOURLOTON. — Imprimeries réunies, A, rue Mignon, 2, Paris.